LEEDL TUTORIAL
深度学习详解

王琦 杨毅远 江季 编著

基于李宏毅老师"机器学习"课程

U0264950

人 民 邮 电 出 版 社

北 京

图书在版编目（ＣＩＰ）数据

深度学习详解 / 王琦，杨毅远，江季编著. -- 北京：
人民邮电出版社，2024.9
ISBN 978-7-115-64211-0

Ⅰ．①深… Ⅱ．①王… ②杨… ③江… Ⅲ．①机器学
习 Ⅳ．①TP181

中国国家版本馆CIP数据核字(2024)第084035号

内 容 提 要

本书根据李宏毅老师"机器学习"公开课中与深度学习相关的内容编写而成，介绍了卷积神经网络、Transformer、生成模型、自监督学习（包括 BERT 和 GPT）等深度学习常见算法，并讲解了对抗攻击、领域自适应、强化学习、元学习、终身学习、网络压缩等深度学习相关的进阶算法. 在理论严谨的基础上，本书保留了公开课中大量生动有趣的例子，帮助读者从生活化的角度理解深度学习的概念、建模过程和核心算法细节.

本书适合对深度学习感兴趣、想要入门深度学习的读者阅读，也可作为深度学习相关课程的教材.

◆ 编　著　王　琦　杨毅远　江　季
　　责任编辑　郭泳泽
　　责任印制　王　郁　焦志炜

◆ 人民邮电出版社出版发行　北京市丰台区成寿寺路 11 号
　　邮编　100164　电子邮件　315@ptpress.com.cn
　　网址　https://www.ptpress.com.cn
　　涿州市般润文化传播有限公司印刷

◆ 开本：800×1000　1/16
　　印张：23.25　　　　　　　　2024 年 9 月第 1 版
　　字数：478 千字　　　　　　2025 年 4 月河北第 6 次印刷

定价：99.80 元

读者服务热线：(010)81055410　印装质量热线：(010)81055316
反盗版热线：(010)81055315

致　　谢

　　本书编者特向台湾大学李宏毅老师致以诚挚的谢意!

　　感谢李老师的分享精神,让无数的机器学习和深度学习初学者从他的课程中受益. 感谢李老师对编者以及 Datawhale 开源学习出版项目的支持,使得本书的正式出版成为可能!

To. Datawhale 的成员:

加油! 做得很棒!

李宏毅

李宏毅老师给本书编者的签名

前　言

　　深度学习在近年来取得了令人瞩目的发展，无论是传统的图像分类、目标检测等技术，还是以 Sora、ChatGPT 为代表的生成式人工智能，都离不开深度学习. 深度学习相关的图书有很多，但大部分都偏重理论推导及分析，缺少对深度学习内容的直观解释，而直观的解释恰恰对初学者非常重要. 理解深度学习方法的具体用途，以及掌握其基本的内部结构，有利于我们培养深度学习直觉，更好地将其作为工具，进而在其理论的基础上进行创新.

　　笔者在学习深度学习的过程中经常听人提及一门公开课，即李宏毅老师的"机器学习"公开课. 虽然名为"机器学习"，但该课程经过多年发展，内容已经几乎全部与深度学习相关了. 笔者也便选择其作为学习课程，获益匪浅，于是将所学内容结合笔者个人的理解和体会初步整理成笔记. 之后，在众多优秀开源教程的启发下，笔者决定将该笔记制作成教程，以让更多的深度学习初学者受益. 笔者深知一个人的力量有限，便邀请另外两位编著者（杨毅远、江季）参与教程的编写. 杨毅远在人工智能研究方面颇有建树，曾多次在中国计算机学会 A 类、B 类会议中以第一作者的身份发表论文；江季对深度学习也有较深的理解，有丰富的深度学习研究经历，发表过顶级会议论文，也获得过相关专利. 杨毅远与江季的加入让教程的创作焕发出了新的生机. 通过不懈的努力，我们在 GitHub 上发布线上教程，分享给深度学习的初学者. 截至目前，该教程被"标星"逾万次.

　　为了更好地优化教程，我们尝试把该教程作为教材，并组织上百人的组队学习活动，受到了一致好评. 不少学习者通过组队学习入门了深度学习，并给出了大量的反馈，这也帮助我们进一步改进了教程. 为了方便读者阅读，我们历时 1 年多制作了电子版的笔记，并对很多地方进行了优化. 非常荣幸的是，人民邮电出版社的陈冀康老师联系我们商量出版事宜. 通过出版社团队和我们不断的努力，本书得以出版.

　　本书主要内容源于李宏毅老师"机器学习"公开课的部分内容，在其基础上进行了一定的原创. 比如，为了尽可能地降低阅读门槛，笔者对公开课的精华内容进行选取并优化，对所涉及的公式给出详细的推导过程，对较难理解的知识点进行了重点讲解和强化，方便读者较为轻松地入门. 此外，为了丰富内容，笔者还补充了不少公开课内容之外的深度学习相关知识.

　　本书共 19 章，大体上可分为两个部分：第一部分包括第 1 ~ 11 章，介绍深度学习基础知识以及经典深度学习算法；第二部分包括第 12 ~ 19 章，介绍深度学习算法更加深入的方向. 第二部分各章相对独立，读者可根据自己的兴趣和时间选择性阅读.

    李宏毅老师是台湾大学教授,其研究方向为机器学习、深度学习及语音识别与理解. 李老师的 "机器学习" 课程很受广大学习者的欢迎,其幽默风趣的授课风格深受大家喜爱. 此外,李老师的课程内容很全面,覆盖了深度学习必须掌握的常见理论,能让学习者对于深度学习的绝大多数领域都有一定了解,从而进一步选择想要深入的方向进行学习. 读者在观看 "机器学习" 公开课时,可以使用本书作为辅助资料,以进一步深入理解课程内容.

    本书配有索引,方便读者根据自己的需求快速找到知识点所对应的篇幅高效学习. 此外,笔者认为,深度学习是一个理论与实践相结合的学科,读者不仅要理解其算法背后的数学原理,还要通过上机实践来实现算法. 本书配有 Python 代码实现,可以让读者通过动手实现各种经典的深度学习算法,充分掌握深度学习算法的原理. 值得注意的是,本书配套的 Python 代码均可在异步社区本书页面的 "配套资源" 处下载. 本书经过 1 年多的优化,吸收了读者对开源版教程的众多反馈. 相信本书一定会对读者的学习和工作大有裨益.

    衷心感谢李宏毅老师的授权和开源奉献精神,李老师的无私使本书得以出版,并能够造福更多对深度学习感兴趣的读者. 本书由开源组织 Datawhale 的成员采用开源协作的方式完成,历时 1 年有余,参与者包括 3 位编著者(笔者、杨毅远和江季)和 3 位 Datawhale 的小伙伴(范晶晶、谢文睿和马燕鹏). 此外,感谢付伟茹同学对本书初稿提出的宝贵建议. 在本书写作和出版过程中,人民邮电出版社提供了很多出版的专业意见和支持,使得本书较开源版本更加规范、更加系统化. 在此特向人民邮电出版社信息技术分社社长陈冀康老师和本书的责任编辑郭泳泽老师致谢.

    深度学习发展迅速,笔者水平有限,书中难免有疏漏和表述不当的地方,还望各位读者批评指正.

王 琦

2024 年 5 月 22 日

资源与支持

资源获取

本书提供如下资源：
- 视频课程对照表；
- 配套代码文件；
- 本书思维导图；
- 异步社区 7 天 VIP 会员.

要获得以上资源，您可以扫描下方二维码，根据指引领取. 注意：部分资源可能需要验证您的身份才能提供.

提交错误信息

作者和编辑尽最大努力来确保书中内容的准确性，但难免会存在疏漏，欢迎您将发现的问题反馈给我们，帮助我们提升图书的质量.

当您发现错误时，请登录异步社区（www.epubit.com），按书名搜索，进入本书页面，单击 "发表勘误"，输入错误信息，单击 "提交勘误" 按钮即可（见下页图）. 本书的作者和编辑会对您提交的错误信息进行审核，确认并接受后，您将获赠异步社区的 100 积分. 积分可用于在异步社区兑换优惠券、样书或奖品.

与我们联系

我们的联系邮箱是 contact@epubit.com.cn.

如果您对本书有任何疑问或建议，请您发邮件给我们，并请在邮件标题中注明本书书名，以便我们更高效地做出反馈.

如果您有兴趣出版图书、录制教学视频，或者参与图书翻译、技术审校等工作，可以发邮件给我们.

如果您所在的学校、培训机构或企业想批量购买本书或异步社区出版的其他图书，也可以发邮件给我们.

如果您在网上发现有针对异步社区出品图书的各种形式的盗版行为，包括对图书全部或部分内容的非授权传播，请您将怀疑有侵权行为的链接通过邮件发给我们. 您的这一举动是对作者权益的保护，也是我们持续为您提供有价值的内容的动力之源.

关于异步社区和异步图书

"异步社区"是由人民邮电出版社创办的 IT 专业图书社区，于 2015 年 8 月上线运营，致力于优质内容的出版和分享，为读者提供高品质的学习内容，为作译者提供专业的出版服务，实现作者与读者在线交流互动，以及传统出版与数字出版的融合发展.

"异步图书"是异步社区策划出版的精品 IT 图书的品牌，依托于人民邮电出版社在计算机图书领域 40 余年的发展与积淀. 异步图书面向 IT 行业以及各行业使用 IT 的用户.

主要符号表

a	标量
$\boldsymbol{a}$	向量
$\boldsymbol{A}$	矩阵
$\boldsymbol{I}$	单位矩阵
$\mathbb{R}$	实数集
$\boldsymbol{A}^{\mathrm{T}}$	矩阵 $\boldsymbol{A}$ 的转置
$\boldsymbol{A} \odot \boldsymbol{B}$	$\boldsymbol{A}$ 和 $\boldsymbol{B}$ 的按元素乘积
$\dfrac{\mathrm{d}y}{\mathrm{d}x}$	y 关于 x 的导数
$\dfrac{\partial y}{\partial x}$	y 关于 x 的偏导数
$\boldsymbol{\nabla}_{\boldsymbol{x}} y$	y 关于 $\boldsymbol{x}$ 的梯度
$a \sim p$	具有分布 p 的随机变量 a
$\mathbb{E}[f(x)]$	$f(x)$ 的期望
$\mathrm{Var}(f(x))$	$f(x)$ 的方差
$\exp(x)$	x 的指数函数
$\log x$	x 的对数函数
$\sigma(x)$	sigmoid 函数，$\dfrac{1}{1+\exp(-x)}$
s	状态
a	动作
r	奖励
π	策略
γ	折扣因子
τ	轨迹
G_t	时刻 t 时的回报
$\underset{a}{\arg\min}\, f(a)$	$f(a)$ 取最小值时 a 的值

目　　录

第1章 机器学习基础

在本书的开始，先简单介绍一下**机器学习（Machine Learning，ML）**和**深度学习（Deep Learning，DL）**的基本概念. 机器学习，顾名思义，机器具有学习的能力. 具体来讲，机器学习就是让机器具备找一个函数的能力. 机器具备找一个函数的能力以后，就可以做很多事. 比如语音识别，机器听一段声音，产生这段声音对应的文字. 我们需要的是一个函数，它的输入是一段声音信号，输出是这段声音信号的内容. 这个函数显然非常复杂，难以写出来，因此我们想通过机器的力量把这个函数自动找出来. 此外，还有好多的任务需要找一个很复杂的函数，以图像识别为例，图像识别函数的输入是一张图片，输出是这张图片里面的内容. AlphaGo 也可以看作一个函数，机器下围棋需要的就是一个函数，该函数的输入是棋盘上黑子和白子的位置，输出是机器下一步应该落子的位置.

随着要找的函数不同，机器学习有了不同的类别. 假设要找的函数的输出是一个数值或标量（scalar），这种机器学习任务称为**回归（regression）**. 举个回归的例子，假设机器要预测未来某个时间段的 PM2.5 数值. 机器要找一个函数 f，其输入可能是各种跟预测 PM2.5 数值有关的指数，包括今天的 PM2.5 数值、平均温度、平均臭氧浓度等，输出是明天中午的 PM2.5 数值.

除了回归，还有一种常见的机器学习任务是**分类（classification）**. 分类任务是要让机器做选择题. 先准备一些选项，这些选项称为类别（class），机器要找的函数会从设定好的选项里面选择一个当作输出. 举个例子，我们可以在邮箱账户里设置垃圾邮件检测规则，这套规则就可以看作输出邮件是否为垃圾邮件的函数. 分类问题不一定只有两个选项，也可能有多个选项.

AlphaGo 解决的是分类问题，如果让机器下围棋，则选项与棋盘的位置有关. 棋盘上有 19×19 个位置，机器其实是做一道有 19×19 个选项的选择题. 机器要找一个函数，该函数的输入是棋盘上黑子和白子的位置，输出就是从 19×19 个选项里面选出一个最适合的选项，也就是从 19×19 个可以落子的位置里面，选出下一步应该落子的位置.

在机器学习领域，除了回归和分类，还有结构化学习（structured learning）. 机器不仅要做选择题或输出一个数字，还要产生一个有结构的结果，比如一张图、一篇文章等. 这种让机器产生有结构的结果的学习过程称为结构化学习.

1.1　案例学习

本节以视频的观看次数预测为例介绍机器学习的运作过程. 假设有人想要通过视频平台赚钱，他会在意频道有没有流量，这样他才会知道自己能不能获利. 假设从后台可以看到很多相关的信息，比如每天点赞的人数、订阅人数、观看次数. 根据一个频道过往所有的信息，可以预测明天的观看次数. 我们想寻找一个函数，该函数的输入是后台的信息，输出是次日这个频道的预计观看次数.

机器学习的过程分为 3 个步骤. 第 1 个步骤是写出一个带有未知参数的函数 f，它能预测未来观看次数. 比如将函数 f 写成

$$y = b + wx_1 \tag{1.1}$$

其中，y 是要预测的值，假设这里要预测的是 2 月 26 日这个频道总的观看次数. x_1 是这个频道前一天（2 月 25 日）的观看次数. y 和 x_1 是数值；b 和 w 是未知的参数，我们只能隐约地猜测它们的值. 猜测往往来自对这个问题本质上的了解，即领域知识（domain knowledge）. 机器学习需要一些领域知识，比如一天的观看次数总是会跟前一天的观看次数有点关联，所以不妨把前一天的观看次数乘以一个数值，再加上一个 b 做修正，当作对 2 月 26 日观看次数的预测. 这只是一个猜测，不一定是对的，稍后我们再来修正这个猜测.

带有未知**参数（parameter）**的函数称为**模型（model）**. 模型在机器学习里面，就是一个带有未知参数的函数，**特征（feature）**是这个函数里面已知的来自后台的信息——2 月 25 日的观看次数 x_1 是已知的. w 称为**权重（weight）**，b 称为**偏置（bias）**.

第 2 个步骤是定义损失（loss），损失也是一个函数，记为 $L(b,w)$. 损失函数输出的值意味着，当把模型参数设定为某个数值时，这个数值好还是不好. 举一个具体的例子，如果我们猜测 $b = 500$，$w = 1$，则函数 f 就变成了 $y = 500 + x_1$. 对于从训练数据中计算损失这个问题，训练数据是这个频道过去的观看次数. 如果我们已经掌握 2017 年 1 月 1 日 $\sim$ 2020 年 12 月 31 日的观看次数（如图 1.1 所示）接下来就可以计算损失了.

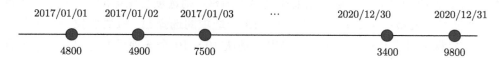

图 1.1　2017 年 1 月 1 日 $\sim$ 2020 年 12 月 31 日的观看次数（此处的观看次数是随机生成的）

把 2017 年 1 月 1 日的观看次数代入函数，得到

$$\hat{y} = 500 + 4800 \tag{1.2}$$

根据我们的猜测，f 预测次日的观看次数为 $\hat{y} = 5300$，但真实的观看次数为 4900，我们高估了这个频道的观看次数. 可以评估一下估测值 $\hat{y}$ 跟真实值 y 间的差距. 评估差距其实有多种方式，比如取二者差的绝对值：

$$e_1 = |\hat{y} - y| = 400 \tag{1.3}$$

真实值称为标签（label）.

我们不仅可以用 2017 年 1 月 1 日的值来预测 2017 年 1 月 2 日的值，也可以用 2017 年 1 月 2 日的值来预测 2017 年 1 月 3 日的值. 根据 2017 年 1 月 2 日的观看次数 4900，我们预测 2017 年 1 月 3 日的观看次数是 5400. 接下来计算 5400 跟标签（7500）之间的差距：

$$e_2 = |\hat{y} - y| = 2100 \tag{1.4}$$

以此类推，把接下来每一天的差距通通加起并取平均，得到损失 L：

$$L = \frac{1}{N} \sum_n e_n \tag{1.5}$$

其中，N 代表训练数据数，即 4 年来所有的训练数据. L 是每一笔训练数据的误差 e 平均以后的结果. L 越大，代表我们猜测的这组参数越差；L 越小，代表这组参数越好.

估测值跟真实值之间的差距，其实有不同的评估方法，比如计算二者差的绝对值，如式 (1.6) 所示，这个评估方式所计算的值称为**平均绝对误差（Mean Absolute Error, MAE）**.

$$e = |\hat{y} - y| \tag{1.6}$$

也可以计算二者差的平方，如式 (1.7) 所示，称为这个评估方式所计算的值**均方误差（Mean Squared Error, MSE）**.

$$e = (\hat{y} - y)^2 \tag{1.7}$$

在有些任务中，y 和 $\hat{y}$ 都是概率分布，这时候可能会选择计算**交叉熵（cross entropy）**. 刚才举的那些数字不是真实的例子，以下数字才是真实的例子，是用一个频道真实的后台数据计算出来的结果. 我们可以调整不同的 w 和不同的 b，计算损失，并画出图 1.2 所示的等

高线图. 在这个等高线图中，色相越红，代表计算出来的损失越大，也就代表这一对 (w,b) 越差；色相越蓝，就代表损失越小，也就代表这一对 (w,b) 越好. 将损失小的 (w,b) 放到函数里面，预测会更精准. 从图 1.2 中我们得知，如果为 w 代入一个接近 1 的值，并为 b 代入一个较小的正值（比如 100），则预测较精准，这跟大家的预期可能比较接近：相邻两天观看次数总是差不多的.

在图 1.2 中，我们尝试了不同的参数，并且计算了损失. 这样画出来的等高线图称为**误差表面（error surface）**.

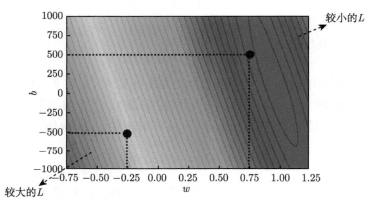

图 1.2 误差表面

机器学习的第 3 个步骤是解一个优化问题，即找到最好的一对 (w,b)，使损失 L 的值最小. 我们用符号 (w^*, b^*)，代表最好的一对 (w,b).

对于这个问题，**梯度下降（gradient descent）**是最常用的优化方法. 为了简化起见，先假设只有参数 w 是未知的，而 b 是已知的. 当为 w 代入不同的数值时，就会得到不同的损失，从而绘制出误差表面，只是刚才在前一个例子里面，误差表面是二维的，而这里只有一个参数，所以误差表面是一维的. 怎么才能找到一个 w 让损失值最小呢？如图 1.3 所示，首先要随机选取一个初始的点 w_0. 接下来计算 $\left. \dfrac{\partial L}{\partial w} \right|_{w=w_0}$，也就是 $w = w_0$ 时，损失 L 关于参数 w 的偏导数，得到 w_0 处误差表面的切线（即蓝色虚线）的斜率. 如果斜率是负的，就代表左边比较高、右边比较低，此时把 w 的值变大，就可以让损失变小. 相反，如果斜率是正的，就代表把 w 变小可以让损失变小. 我们可以想象有一个人站在这个地方左右环视，看看左边比较高还是右边比较高，并往比较低的地方跨出一步. 步伐的大小取决于以下两件事情.

- 这个地方的斜率，斜率大，步伐就跨大一点；斜率小，步伐就跨小一点.
- **学习率（learning rate）**η. 学习率可以自行设定，如果 η 设大一点，每次参数更新就会量大，学习可能就比较快；如果 η 设小一点，参数更新就很慢，每次只改变一点点参数的值. 这种需要自己设定，而不是由机器找出来的参数称为**超参数（hyperparameter）**.

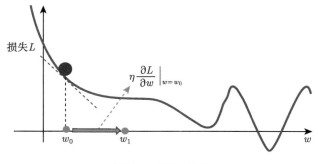

图 1.3   优化过程

Q: 为什么损失可以是负的?
A: 根据刚才损失的定义，损失是估测值和真实值的差的绝对值，不可能是负的. 但如何定义损失函数是我们自己决定的，比如设置一个损失函数为差的绝对值再减 100，它就可以为负了. 损失曲线并不反映真实的损失，也不是真实任务的误差表面. 因此，损失曲线可以是任何形状.

把 w_0 往右移一步，新的位置为 w_1，这一步的步伐是 η 乘上偏导结果，即

$$w_1 \leftarrow w_0 - \eta \left.\frac{\partial L}{\partial w}\right|_{w=w_0} \tag{1.8}$$

接下来反复执行刚才的操作，计算一下 w_1 的偏导结果，再决定要把 w_1 移动多少，得到 w_2，继续执行同样的操作，不断地移动 w 的位置，最后我们会停下来. 这往往对应两种情况.

- 第一种情况是在一开始就设定，在调整参数的时候，偏导数最多计算几次，如 100 万次，参数更新 100 万次后，就不再更新了，我们就会停下来. 更新次数也是一个超参数.
- 另一种情况是在不断调整参数的过程中，我们遇到了偏导数的值是 0 的情况，此时哪怕继续迭代，参数的位置也不再更新，我们因此而停下来.

梯度下降有一个很大的问题，就是有可能既没有找到真正最好的解，也没有找到可以让损失最小的 w. 在图 1.4 所示的例子中，把 w 设定在最右侧红点附近可以让损失最小. 但如

果在梯度下降过程中，w_0 是随机初始的位置，则也很有可能走到 w_T 时，训练就停住了，我们无法再移动 w 的位置．右侧红点这个位置是真的可以让损失最小的地方，称为**全局最小值**（global minimum）；而 w_T 这个地方称为**局部最小值**（local minimum），其左右两边都比这个地方的损失还要高一点，但它不是整个误差表面上的最低点．所以我们常常可能会听到有人讲梯度下降法不是什么好方法，无法真正找到全局最小值．

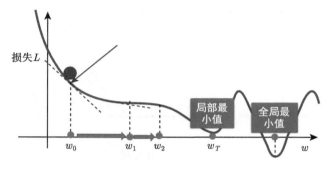

图 1.4　局部最小值

在有两个参数的情况下使用梯度下降法，跟只有一个参数的情景没有什么不同．

假设有两个参数 w 和 b，它们的随机初始值分别为 w_0 和 b_0．在 $w=w_0$、$b=b_0$ 的位置，分别计算 L 关于 b 的偏导数以及 L 关于 w 的偏导数：

$$
\begin{aligned}
&\left.\frac{\partial L}{\partial b}\right|_{w=w_0,b=b_0}\\[2mm]
&\left.\frac{\partial L}{\partial w}\right|_{w=w_0,b=b_0}
\end{aligned}
\tag{1.9}
$$

计算完毕后，更新 w 和 b．把 w_0 减掉学习率和偏导结果的积，得到 w_1；把 b_0 减掉学习率和偏导结果的积，得到 b_1．

$$
\begin{aligned}
w_1 &\leftarrow w_0 - \eta \left.\frac{\partial L}{\partial w}\right|_{w=w_0,b=b_0}\\[2mm]
b_1 &\leftarrow b_0 - \eta \left.\frac{\partial L}{\partial b}\right|_{w=w_0,b=b_0}
\end{aligned}
\tag{1.10}
$$

在深度学习框架（如 PyTorch）中，偏导数都是由程序自动计算的．程序会不断地更新 w 和 b，试图找到一对最好的 (w^*,b^*)．可以将这个计算过程绘制成一系列点，如图 1.5 所示，随便选一个初始值，计算一下 $\partial L/\partial w$ 和 $\partial L/\partial b$，就可以决定更新的方向．这是一个向量，见图 1.5 中红色的箭头．沿箭头方向不断移动，应该就可以找出一组不错的 w 和 b．实际上，在真正用梯度下降进行一番计算以后，有 $w^* = 0.97, b^* = 100$. 计算损失 $L(w^*, b^*)$，结果是 480. 也就是说，在 2017 年 ~ 2020 年的数据上，如果使用这个函数，为 w 代入 0.97，为 b 代入 100，则平均误差是 480.

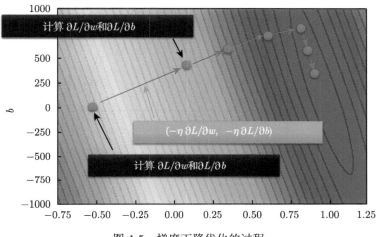

图 1.5　梯度下降优化的过程

1.2　线性模型

我们刚才找出来的 (w, b) 对应的误差是 480. 这是由 2017 年 ~ 2020 年的数据计算出的结果. 现在，不妨用这对 (w, b) 去预测下 2021 年初每日的观看次数. 我们预测 2021 年 1 月 1 日 ~ 2021 年 2 月 14 日间的每日观看次数，计算出新的损失. 在 2021 年数据上的损失用 L' 来表示，值是 580. 将预测结果绘制出来，如图 1.6 所示，横轴代表距离 2021 年 1 月 1 日的天数，0 代表 2021 年 1 月 1 日，图中最右边的点代表 2021 年 2 月 14 日；纵轴代表观看次数. 红色线是真实的观看次数，蓝色线是预测的观看次数. 可以看到，蓝色线几乎就是红色线往右平移一天而已，这很合理，因为目前的模型正是用某天观看次数乘以 0.97，再加上 100，来计算次日的观看次数.

这个真实的数据中有一个很神奇的现象：它是周期性的，每 7 天就会有两天（周五和周六）的观看次数特别少. 目前的模型只能向前看一天. 一个模型如果能参考前 7 天的数据，也许能预测得更准，所以可以修改一下模型. 通常，一个模型的修改方向，往往来自我们对这个问题的理解，即领域知识.

一开始，由于对问题完全不理解，我们的模型是

$$y = b + wx_1 \tag{1.11}$$

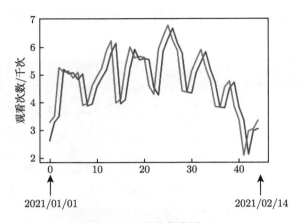

图 1.6　预估曲线图

这个只考虑 1 天的模型不怎么好. 接下来, 我们观测了真实的数据, 得到一个结论: 每 7 天是一个循环. 所以要把前 7 天的观看次数都列入考虑. 现在, 模型变成

$$y = b + \sum_{j=1}^{7} w_j x_j \tag{1.12}$$

其中, x_j 代表前 7 天中第 j 天的观看次数, 它们分别乘以不同的权重 w_j, 加起来, 再加上偏置, 就可以得到预测的结果. 该模型在训练数据（即 2017 年 ~ 2020 年的数据）上的损失是 380, 而只考虑 1 天的模型在训练数据上的损失是 480; 对于 2021 年 1 月 1 日 ~ 2021 年 2 月 14 日的数据（以下简称 2021 年的数据）上, 它的损失是 490. 只考虑 1 天的模型的损失是 580.

这个新模型中 w_j 和 b 的最优值如表 1.1 所示.

表 1.1　w_j 和 b 的最优值

b^*	w_1^*	w_2^*	w_3^*	w_4^*	w_5^*	w_6^*	w_7^*
50	0.79	−0.31	0.12	−0.01	−0.10	0.30	0.18

模型的逻辑是: 7 天前的数据跟要预测的数值关系很大, 所以 w_1^* 是 0.79, 而其他几天则没有那么重要.

其实, 可以考虑更多天的影响, 比如 28 天, 即

$$y = b + \sum_{j=1}^{28} w_j x_j \tag{1.13}$$

这个模型在训练数据上的损失是 330，在 2021 年 1 月 1 日 ~ 2021 年 2 月 14 日数据上的损失是 460. 如果考虑 56 天，即

$$y = b + \sum_{j=1}^{56} w_j x_j \tag{1.14}$$

则训练数据上的损失是 320，2021 年 1 月 1 日 ~ 2021 年 2 月 14 日数据上的损失还是 460.

可以发现，虽然考虑了更多天，但没有办法再降低损失. 看来考虑天数这件事，也许已经到了一个极限. 把输入的特征 x 乘上一个权重，再加上一个偏置，得到预测的结果，这样的模型称为**线性模型**（**linear model**）.

1.2.1 分段线性曲线

线性模型也许过于简单，x_1 和 y 之间可能存在比较复杂的关系，如图 1.7 所示. 对于 $w > 0$ 的线性模型，x_1 和 y 的关系就是一条斜率为正的直线，随着 x_1 越来越大，y 也应该越来越大. 设定不同的 w 可以改变这条直线的斜率，设定不同的 b 则可以改变这条直线和 y 轴的交点. 但无论如何改变 w 和 b，它永远都是一条直线，永远都是 x_1 越大，y 就越大：某一天的观看次数越多，次日的观看次数就越多. 但在现实中，也许当 x_1 大于某个数值的时候，次日的观看次数反而会变少. x_1 和 y 之间可能存在一种比较复杂的、像红色线一样的关系. 但不管如何设置 w 和 b，我们永远无法用简单的线性模型构造红色线. 显然，线性模型有很大的限制，这种来自模型的限制称为模型的偏差，无法模拟真实情况.

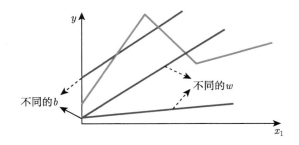

图 1.7　线性模型的局限性

所以，我们需要写一个更复杂、更有灵活性、有更多未知参数的函数. 图 1.8 中，红色线可以看作一个常数项 ❶ 再加上一些 hard sigmoid 函数（hard sigmoid 函数的特性是当输入的值介于两个阈值间的时候，图像呈现出一个斜坡，其余位置都是水平的）. 常数项被设成红色线和 y 轴的交点一样大. 第 1 个蓝色函数斜坡的起点，设在红色函数的起始地方，终

点设在红色函数的第一个转角处，第 1 个蓝色函数的斜坡和红色函数的第 1 段斜坡斜率相同，这时候求 **❶**+**❶**，就可以得到红色线左侧的线段. 接下来，叠加第 2 个蓝色函数，所以第 2 个蓝色函数的斜坡就在红色函数的第 1 个转折点和第 2 个转折点之间，第 2 个蓝色函数的斜坡和红色函数的第 2 段斜坡斜率相同. 这时候求 **❶**+**❶**+**❷**，就可以得到红色函数左侧和中间的线段. 对于第 2 个转折点之后的部分，再叠加第 3 个蓝色函数，第 3 个蓝色函数的斜坡的起点设在红色函数的第 2 个转折点，蓝色函数的斜坡和红色函数的第 3 段斜坡斜率相同. 最后，求 **❶**+**❶**+**❷**+**❸**，就得到了完整的红色线.

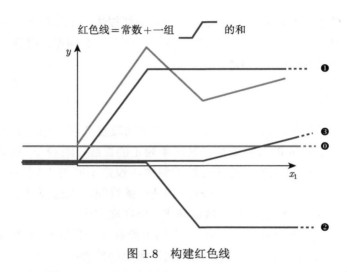

图 1.8　构建红色线

　　所以红色线 [即分段线性曲线（piecewise linear curve）] 可以看作一个常数和一些蓝色函数的叠加. 分段线性曲线越复杂，转折的点越多，所需的蓝色函数就越多.

　　也许要考虑的 x 和 y 的关系不是分段线性曲线，而是图 1.9 所示的曲线. 可以在这样的曲线上先取一些点，再把这些点连起来，变成一条分段线性曲线. 而这条分段线性曲线跟原来的曲线非常接近，如果点取得够多或位置适当，分段线性曲线就可以逼近连续曲线，甚至可以逼近有角度和弧度的连续曲线. 我们可以用分段线性曲线来逼近任何连续曲线，只要有足够的蓝色函数.

　　x 和 y 的关系非常复杂也没关系，可以想办法写一个带有未知数的函数. 直接写 hard sigmoid 函数不是很容易，但可以用 sigmoid 函数来逼近 hard sigmoid 函数，如图 1.10 所示. sigmoid 函数的表达式为

$$y = \frac{c}{1 + \mathrm{e}^{-(b+wx_1)}}$$

其中，输入是 x_1，输出是 y，c 为常数.

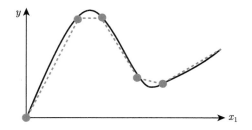

图 1.9　分段线性曲线可以逼近任何连续曲线

当 x_1 的值趋近于正无穷的时候，$\mathrm{e}^{-(b+wx_1)}$ 这一项就会几乎消失，y 就会收敛于常数 c；当 x_1 的值趋近于负无穷的时候，分母就会非常大，y 就会收敛于 0.

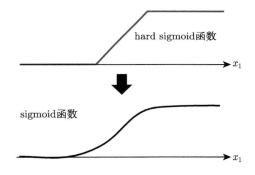

图 1.10　使用 sigmoid 函数逼近 hard sigmoid 函数

所以可以用这样的一个函数逼近蓝色函数. 为了简洁，蓝色函数的表达式记为

$$y = c\sigma(b + wx_1) \tag{1.15}$$

其中

$$\sigma(b + wx_1) = \frac{1}{1 + \mathrm{e}^{-(b+wx_1)}} \tag{1.16}$$

调整式 (1.15) 中的 b、w 和 c，就可以构造各种不同形状的 sigmoid 函数，从而用各种不同形状的 sigmoid 函数逼近 hard sigmoid 函数. 如图 1.11 所示，如果调整 w，就会改变斜坡的坡度；如果调整 b，就可以左右移动 sigmoid 函数曲线；如果调整 c，就可以改变曲线的高度. 所以，只要叠加拥有不同的 w、不同的 b 和不同的 c 的 sigmoid 函数，就可以逼近各种不同的分段线性函数（如图 1.12 所示）：

$$y = b + \sum_i c_i\sigma(b_i + w_ix_1) \tag{1.17}$$

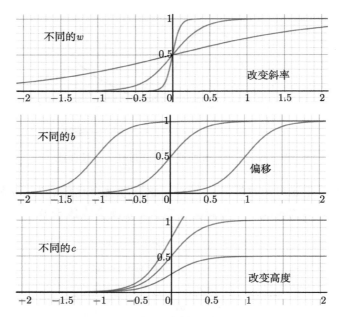

图 1.11　调整参数，构造不同的 sigmoid 函数

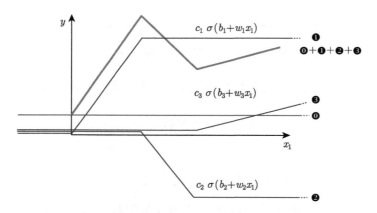

图 1.12　使用 hard sigmoid 函数来合成红色线

　　此外，我们可以不只用一个特征 x_1，而是用多个特征代入不同的 c、b、w，构建出各种不同的 sigmoid 函数，从而得到更有**灵活性（flexibility）**的分段线性函数，如图 1.13 所示. 可以用 j 来代表特征的编号. 如果要考虑 28 天的数据，j 就可以取 $1 \sim 28$.

　　举个只考虑 3 个特征（即只考虑前 3 天 $\sim$ 前 1 天）的例子. 此时 j 可以取 1、2、3，每一个 i $(i = 1, 2, 3)$ 就代表一个蓝色函数. 每一个蓝色函数都用一个 sigmoid 函数来近似，一共需要 3 个 sigmoid 函数：

$$b_1 + w_{11}x_1 + w_{12}x_2 + w_{13}x_3 \tag{1.18}$$

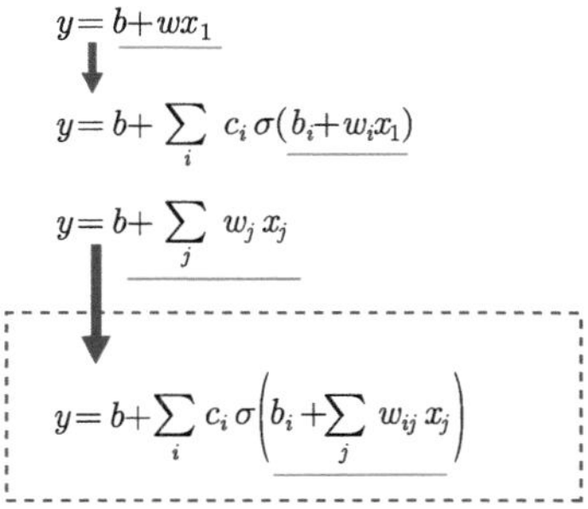

$$y = b + wx_1$$

$$\downarrow$$

$$y = b + \sum_i c_i\,\sigma\big(b_i + w_i x_1\big)$$

$$y = b + \sum_j w_j x_j$$

$$\downarrow$$

$$y = b + \sum_i c_i\,\sigma\Big(b_i + \sum_j w_{ij} x_j\Big)$$

图 1.13　构建更有灵活性的函数

w_{ij} 代表在第 i 个 sigmoid 函数中乘给第 j 个特征的权重. 设图 1.13 的虚线框中有

$$r_1 = b_1 + w_{11}x_1 + w_{12}x_2 + w_{13}x_3$$

$$r_2 = b_2 + w_{21}x_1 + w_{22}x_2 + w_{23}x_3 \tag{1.19}$$

$$r_3 = b_3 + w_{31}x_1 + w_{32}x_2 + w_{33}x_3$$

我们可以用矩阵和向量相乘的方法，得到如下比较简洁的写法.

$$\begin{bmatrix} r_1 \\ r_2 \\ r_3 \end{bmatrix} = \begin{bmatrix} b_1 \\ b_2 \\ b_3 \end{bmatrix} + \begin{bmatrix} w_{11} & w_{12} & w_{13} \\ w_{21} & w_{22} & w_{23} \\ w_{31} & w_{32} & w_{33} \end{bmatrix} \begin{bmatrix} x_1 \\ x_2 \\ x_3 \end{bmatrix} \tag{1.20}$$

也可以改成线性代数比较常用的表示方式，如下所示.

$$\boldsymbol{r} = \boldsymbol{b} + \boldsymbol{W}\boldsymbol{x} \tag{1.21}$$

$\boldsymbol{r}$ 对应的是 r_1、r_2、r_3. 有了 r_1、r_2、r_3，分别通过 sigmoid 函数得到 a_1、a_2、a_3，即

$$\boldsymbol{a} = \sigma(\boldsymbol{r}) \tag{1.22}$$

因此，如图 1.14 所示，虚线框里面做的事情，就是从 x_1、x_2、x_3 得到 a_1、a_2、a_3.
上面这个比较有灵活性的函数可以用线性代数来表示，即

$$\boldsymbol{y} = \boldsymbol{b} + \boldsymbol{c}^{\mathrm{T}}\boldsymbol{a} \tag{1.23}$$

接下来，如图 1.15 所示，x 是特征，绿色的 b 是向量，灰色的 b 是数值. W、b、c^{T}、b 是未知参数. 把矩阵展平，与其他项"拼合"，就可以得到一个很长的向量. 把 W 的每一行或每一列拿出来，拿行或拿列都可以. 先把 W 的每一列或每一行"拼"成一个长向量，再把 b、c^{T}、b "拼"进来，这个长向量可以直接用 θ 来表示. 我们将所有未知参数一律统称 θ.

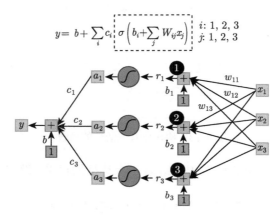

图 1.14　比较有灵活性函数的计算过程

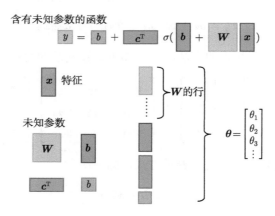

图 1.15　将未知参数"拼"成一个向量

Q: 优化是找一个可以让损失最小的参数，是否可以穷举所有可能的未知参数的值？
A: 在只有 w 和 b 两个参数的前提下，可以穷举所有可能的 w 和 b 的值. 所以在参数很少的情况下，甚至可能不用梯度下降，也不需要优化技巧. 但是当参数非常多的时候，就不能使用穷举的方法，而应使用梯度下降的方法找出可以让损失最小的参数.

> Q：刚才的例子里面有 3 个 sigmoid 函数，为什么是 3 个，能不能是 4 个或更多个？
> A：sigmoid 函数的数量由我们自己决定，sigmoid 函数的数量越多，可以产生的分段线性函数就越复杂. sigmoid 函数的数量也是一个超参数.

接下来定义损失. 此前的损失函数记作 $L(w, b)$，现在未知参数太多了，所以直接用 $\boldsymbol{\theta}$ 来统设所有的参数，损失函数记作 $L(\boldsymbol{\theta})$. 损失函数能够判断 $\boldsymbol{\theta}$ 的好坏，计算方法跟只有两个参数的情况是一样的：先给定 $\boldsymbol{\theta}$ 的值，即某一组 $\boldsymbol{W}$、$\boldsymbol{b}$、$\boldsymbol{c}^{\mathrm{T}}$、$b$ 的值，再把特征 $\boldsymbol{x}$ 加进去，得到估测出来的 y，最后计算一下跟真实标签之间的误差. 把所有的误差通通加起来，就得到了损失.

下一步就是优化 $\boldsymbol{\theta}$，即优化

$$\boldsymbol{\theta} = \begin{bmatrix} \theta_1 \\ \theta_2 \\ \theta_3 \\ \vdots \end{bmatrix} \tag{1.24}$$

要找到一组 $\boldsymbol{\theta}$，让损失越小越好，可以让损失最小的一组 $\boldsymbol{\theta}$ 称为 $\boldsymbol{\theta}^*$. 一开始，要随机选一个初始的数值 $\boldsymbol{\theta}_0$. 接下来计算 L 关于每一个未知参数的偏导数，得到向量 $\boldsymbol{g}$ 为

$$\boldsymbol{g} = \boldsymbol{\nabla} L(\boldsymbol{\theta}_0) \tag{1.25}$$

$$\boldsymbol{g} = \begin{bmatrix} \left. \dfrac{\partial L}{\partial \theta_1} \right|_{\boldsymbol{\theta} = \boldsymbol{\theta}_0} \\ \left. \dfrac{\partial L}{\partial \theta_2} \right|_{\boldsymbol{\theta} = \boldsymbol{\theta}_0} \\ \vdots \end{bmatrix} \tag{1.26}$$

假设有 1000 个参数，向量 $\boldsymbol{g}$ 的长度就是 1000，这个向量也称为梯度向量. $\boldsymbol{\nabla} L$ 代表梯度；$L(\boldsymbol{\theta}_0)$ 是指计算梯度的位置，也就是 $\boldsymbol{\theta}$ 等于 $\boldsymbol{\theta}_0$ 的地方. 计算出 $\boldsymbol{g}$ 以后，接下来更新参数. $\boldsymbol{\theta}_0$ 代表起始值，它是一个随机选的起始值，$\boldsymbol{\theta}^1$ 代表更新过一次的结果. 用 θ_2^0 减掉偏导结果和 η 的积，得到 θ_2^1，以此类推，就可以把 1000 个参数都更新了（见图 1.16）：

$$\begin{bmatrix} \theta_1^1 \\ \theta_1^2 \\ \vdots \end{bmatrix} \leftarrow \begin{bmatrix} \theta_0^1 \\ \theta_0^2 \\ \vdots \end{bmatrix} - \begin{bmatrix} \left. \eta \dfrac{\partial L}{\partial \theta_1} \right|_{\boldsymbol{\theta} = \boldsymbol{\theta}_0} \\ \left. \eta \dfrac{\partial L}{\partial \theta_2} \right|_{\boldsymbol{\theta} = \boldsymbol{\theta}_0} \\ \vdots \end{bmatrix} \tag{1.27}$$

$$\boldsymbol{\theta}_1 \leftarrow \boldsymbol{\theta}_0 - \eta \boldsymbol{g} \tag{1.28}$$

参数有 1000 个，$\boldsymbol{\theta}_0$ 就是 1000 个数值，$\boldsymbol{g}$ 是 1000 维的向量，$\boldsymbol{\theta}_1$ 也是 1000 维的向量. 整个操作就是这样，由 $\boldsymbol{\theta}_0$ 开始计算梯度，根据梯度把 $\boldsymbol{\theta}_0$ 更新成 $\boldsymbol{\theta}_1$；再算一次梯度，再根据梯度把 $\boldsymbol{\theta}_1$ 更新成 $\boldsymbol{\theta}_2$；以此类推，直到不想做，或者梯度为零，导致无法再更新参数为止. 不过在实践中，几乎不太可能梯度为零，通常停下来就是因为我们不想做了.

- （随机）选取初始值$\boldsymbol{\theta}_0$
- 计算梯度 $\boldsymbol{g} = \nabla L(\boldsymbol{\theta}_0)$
  　　更新 $\boldsymbol{\theta}_1 \leftarrow \boldsymbol{\theta}_0 - \eta \boldsymbol{g}$
- 计算梯度 $\boldsymbol{g} = \nabla L(\boldsymbol{\theta}_1)$
  　　更新 $\boldsymbol{\theta}_2 \leftarrow \boldsymbol{\theta}_1 - \eta \boldsymbol{g}$
- 计算梯度 $\boldsymbol{g} = \nabla L(\boldsymbol{\theta}_2)$
  　　更新 $\boldsymbol{\theta}_3 \leftarrow \boldsymbol{\theta}_2 - \eta \boldsymbol{g}$

图 1.16　使用梯度下降更新参数

实现上，有个细节上的区别，如图 1.17 所示，实际使用梯度下降时，会把 N 笔数据随机分成一个个的**批量（batch）**，每个批量里面有 B 笔数据. 本来是把所有的数据拿出来计算损失 L，现在只拿一个批量里面的数据出来计算损失，记为 L_1. 假设 B 够大，也许 L 和 L_1 会很接近. 所以在实现上，每次会先选一个批量，用该批量来算 L_1，根据 L_1 来算梯度，再用梯度来更新参数；接下来再选下一个批量，算出 L_2，根据 L_2 算出梯度，再更新参数；最后再取下一个批量，算出 L_3，根据 L_3 算出梯度，再用 L_3 算出来的梯度更新参数.

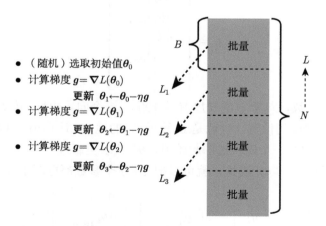

图 1.17　分批量进行梯度下降

把所有的批量都看过一遍的过程称为一个**回合（epoch）**，每更新一次参数称为一次更新. 更新和回合是两个不同的概念.

举个例子，假设有 10 000 笔数据，即 N 等于 10 000；**批量大小（batch size）**设为 10，即 B 等于 10. 10 000 个**样本（example）**形成了 1000 个批量，所以在一个回合里面更新了参数 1000 次，所以一个回合不只更新参数一次.

再举个例子，假设有 1000 个数据，批量大小设为 100，批量大小和 sigmoid 函数的个数都是超参数. 1000 个样本，批量大小设为 100，1 个回合总共更新 10 次参数. 一个回合的训练其实不知道更新了几次参数，有可能 1000 次，也有可能 10 次，取决于批量有多大.

1.2.2 模型变形

其实还可以对模型做更多的变形，不一定要把 hard sigmoid 函数换成 soft sigmoid 函数. hard sigmoid 函数可以看作两个 **ReLU（Rectified Linear Unit，修正线性单元）**的叠加，ReLU 先是一条水平的线，到了某个地方经过一个转折点，变成一个斜坡，对应的公式为

$$c \max(0, b + wx_1) \tag{1.29}$$

$\max(0, b + wx_1)$ 旨在看 0 和 $b + wx_1$ 哪个比较大，比较大的值会被当作输出：如果 $b + wx_1 < 0$，输出是 0；如果 $b + wx_1 > 0$，输出是 $b + wx_1$. 如图 1.18 所示，通过 w、b、c 可以挪动 ReLU 的位置和斜率. 把两个 ReLU 叠起来，就可以变成 hard sigmoid 函数. 想要用 ReLU，就把前文用到 sigmoid 函数的地方换成 $\max(0, b_i + w_{ij}x_j)$.

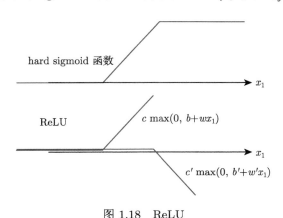

图 1.18 ReLU

如图 1.19 所示，两个 ReLU 才能够合成一个 hard sigmoid 函数. 要合成 i 个 hard sigmoid 函数，需要 i 个 sigmoid 函数. 如果要用 ReLU 做到一样的事情，则需要 $2i$ 个 ReLU，因为两个 ReLU 合起来才是一个 hard sigmoid 函数. 表示一个 hard sigmoid 函数不是只有一种做法. 在机器学习里面，sigmoid 函数或 ReLU 称为**激活函数（activation function）**.

当然还有其他常见的激活函数，但 sigmoid 函数和 ReLU 是最为常见的激活函数. 接下来的实验都选择用了 ReLU，显然 ReLU 比较好. 对于使用前 56 天数据的情况，实验结果如图 1.20 所示.

$$y = b + \sum_{\boxed{1i}} c_i \, \sigma \left(b_i + \sum_j w_{ij} x_j \right)$$

激活函数

$$y = b + \sum_{\boxed{2i}} c_i \, \underline{\max} \left(0, \, b_i + \sum_j w_{ij} x_j \right)$$

图 1.19　激活函数

数据	线性模型	10个ReLU	100个ReLU	1000个ReLU
2017年~2020年的数据	320	320	280	270
2021年的数据	460	450	430	430

图 1.20　激活函数实验结果

连续使用 10 个 ReLU 作为模型，跟使用线性模型的结果差不多. 但连续使用 100 个 ReLU 作为模型，结果就有显著差别了. 100 个 ReLU 在训练数据上的损失就可以从 320 降到 280，在测试数据上的损失也低了一些. 接下来使用 1000 个 ReLU 作为模型，在训练数据上损失更低了一些，但是在模型没看过的数据上，损失没有变化.

接下来可以继续改进模型，如图 1.21 所示，从 $\boldsymbol{x}$ 变成 $\boldsymbol{a}$，就是把 $\boldsymbol{x}$ 乘上 $\boldsymbol{w}$ 再加 $\boldsymbol{b}$，最后通过 sigmoid 函数（不一定要通过 sigmoid 函数，通过 ReLU 也可以得到 $\boldsymbol{a}$）. 可以增加网络的层数，将同样的事情再反复多做几次：把 $\boldsymbol{x}$ 做这一连串的运算产生 $\boldsymbol{a}$，接下来把 $\boldsymbol{a}$

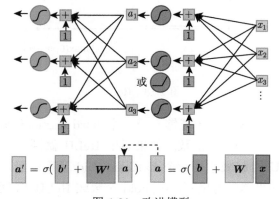

图 1.21　改进模型

做这一连串的运算产生 a'，等等. 反复的次数是另一个超参数. 注意，w、b 和 w'、b' 不是同一组参数，这里增加了更多的未知参数.

每多做一次上述的事情，我们就添加了 100 个 ReLU. 依然考虑前 56 天的数据，实验结果如图 1.22 所示，对于 2017 年 ~ 2020 年的数据，如果做两次（2 层），损失降低很多，从 280 降到 180. 如果做 3 次（3 层），损失从 180 降到 140. 而在 2021 年的数据上，通过 3 次 ReLU，损失从 430 降到了 380.

数据	1层	2层	3层	4层
2017年~2020年的数据	280	180	140	100
2021年的数据	430	390	380	440

图 1.22　使用 ReLU 的实验结果

通过 3 次 ReLU 的实验结果如图 1.23 所示，其中红色线是真实数据，蓝色线是预测出来的数据. 看红色线，每隔一段时间，就会有低点，在低点的地方，机器的预测还是很准确的. 机器高估了真实的观看次数，尤其是红圈标注的这一天. 这一天有一个很明显的低谷，但是机器没有预测到这一天有明显的低谷，它晚一天才预测出低谷.

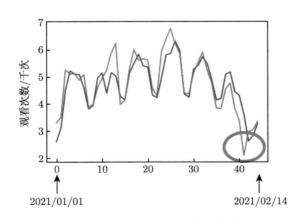

图 1.23　使用 3 次 ReLU 的实验结果

如图 1.24 所示，sigmoid 函数或 ReLU 称为神经元（neuron），**神经网络（neural network）**就是由神经元组成的. 这些术语来自真实的人脑，人脑中有很多真实的神经元，很多神经元组成神经网络. 图 1.24 中的每一列神经元称为神经网络的一层，又称为**隐藏层（hidden layer）**，隐藏层多的神经网络就"深"，称为深度神经网络.

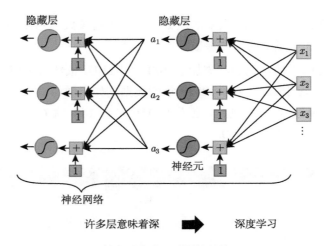

图 1.24 神经网络的结构

神经网络正向越来越深的方向发展,2012 年的 AlexNet 有 8 层,在图像识别上的错误率为 16.4%. 两年之后的 VGG 有 19 层,错误率降至 7.3 %. 后来的 GoogleNet 有 22 层,错误率降至 6.7%. **残差网络(Residual Network, ResNet)**有 152 层,错误率降至 3.57%.

刚才只做到 3 层,我们应该做得更深,现在的神经网络都是几百层的,深度神经网络还要更深. 但 4 层的网络在训练数据上的损失是 100,在 2021 年的数据上的损失是 440. 在训练数据上,3 层的网络表现比较差;但是在 2021 年的数据上,则是 4 层的网络表现比较差,如图 1.25 所示. 模型在训练数据和测试数据上的结果不一致,这种情况称为**过拟合(overfitting)**.

数据	1层	2层	3层	4层
2017年~2020年的数据	280	180	140	100
2021年的数据	430	390	380	440

图 1.25 模型有过拟合问题

到目前为止,我们还没有真正发挥这个模型的力量,2021 年 2 月 14 日之前的数据是已知的. 要预测未知的数据,选 3 层的网络还是 4 层的网络呢?假设今天是 2 月 26 日,今天的观看次数是未知的. 如果用已经训练出来的神经网络预测今天的观看次数,就要选 3 层的网络,虽然 4 层的网络在训练数据上的结果比较好,但模型对于它没看过的数据的预测结果更重要.

深度神经网络的训练会用到**反向传播(BackPropagation, BP)**,这是一种比较有效率的梯度计算方法.

1.2.3 机器学习框架

训练数据和测试数据如式 (1.30) 所示. 对于模型来说，测试数据只有 x 而没有 y，我们正是使用模型在测试数据上的预测结果来评估模型的性能.

$$训练数据：\{(x_1,y_1),(x_2,y_2),\cdots,(x_N,y_N)\}$$
$$测试数据：\{x_{N+1},x_{N+2},\cdots,x_{N+M}\}$$

(1.30)

训练数据用来训练模型，训练过程如下.

（1）写出一个有未知数 $\boldsymbol{\theta}$ 的函数，$\boldsymbol{\theta}$ 代表一个模型里面所有的未知参数. 这个函数记作 $f_{\boldsymbol{\theta}}(\boldsymbol{x})$，意思是函数名叫 $f_{\boldsymbol{\theta}}$，输入的特征为 $\boldsymbol{x}$.

（2）定义损失，损失是一个函数，其输入就是一组参数，旨在判断这组参数的好坏.

（3）解一个优化的问题，找一个 $\boldsymbol{\theta}$，让损失越小越好. 能让损失最小的 $\boldsymbol{\theta}$ 记为 $\boldsymbol{\theta}^*$，即

$$\boldsymbol{\theta}^* = \underset{\boldsymbol{\theta}}{\arg\min}\, L$$

(1.31)

有了 $\boldsymbol{\theta}^*$ 以后，就可以把它拿来用在测试数据上，也就是把 $\boldsymbol{\theta}^*$ 代入这些未知的参数. 本来 $f_{\boldsymbol{\theta}}(\boldsymbol{x})$ 里面就有一些未知的参数，现在用 $\boldsymbol{\theta}^*$ 替代 $\boldsymbol{\theta}$，输入测试数据，将输出的结果保存起来，就可以用来评估模型的性能.

第2章 实践方法论

在应用机器学习算法时，实践方法论能够帮助我们更好地训练模型. 如果模型的表现不好，则应先检查模型在训练数据上的损失. 如果模型在训练数据上的损失很大，那么显然模型在训练阶段就没有做好. 接下来分析模型在训练阶段没有做好的原因.

2.1 模型偏差

模型偏差可能会影响模型训练. 举个例子，假设模型过于简单，把 θ_1 代入一个有未知参数的函数，可以得到函数 $f_{\theta_1}(x)$，同理可得到另一个函数 $f_{\theta_2}(x)$. 把所有的函数集合起来，可以得到一个函数的集合. 但该函数的集合太小了，可以让损失变低的函数不在模型可以描述的范围内，见图 2.1. 在这种情况下，就算找出了一个 θ^*，虽然它是这些蓝色函数里面最好的一个，但损失还是不够小. 这就好比想要在水盆里捞针（一个损失低的函数），结果针根本就不在水盆里.

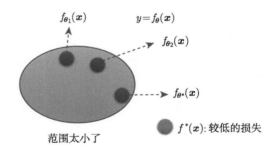

图 2.1 模型太简单的问题

可以重新设计一个模型，并给模型更大的灵活性. 其中一个做法是增加输入的特征. 以第 1 章的预测未来观看次数为例，若能提供前 56 天的信息，模型的灵活性就比只提供前 1 天信息时强，见图 2.2. 另一个做法是利用深度学习，提升网络的灵活性. 即便如此，也不意味着训练的时候损失大就一定要归咎于模型偏差，还可能是因为优化做得不好.

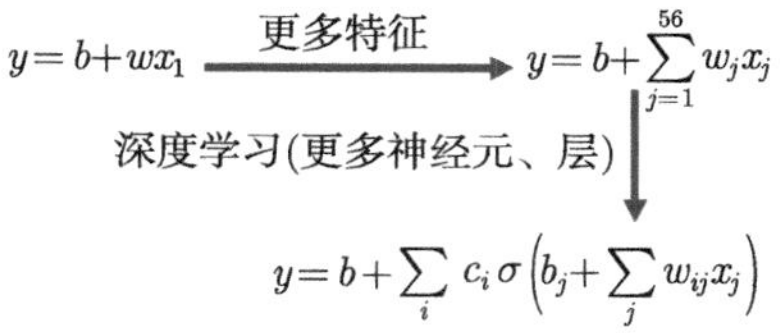

$$y = b + wx_1 \quad \xrightarrow{\text{更多特征}} \quad y = b + \sum_{j=1}^{56} w_j x_j$$

$$\downarrow \text{深度学习(更多神经元、层)}$$

$$y = b + \sum_i c_i \, \sigma \left(b_j + \sum_j w_{ij} x_j \right)$$

图 2.2 增加模型的灵活性

2.2 优化问题

我们一般只会用梯度下降进行优化,这种优化方法存在很多的问题. 比如可能会卡在局部最小值的地方,无法找到一个真的可以让损失很低的参数,如图 2.3(a) 所示. 而图 2.3(b) 所示的蓝色部分是模型可以表示的函数所形成的集合,可以把 $\boldsymbol{\theta}$ 代入不同的数值,形成不同的函数,把所有的函数集合在一起,得到这个蓝色的集合. 在这个蓝色的集合里面,确实包含了一些损失较低的函数. 但问题是,梯度下降法无法找出损失低的函数,梯度下降法旨在解决优化问题,找到 $\boldsymbol{\theta}^*$ 就结束了,但 $\boldsymbol{\theta}^*$ 对应的损失不够低. 此时,到底是模型偏差还是优化的问题呢? 找不到一个损失低的函数,到底是因为模型的灵活性不够,还是因为模型的灵活性已经够了,只是梯度下降过程没有达到预期?

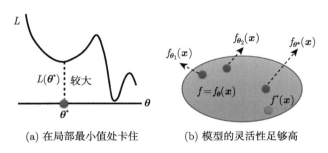

(a) 在局部最小值处卡住   (b) 模型的灵活性足够高

图 2.3 梯度下降法存在的问题

要回答上述问题,一种方法是,通过比较不同的模型来判断模型现在到底够不够大. 举个例子,这个例子出自论文 "Deep Residual Learning for Image Recognition" [1]. 在测试集上测试两个网络,一个网络有 20 层,另一个网络有 56 层. 图 2.4(a) 中的横轴代表训练过程,也就是参数更新的过程. 随着参数被更新,损失会越来越低,但结果是,20 层网络的损失比较低,56 层网络的损失还比较高. 很多人认为这代表过拟合,即 56 层太多了,网络根本不需要这么深. 但这不是过拟合,并不是所有结果不好的情况都叫作过拟合. 在训练集上,20 层网络的损失也是比较低的,而 56 层网络的损失比较高,如图 2.4(b) 所示,这代表 56 层网络的优化没有做好.

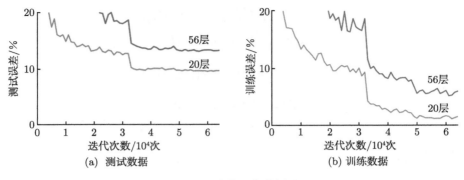

图 2.4　残差网络的例子

Q：如何知道是 56 层网络的优化不好？为什么不是模型偏差？万一是因为 56 层网络的灵活性还不够呢？

A：比较 56 层网络和 20 层网络，20 层网络的损失都已经可以做到这样了，56 层网络的灵活性一定比 20 层网络的高. 56 层网络要做到 20 层网络可以做到的事情轻而易举，只要前 20 层的参数跟 20 层网络一样，剩下 36 层都复制前一层的输出就好了. 如果优化成功，56 层网络应该比 20 层网络得到更低的损失. 但结果并非如此，这不是过拟合，也不是模型偏差，因为 56 层网络的灵活性是够的，问题是优化做得不够好.

　　这里给大家的建议是，当看到一个从来没有见过的问题时，可以先尝试使用一些比较小的、比较浅的网络，甚至用一些非深度学习的方法，比如线性模型、**支持向量机（Support Vector Machine，SVM）**. SVM 可能是比较容易做优化的，它们不会有优化失败的问题. 也就是说，这些模型会竭尽全力，在它们的能力范围之内，找出一组最好的参数. 因此，可以先训练一些比较浅的网络，或者训练一些比较简单的模型，弄清楚这些简单的模型到底可以得到什么样的损失.

　　接下来还缺一个深的模型，如果深的模型跟浅的模型比起来，明明灵活性比较高，损失却没有办法比浅的模型压得更低，就说明优化有问题，需要用一些其他的方法来更好地进行优化.

　　举个例子，如图 2.5 所示，2017 年 ~ 2020 年的数据组成训练集时，1 层的损失是 280，2 层就降到 180，3 层就降到 140，4 层就降到 100，但是 5 层的时候损失却变成 340. 损失很大显然不是模型偏差的问题，因为 4 层都可以降到 100 了，5 层应该可以降至更低才对. 这是优化的问题，优化做得不好才会造成这个样子. 如果训练损失大，可以先判断是模型偏差还是优化的问题. 如果是模型偏差的问题，就把模型变大. 假设经过努力可以让训练数据上的损失变小，接下来可以看测试数据上的损失；如果测试数据上的损失也小，比这个较强的基线模型还要小，就结束.

数据	1层	2层	3层	4层	5层
2017年~2020年的数据	280	180	140	100	340

图 2.5　网络越深，损失反而变大

测试数据上的结果不好，不一定是过拟合. 要把训练数据上的损失记下来，在确定优化没有问题、模型够大后，再看是不是测试的问题. 如果训练数据上的损失小，测试数据上的损失大，则有可能是过拟合.

2.3　过拟合

过拟合是什么呢？举个极端的例子，假设根据一些训练集，某机器学习方法找到了一个函数. 只要输入 x 出现在训练集中，就把对应的 y 输出. 如果 x 没有出现在训练集中，就输出一个随机值. 这个函数没什么用处，但它在训练数据上的损失是 0. 把训练数据通通输入这个函数，它的输出跟训练集的标签一模一样，所以在训练数据上，这个函数的损失是 0. 可是在测试数据上，它的损失会变得很大，因为它其实什么都没有预测. 这个例子比较极端，但一般情况下，也有可能发生类似的事情.

如图 2.6 所示，假设输入的特征为 x，输出为 y，x 和 y 都是一维的. x 和 y 之间的关系是二次曲线，用虚线来表示，因为通常没有办法直接观察到这条曲线. 我们真正可以观察到的是训练集，训练集可以想象成从这条曲线上随机采样得到的几个点. 模型的能力非常强，灵活性很大，只给它 3 个点. 在这 3 个点上，要让损失低，所以模型的这条曲线会通过这 3 个点，但是在别的地方，模型的灵活性很高，所以模型可以变成各种各样的函数，产生各式各样奇怪的结果.

再输入测试数据，测试数据和训练数据当然不会一模一样，它们可能是从同一个分布采样出来的，测试数据是橙色的点，训练数据是蓝色的点. 用蓝色的点找出一个函数以后，测试在橙色的点上不一定会好. 如果模型的自由度很高，就会产生非常奇怪的曲线，导致训练集上的表现很好，但测试集上的损失很大.

怎么解决过拟合的问题呢？有两个可能的方向. 第一个方向往往是最有效的方向，即增大训练集. 因此，如果蓝色的点变多了，虽然模型的灵活性可能很大，但是模型仍然可以被限制住，看起来的形状还是会很像产生这些数据背后的二次曲线，如图 2.7 所示. **数据增强（data augmentation）** 的方法并不算使用了额外的数据.

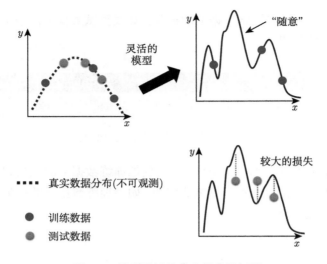

图 2.6　模型灵活性太大导致的问题

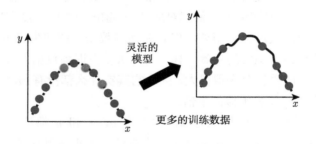

图 2.7　增加数据

　　数据增强就是根据对问题的理解创造出新的数据. 举个例子, 在做图像识别的时候, 一个常见的招式是, 假设训练集里面有一张图片, 把它左右翻转, 或者将其中的一部分截出来放大等等. 对图像进行左右翻转, 数据就变成原来的两倍. 但是数据增强不能够随便乱做. 在图像识别里面, 很少看到有人把上下颠倒图像当作数据增强. 因为这些图片都是合理的图像, 左右翻转图像, 并不会影响到里面的内容. 但把图像上下颠倒, 可能就不是一个训练集或真实世界里才会出现的图像了. 如果机器根据奇怪的图像进行学习, 它可能就会学得奇怪的结果. 所以, 要根据对数据的特性以及要处理问题的理解, 选择合适的数据增强方式.

　　另一个方向是给模型一些限制, 让模型不要有太高的灵活性. 假设 x 和 y 背后的关系其实就是一条二次曲线, 只是这条二次曲线里面的参数是未知的. 如图 2.8 所示, 要用多大限制的模型才会好取决于对这个问题的理解. 因为这种模型是我们自己设计的, 设计出不同的模型, 结果不同. 假设模型是二次曲线, 在选择函数的时候就会有很大的限制. 因为二次曲线的外形都很相似，所以当训练集有限的时候，只能选有限的几个函数．所以虽然只给了 3 个点，但是因为能选择的函数有限，我们也可能正好选到跟真正的分布比较接近的函数，在测试集上得到比较好的结果．

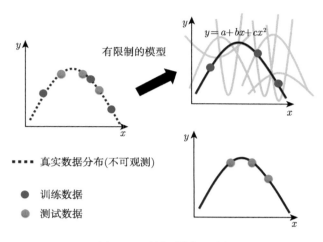

图 2.8　对模型施加限制

为了解决过拟合的问题，要给模型一些限制，具体来说，有如下方法．

- 给模型比较少的参数．如果是深度学习，就给它比较少的神经元，如本来每层有 1000 个神经元，改成 100 个神经元，或者让模型共用参数，可以让一些参数有一样的数值．**全连接网络（fully-connected network）**其实是一种比较灵活的架构，而**卷积神经网络（Convolutional Neural Network，CNN）**是一种比较有限制的架构．CNN 针对图像的特性来限制模型的灵活性．所以，对于全连接神经网络，可以找出来的函数所形成的集合其实是比较大的；而对于 CNN，可以找出来的函数所形成的集合其实是比较小的．正是因为 CNN 给了模型比较大的限制，所以 CNN 在图像识别等任务上反而做得比较好．

- 提供比较少的特征．例如，将原本给前 3 天的数据改成只给 2 天的数据作为特征，结果就可能更好一些．

- 其他的方法，如**早停（early stopping）**、**正则化（regularization）**、**丢弃法（dropout method）**等．

即便如此，也不要给模型太多的限制．以线性模型为例，图 2.9 中有 3 个点，没有任何一条直线可以同时通过这 3 个点．只能找到一条直线，这条直线与这些点是比较近的．这时候模型的限制就太大了，在测试集上就不会得到好的结果．这种情况下的结果不好，并不是因为过拟合，而是因为给了模型太多的限制，多到有了模型偏差的问题．

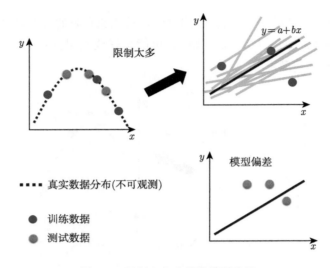

图 2.9　限制太大会导致模型偏差

　　模型的复杂程度和灵活性没有明确的定义. 比较复杂的模型包含的函数比较多，参数也比较多. 如图 2.10 所示，随着模型越来越复杂，训练损失可以越来越低. 但在测试时，随着模型越来越复杂，刚开始测试损失会显著下降，但是当复杂程度超过一定程度后，测试损失就突然增加了. 这是因为当模型越来越复杂时，过拟合的情况就会出现，所以在训练损失上可以得到比较好的结果. 而在测试损失上，结果不怎么好，可以选一个中庸的模型，不太复杂，也不太简单，要刚好既可以使训练损失最低，也可以使测试损失最低.

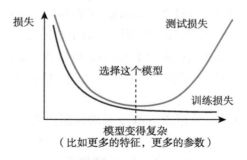

图 2.10　模型的复杂程度与损失的关系

　　假设 3 个模型的复杂程度不太一样，不知道要选哪一个模型才会刚刚好，从而在测试集上得到最好的结果. 因为太复杂的模型会导致过拟合，而太简单的模型会导致模型偏差的问题. 把这 3 个模型的结果都跑出来，损失最低的模型显然就是最好的模型.

2.4　交叉验证

一种能够比较合理地选择模型的方法是把训练数据分成两部分：**训练集（training set）**和**验证集（validation set）**. 比如将 90% 的数据作为训练集，而将剩余 10% 的数据作为验证集. 在训练集上训练出来的模型会使用验证集来评估它们的效果.

这里会有一个问题：如果随机分验证集，可能会分得不好，分到很奇怪的验证集，导致结果很差. 如果担心出现这种情况，可以采用 k 折交叉验证（k-fold cross validation）的方法，如图 2.11 所示. k 折交叉验证就是先把训练集切成 k 等份. 在这个例子中，训练集被切成 3 等份，切完以后，将其中一份当作验证集，另外两份当作训练集，这件事情要重复做 3 次：将第 1 份和第 2 份当作训练集，第 3 份当作验证集；将第 1 份和第 3 份当作训练集，第 2 份当作验证集；将第一份当作验证集，第 2 份和第 3 份当作训练集.

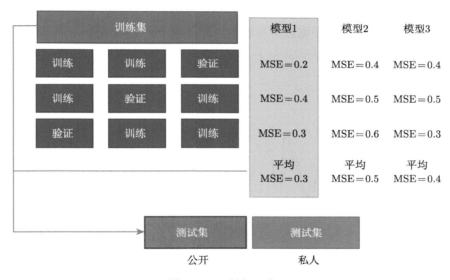

图 2.11　k 折交叉验证

假设我们有 3 个模型. 我们不知道哪一个是好的，因此不妨把这 3 个模型在这 3 个数据集上通通跑一次. 把这 3 个模型在这 3 种情况下的结果都平均起来；把每一个模型在这 3 种情况下的结果也都平均起来，再看看谁的结果最好. 假设 3 折交叉验证得出来的结果是模型 1 最好，那么就把模型 1 用在全部的训练集上，并把训练出来的模型再用在全部的测试集上. 接下来我们要面对的任务是预测 2 月 26 日的观看次数，结果如图 2.12 所示，3 层网络的结果最好.

数据	1层	2层	3层	4层
2017年~2020年的数据	280	180	140	100
2021年的数据	430	390	380	440

图 2.12　3 层网络的结果最好

2.5　不匹配

图 2.13 中的横轴是从 2021 年 1 月 1 日开始计算的天数，红色线是真实的数据，蓝色线是预测的结果. 2 月 26 日是 2021 年观看次数最高的一天，与机器的预测差距非常大，误差为 2580. 几个模型不约而同地推测 2 月 26 日应该是个低点，但实际上，2 月 26 日是一个峰值. 这不能怪模型，因为根据过去的数据，周五晚上大家都出去玩了. 但是 2 月 26 日出现了反常的情况，这种情况应该算是另一种错误形式——不匹配（mismatch）.

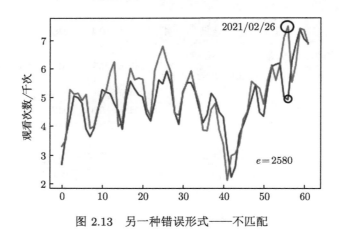

图 2.13　另一种错误形式——不匹配

不匹配和过拟合不同，一般的过拟合可以用收集更多的数据来克服，但不匹配是指训练集和测试集的分布不同，训练集再增大其实也没有帮助了. 假设在分训练集和测试集的时候，使用 2020 年的数据作为训练集，使用 2021 年的数据作为测试集，不匹配的问题可能就会很严重. 因为 2020 年的数据和 2021 年的数据背后的分布不同. 图 2.14 演示了图像分类中的不匹配问题. 增加数据也不能让模型做得更好，所以这种问题要怎么解决、匹不匹配，要看对数据本身的理解. 我们可能要对训练集和测试集的产生方式有一些理解，才能判断模型是不是遇到了不匹配的情况.

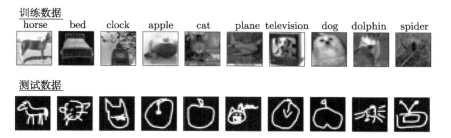

图 2.14　图像分类中的不匹配问题

参考资料

[1]　HE K, ZHANG X, REN S, et al. Deep residual learning for image recognition[C]//Proceedings of the IEEE Conference on Computer Vision and Pattern Recognition. 2016: 770-778.

第3章 深度学习基础

本章介绍深度学习中常见的一些概念,理解这些概念能够帮助我们从不同角度来更好地优化神经网络.为了更好地优化神经网络,首先要理解为什么优化会失败,以及为什么收敛在局部最值与鞍点会导致优化失败.其次,可以对学习率进行调整,使用自适应学习率和学习率调度.最后,批量归一化可以改变误差表面,这对优化也有帮助.

3.1 局部最小值与鞍点

我们在做优化的时候经常会发现,随着参数不断更新,训练的损失不会再下降,但是我们对这个损失仍然不满意.把深层网络(deep network)、线性模型和浅层网络(shallow network)做比较,可以发现深层网络并没有做得更好——深层网络没有发挥出自身全部的力量,所以优化是有问题的.但有时候,模型一开始就训练不起来,不管我们怎么更新参数,损失都降不下去.到底发生了什么事情?

3.1.1 临界点及其种类

过去常见的一个猜想是,我们优化到某个地方,这个地方参数对损失的偏导数为零,如图 3.1 所示.图 3.1 中的两条曲线对应两个神经网络训练的过程.当参数对损失的偏导数为零的时候,梯度下降就不能再更新参数了,训练就停下来了,损失不再下降.

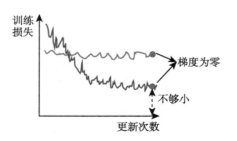

图 3.1 梯度下降失效的情况

当提到梯度为零的时候,大家最先想到的可能就是**局部最小值(local minimum)**,如

图 3.2(a) 所示. 所以经常有人说, 做深度学习时, 使用梯度下降会收敛在局部最小值, 梯度下降不起作用. 但其实损失不是只在局部最小值的点梯度为零, 还有其他可能会让梯度为零的点, 比如**鞍点 (saddle point)**. 鞍点其实就是梯度为零且区别于局部最小值和**局部最大值 (local maximum)** 的点. 在图 3.2(b) 中, 红色的点在 y 轴方向是比较高的, 在 x 轴方向是比较低的, 这就是一个鞍点. 鞍点的梯度为零, 但它不是局部最小值. 我们把梯度为零的点统称为**临界点 (critical point)**. 损失没有办法再下降, 也许是因为收敛在了临界点, 不一定是因为收敛在局部最小值.

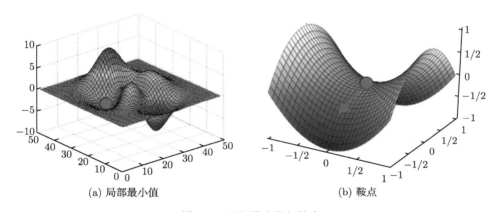

(a) 局部最小值   (b) 鞍点

图 3.2　局部最小值与鞍点

但是, 如果一个点的梯度真的很接近零, 那么当来到一个临界点的时候, 这个临界点到底是局部最小值还是鞍点, 就是一个值得我们探讨的问题. 因为如果损失收敛在局部最小值, 我们所在的位置就已经是损失最低的点了, 往四周走损失都会比较高, 就没有路可以走了. 但鞍点没有这个问题, 旁边还有路可以让损失更低. 只要逃离鞍点, 就有可能让损失更低.

3.1.2　判断临界值种类的方法

为了判断一个临界点到底是局部最小值还是鞍点, 需要知道损失函数的形状. 可是怎么才能知道损失函数的形状呢? 网络本身很复杂, 用复杂网络算出来的损失函数显然也很复杂. 虽然无法完整知道整个损失函数的样子, 但是如果给定一组参数, 比如 $\boldsymbol{\theta}'$, 那么 $\boldsymbol{\theta}'$ 附近的损失函数是有办法写出来的 (虽然 $L(\boldsymbol{\theta})$ 完整的样子写不出来). $\boldsymbol{\theta}'$ 附近的 $L(\boldsymbol{\theta})$ 可近似为

$$L(\boldsymbol{\theta}) \approx L(\boldsymbol{\theta}') + (\boldsymbol{\theta} - \boldsymbol{\theta}')^{\mathrm{T}} \boldsymbol{g} + \frac{1}{2} (\boldsymbol{\theta} - \boldsymbol{\theta}')^{\mathrm{T}} \boldsymbol{H} (\boldsymbol{\theta} - \boldsymbol{\theta}') \tag{3.1}$$

式 (3.1) 是泰勒级数近似 (Tayler series appoximation). 其中, 第一项 $L(\boldsymbol{\theta}')$ 告诉我们, 当 $\boldsymbol{\theta}$ 和 $\boldsymbol{\theta}'$ 很接近的时候, $L(\boldsymbol{\theta})$ 应该和 $L(\boldsymbol{\theta}')$ 很接近; 第二项 $(\boldsymbol{\theta} - \boldsymbol{\theta}')^{\mathrm{T}} \boldsymbol{g}$ 中的 $\boldsymbol{g}$ 代表梯度,

它是一个向量，可以弥补 $L(\boldsymbol{\theta}')$ 和 $L(\boldsymbol{\theta})$ 之间的差距. 有时候，梯度 $\boldsymbol{g}$ 会被写成 $\nabla L(\boldsymbol{\theta}')$. g_i 是向量 $\boldsymbol{g}$ 的第 i 个元素，也就是 L 关于 $\boldsymbol{\theta}$ 的第 i 个元素的偏导数：

$$g_i = \frac{\partial L(\boldsymbol{\theta}')}{\partial \theta_i} \tag{3.2}$$

光看 $\boldsymbol{g}$ 还是没有办法完整地描述 $L(\boldsymbol{\theta})$，还要看式 (3.1) 中的第三项 $\frac{1}{2}(\boldsymbol{\theta} - \boldsymbol{\theta}')^{\mathrm{T}} \boldsymbol{H}(\boldsymbol{\theta} - \boldsymbol{\theta}')$. 第三项跟**黑塞矩阵（Hessian matrix，也译作海森矩阵）** $\boldsymbol{H}$ 有关. $\boldsymbol{H}$ 里面放的是 L 的二次偏导数，$\boldsymbol{H}$ 里面第 i 行第 j 列的值 H_{ij}，就是先求 $L(\boldsymbol{\theta}')$ 关于 $\boldsymbol{\theta}$ 的第 i 个元素的偏导数，再求 $\frac{\partial L(\boldsymbol{\theta}')}{\partial \theta_i}$ 关于 $\boldsymbol{\theta}$ 的第 j 个元素的偏导数，即

$$H_{ij} = \frac{\partial^2}{\partial \theta_i \partial \theta_j} L(\boldsymbol{\theta}') \tag{3.3}$$

总结一下，损失函数 $L(\boldsymbol{\theta})$ 在 $\boldsymbol{\theta}'$ 附近可近似为式 (3.1)，式 (3.1) 跟梯度和黑塞矩阵有关，梯度就是一次偏导数，黑塞矩阵里面有二次偏导数的项.

在临界点，梯度 $\boldsymbol{g}$ 为零，因此 $(\boldsymbol{\theta} - \boldsymbol{\theta}')^{\mathrm{T}} \boldsymbol{g}$ 为零. 所以在临界点附近，损失函数可近似为

$$L(\boldsymbol{\theta}) \approx L(\boldsymbol{\theta}') + \frac{1}{2}(\boldsymbol{\theta} - \boldsymbol{\theta}')^{\mathrm{T}} \boldsymbol{H}(\boldsymbol{\theta} - \boldsymbol{\theta}') \tag{3.4}$$

我们可以根据 $\frac{1}{2}(\boldsymbol{\theta} - \boldsymbol{\theta}')^{\mathrm{T}} \boldsymbol{H}(\boldsymbol{\theta} - \boldsymbol{\theta}')$ 来判断 $\boldsymbol{\theta}'$ 附近的**误差表面（error surface）**到底是什么样子. 知道了误差表面的"地貌"，我们就可以判断 $L(\boldsymbol{\theta}')$ 是局部最小值、局部最大值，还是鞍点. 为了让符号简洁，我们用向量 $\boldsymbol{v}$ 来表示 $\boldsymbol{\theta} - \boldsymbol{\theta}'$，$(\boldsymbol{\theta} - \boldsymbol{\theta}')^{\mathrm{T}} \boldsymbol{H}(\boldsymbol{\theta} - \boldsymbol{\theta}')$ 可改写为 $\boldsymbol{v}^{\mathrm{T}} \boldsymbol{H} \boldsymbol{v}$，情况有如下三种.

（1）如果对所有 $\boldsymbol{v}$，$\boldsymbol{v}^{\mathrm{T}} \boldsymbol{H} \boldsymbol{v} > 0$，则意味着对任意 $\boldsymbol{\theta}$，$L(\boldsymbol{\theta}) > L(\boldsymbol{\theta}')$. 换言之，只要 $\boldsymbol{\theta}$ 在 $\boldsymbol{\theta}'$ 附近，$L(\boldsymbol{\theta})$ 都大于 $L(\boldsymbol{\theta}')$. 这代表 $L(\boldsymbol{\theta}')$ 是附近最低的一个点，所以它是局部最小值.

（2）如果对所有 $\boldsymbol{v}$，$\boldsymbol{v}^{\mathrm{T}} \boldsymbol{H} \boldsymbol{v} < 0$，则意味着对任意 $\boldsymbol{\theta}$，$L(\boldsymbol{\theta}) < L(\boldsymbol{\theta}')$. 这代表 $\boldsymbol{\theta}'$ 是附近最高的一个点，$L(\boldsymbol{\theta}')$ 是局部最大值.

（3）如果对于 $\boldsymbol{v}$，$\boldsymbol{v}^{\mathrm{T}} \boldsymbol{H} \boldsymbol{v}$ 有时候大于零，有时候小于零，则意味着在 $\boldsymbol{\theta}'$ 附近，有时候 $L(\boldsymbol{\theta}) > L(\boldsymbol{\theta}')$，有时候 $L(\boldsymbol{\theta}) < L(\boldsymbol{\theta}')$. 因此在 $\boldsymbol{\theta}'$ 附近，$L(\boldsymbol{\theta}')$ 既不是局部最大值，也不是局部最小值，而是鞍点.

这里有一个问题，通过 $\frac{1}{2}(\boldsymbol{\theta} - \boldsymbol{\theta}')^{\mathrm{T}} \boldsymbol{H}(\boldsymbol{\theta} - \boldsymbol{\theta}')$ 判断临界点是局部最小值、鞍点，还是局部最大值，需要代入所有的 $\boldsymbol{\theta}$. 但我们不可能把所有的 $\boldsymbol{v}$ 都拿来试试，所以需要有一个更简便的方法来判断 $\boldsymbol{v}^{\mathrm{T}} \boldsymbol{H} \boldsymbol{v}$ 的正负. 算出一个黑塞矩阵后，不需要试着把它跟所有的 $\boldsymbol{v}$ 相乘，

而只要看 $\boldsymbol{H}$ 的特征值. 若 $\boldsymbol{H}$ 的所有特征值都是正的, $\boldsymbol{H}$ 为正定矩阵, 则 $\boldsymbol{v}^{\mathrm{T}}\boldsymbol{H}\boldsymbol{v} > 0$, 临界点是局部最小值. 若 $\boldsymbol{H}$ 的所有特征值都是负的, $\boldsymbol{H}$ 为负定矩阵, 则 $\boldsymbol{v}^{\mathrm{T}}\boldsymbol{H}\boldsymbol{v} < 0$, 临界点是局部最大值. 若 $\boldsymbol{H}$ 的特征值有正有负, 则临界点是鞍点.

> 如果 n 阶对称矩阵 $\boldsymbol{A}$ 对于任意非零的 n 维向量 $\boldsymbol{x}$ 都有 $\boldsymbol{x}^{\mathrm{T}}\boldsymbol{A}\boldsymbol{x} > 0$, 则称矩阵 $\boldsymbol{A}$ 为正定矩阵. 如果 n 阶对称矩阵 $\boldsymbol{A}$ 对于任意非零的 n 维向量 $\boldsymbol{x}$ 都有 $\boldsymbol{x}^{\mathrm{T}}\boldsymbol{A}\boldsymbol{x} < 0$, 则称矩阵 $\boldsymbol{A}$ 为负定矩阵.

举个例子, 我们有一个简单的神经网络, 它只有两个神经元, 而且神经元还没有激活函数和偏置. 输入 x, 将 x 乘上 w_1 以后输出, 然后乘上 w_2, 接着再输出, 最终得到的数据就是 y, 即

$$y = w_1 w_2 x \tag{3.5}$$

我们还有一个简单的训练数据集, 这个数据集只有一组数据 $(1,1)$, 也就是 $x = 1$ 的标签是 1. 所以输入 1 进去, 我们希望最终的输出跟 1 越接近越好, 如图 3.3 所示.

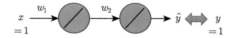

图 3.3 一个简单的神经网络

可以直接画出这个神经网络的误差表面, 如图 3.4 所示. 还可以取 $[-2.0, 2.0]$ 区间内 w_1 和 w_2 的数值, 算出这个区间内 w_1、w_2 的数值所带来的损失, 4 个角落的损失较高. 我们用黑色的点来表示临界点, 原点 $(0.0, 0.0)$ 是临界点, 另外两排点也是临界点. 我们可以进一

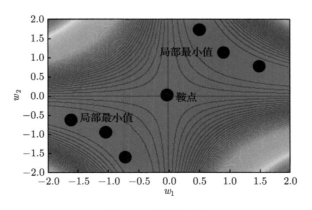

图 3.4 误差表面

步判断这些临界点是鞍点还是局部最小值. 原点是鞍点, 因为我们往某个方向走, 损失可能会变大, 也可能会变小. 而另外两排临界点都是局部最小值. 这是我们取 $[-2.0, 2.0]$ 区间内的参数得到损失函数, 进而得到损失值, 画出误差表面后得出的结论.

除了尝试取所有可能的损失之外, 我们还有其他的方法, 比如把损失函数写出来. 对于图 3.3 所示的神经网络, 损失函数 L 等于用正确答案 y 减掉模型的输出 $\hat{y} = w_1 w_2 x$ 后取平方误差 (square error). 这里只有一组数据, 因此不会对所有的训练数据进行加和. 令 $x = 1$, $y = 1$, 损失函数为

$$L = (y - w_1 w_2 x)^2 = (1 - w_1 w_2)^2 \tag{3.6}$$

可以求出损失函数的梯度 $\boldsymbol{g} = \left[\dfrac{\partial L}{\partial w_1}, \dfrac{\partial L}{\partial w_2} \right]$, 其中

$$\begin{cases} \dfrac{\partial L}{\partial w_1} = 2 \left(1 - w_1 w_2 \right) \left(-w_2 \right) \\[2mm] \dfrac{\partial L}{\partial w_2} = 2 \left(1 - w_1 w_2 \right) \left(-w_1 \right) \end{cases} \tag{3.7}$$

什么时候梯度会为零 (也就是到达一个临界点) 呢? 比如, 在原点时, $w_1 = 0$, $w_2 = 0$, 此时的梯度为零, 原点就是一个临界点, 但通过黑塞矩阵才能判断它是哪种临界点. 刚才我们通过取 $[-2.0, 2.0]$ 区间内的 w_1 和 w_2 判断出原点是一个鞍点, 但假设我们还没有取所有可能的损失, 下面来看看能不能用黑塞矩阵判断出原点是什么类型的临界点.

黑塞矩阵 $\boldsymbol{H}$ 收集了 L 的二次偏导数:

$$\begin{cases} H_{1,1} = \dfrac{\partial^2 L}{\partial w_1^2} = 2 \left(-w_2 \right) \left(-w_2 \right) \\[3mm] H_{1,2} = \dfrac{\partial^2 L}{\partial w_1 \partial w_2} = -2 + 4 w_1 w_2 \\[3mm] H_{2,1} = \dfrac{\partial^2 L}{\partial w_2 \partial w_1} = -2 + 4 w_1 w_2 \\[3mm] H_{2,2} = \dfrac{\partial^2 L}{\partial w_2^2} = 2 \left(-w_1 \right) \left(-w_1 \right) \end{cases} \tag{3.8}$$

对于原点, 只要把 $w_1 = 0$, $w_2 = 0$ 代进去, 就可以得到黑塞矩阵

$$\boldsymbol{H} = \begin{bmatrix} 0 & -2 \\ -2 & 0 \end{bmatrix} \tag{3.9}$$

要通过黑塞矩阵来判断原点是局部最小值还是鞍点，就要看它的特征值. 这个矩阵有两个特征值——2 和 −2，特征值有正有负，因此原点是鞍点.

如果当前处于鞍点，就不用那么害怕了. H 不仅可以帮助我们判断是不是处在一个鞍点，还指出了参数可以更新的方向. 之前我们更新参数的时候，都是看梯度 g，但是当来到某个地方以后，若发现 g 变成 0 了，就不能再看 g 了. 但如果临界点是一个鞍点，还可以再看 H，怎么再看 H 呢？H 是怎么告诉我们如何更新参数的呢？

设 λ 为 H 的一个特征值，u 为对应的特征向量. 对于我们的优化问题，可令 $u = \theta - \theta'$，则

$$u^{\mathrm{T}} H u = u^{\mathrm{T}} (\lambda u) = \lambda \|u\|^2 \tag{3.10}$$

若 $\lambda < 0$，则 $\lambda \|u\|^2 < 0$. 所以 $\frac{1}{2} (\theta - \theta')^{\mathrm{T}} H (\theta - \theta') < 0$. 此时，$L(\theta) < L(\theta')$，且

$$\theta = \theta' + u \tag{3.11}$$

根据式 (3.10) 和式 (3.11)，因为 $\theta = \theta' + u$，所以只要沿着特征向量 u 的方向更新参数，损失就会变小. 虽然临界点的梯度为零，但如果我们处在一个鞍点，那么只要找出负的特征值，再找出这个特征值对应的特征向量，将其与 θ' 相加，就可以找到一个损失更低的点.

在前面的例子中，原点是一个临界点，此时的黑塞矩阵如式 (3.9) 所示. 该黑塞矩阵有一个负的特征值 −2，特征值 −2 对应的特征向量有无穷多个. 不妨取 $u = [1,1]^{\mathrm{T}}$，作为 −2 对应的特征向量. 我们其实只要沿着 u 的方向更新参数，就可以找到一个损失比鞍点处还低的点，以这个例子来看，原点是鞍点，其梯度为零，所以梯度不会告诉我们要怎么更新参数，但黑塞矩阵的特征向量告诉我们只要往 $[1,1]^{\mathrm{T}}$ 的方向更新参数，损失就会变得更小，从而逃离鞍点.

所以从这个角度来看，鞍点似乎并没有那么可怕. 但实际上，我们几乎不会把黑塞矩阵算出来，因为计算黑塞矩阵需要算二次偏导数，计算量非常大，何况还要找出它的特征值和特征向量. 几乎没有人用这个方法来逃离鞍点，而其他一些逃离鞍点的方法计算量都比计算黑塞矩阵要小很多.

这里会有一个问题：鞍点和局部最小值哪个比较常见？鞍点其实并不可怕，如果我们经常遇到的是鞍点，遇到局部最小值比较少，那就太好了. 科幻小说《三体 Ⅲ：死神永生》中有这样一个情节：东罗马帝国的君士坦丁十一世为对抗敌人，找来了具有神秘力量的狄奥伦娜. 狄奥伦娜可以于万军丛中取人首级，但大家不相信她有这么厉害，要狄奥伦娜先展示一下她的力量. 于是狄奥伦娜拿出一个圣杯，大家看到圣杯大吃一惊，因为圣杯本来放在

圣索菲亚大教堂地下室的一个石棺里面，而且石棺是密封的，没有人可以打开. 狄奥伦娜不仅取得了圣杯，还自称在石棺中放了一串葡萄. 于是君士坦丁十一世带人撬开了石棺，发现圣杯真被拿走了，而且石棺中真的有一串葡萄. 为什么狄奥伦娜可以做到这些呢？因为狄奥伦娜可以进入四维空间. 从三维空间来看，这个石棺是封闭的，没有任何路可以进去，但从更高维的空间来看，这个石棺并不是封闭的，是有路可以进去的. 误差表面会不会也一样呢？

　　神经网络图 3.5(a) 所示的一维空间中的误差表面有一个局部最小值. 但是在二维空间（如图 3.5(b) 所示）中，这个点就可能只是一个鞍点. 常常会有人画类似图 3.5(c) 这样的图来告诉我们深度神经网络的训练是非常复杂的. 如果我们移动某两个参数，误差表面的变化就会非常复杂，有非常多的局部最小值. 低维空间中的局部最小值点，在更高维的空间中，实际上是鞍点. 同样，如果在二维空间中没有路可以走，会不会在更高维的空间中，其实有路可以走？更高的维度难以可视化，但我们在训练一个神经网络的时候，参数量动辄达百万、千万级别，所以误差表面其实有非常高的维度——参数的数量代表了误差表面的维度. 既然维度这么高，会不会其实就有非常多的路可以走呢？既然有非常多的路可以走，会不会其实局部最小值就很少呢？而经验上，我们如果自己做一些实验，就会发现实际情况也支持这个假说. 图 3.6 是训练某不同神经网络的结果，每个点对应一个神经网络. 纵轴代表在训

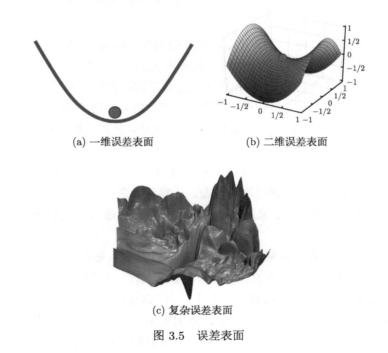

(a) 一维误差表面　　　　　　(b) 二维误差表面

(c) 复杂误差表面

图 3.5　误差表面

练神经网络时收敛到临界点，损失没法再下降时的值. 我们常常会遇到两种情况：损失仍然很高，却遇到了临界点而不再下降；或者直到损失降至很低，才遇到临界点. 在图 3.6 中，横轴代表最小值比例（minimum ratio），最小值比例的定义为

$$\text{最小值比例} = \frac{\text{正特征值数量}}{\text{总特征值数量}} \tag{3.12}$$

实际上，我们几乎找不到所有特征值都为正的临界点. 在图 3.6 所示的例子中，最小值比例最大也不过处于 0.5 ∼ 0.6 的范围，代表只有约一半的特征值为正，其余的特征值为负. 换言之，在所有的维度里面，有约一半的路可以让损失上升，还有约一半的路可以让损失下降. 虽然在图 3.6 上，越靠近右侧代表临界点"看起来越像"局部最小值点，但这些点都不是真正的局部最小值点. 所以从经验上看起来，局部最小值并没有那么常见. 在大多数情况下，当我们训练到一个梯度很小的地方，参数不再更新时，往往只是遇到了鞍点.

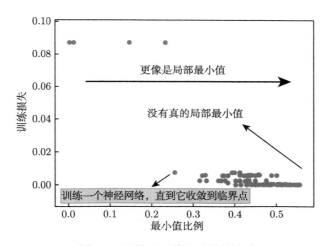

图 3.6　训练不同神经网络的结果

3.2　批量和动量

实际上在计算梯度的时候，并不是对所有数据的损失计算梯度，而是把所有的数据分成一个一个的批量（batch），如图 3.7 所示. 每个批量的大小是 B，即带有 B 笔数据. 每次在更新参数的时候，取出 B 笔数据用来计算出损失和梯度更新参数. 遍历所有批量的过程称为一个回合（epoch）. 事实上，在把数据分为批量的时候，还会进行随机打乱（shuffle）. 随机打乱有很多不同的做法，一个常见的做法是在每一个回合开始之前重新划分批量，也就是说，每个回合的批量的数据都不一样.

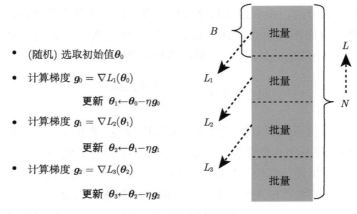

- （随机）选取初始值 $\boldsymbol{\theta}_0$
- 计算梯度 $\boldsymbol{g}_0 = \nabla L_1(\boldsymbol{\theta}_0)$

  更新 $\boldsymbol{\theta}_1 \leftarrow \boldsymbol{\theta}_0 - \eta \boldsymbol{g}_0$
- 计算梯度 $\boldsymbol{g}_1 = \nabla L_2(\boldsymbol{\theta}_1)$

  更新 $\boldsymbol{\theta}_2 \leftarrow \boldsymbol{\theta}_1 - \eta \boldsymbol{g}_1$
- 计算梯度 $\boldsymbol{g}_2 = \nabla L_3(\boldsymbol{\theta}_2)$

  更新 $\boldsymbol{\theta}_3 \leftarrow \boldsymbol{\theta}_2 - \eta \boldsymbol{g}_2$

图 3.7　使用批量优化

3.2.1　批量大小对梯度下降法的影响

假设现在我们有 20 笔训练数据，先看下两个最极端的情况，如图 3.8 所示.

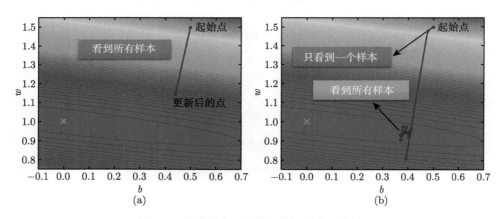

图 3.8　批量梯度下降法与随机梯度下降法

- 图 3.8 (a) 的情况没有用批量，批量大小为训练数据的大小，这种使用全批量（full batch）的数据来更新参数的方法即**批量梯度下降法（Batch Gradient Descent, BGD）**. 此时模型必须把 20 笔训练数据都看完，才能够计算损失和梯度，参数也才能够更新一次.
- 在图 3.8 (b) 中，批量大小等于 1，此时使用的方法即**随机梯度下降法（Stochastic Gradient Descent, SGD）**，也称为增量梯度下降法. 批量大小等于 1 意味着只要取出一笔数据就可以计算损失并更新一次参数. 如果总共有 20 笔数据, 那么在每一个回合里面, 参数会更新 20 次. 用一笔数据算出来的损失相对带有更多噪声, 因此参数更新的方向曲曲折折.

实际上, 批量梯度下降并没有"划分批量", 而是要把所有的数据都看过一遍, 才能够更新一次参数, 因此每次迭代的计算量很大. 但相比随机梯度下降, 批量梯度下降每次更新更稳定、更准确.

> 随机梯度下降在梯度上引入了随机噪声, 因此在非凸优化问题中, 其相比批量梯度下降更容易逃离局部最小值.

考虑并行运算, 批量梯度下降花费的时间不一定更长; 对于比较大的批量, 计算损失和梯度花费的时间不一定比使用小批量时的计算时间长. 使用 Tesla V100 GPU 在 MNIST 数据集上得到的实验结果如图 3.9 所示. 图 3.9 中的横坐标表示批量大小; 纵坐标表示给定批量大小的批量, 计算梯度并更新参数所耗费的时间. 批量大小从 1 到 1000, 需要耗费的时间几乎是一样的. 因为 GPU 可以做并行运算, 这 1000 笔数据是并行处理的, 所以处理 1000 笔数据所花的时间并不是一笔数据的 1000 倍. 当然, GPU 的并行计算能力是存在极限的, 当批量大小很大的时候, 时间还是会增加的. 当批量大小非常大的时候, GPU "跑"完一个批量, 计算出梯度所花费的时间还是会随着批量大小的增加而逐渐增长. 当批量大小增加到 10 000, 甚至 60 000 的时候, GPU 计算梯度并更新参数所耗费的时间确实也会随着批量大小的增加而逐渐增长.

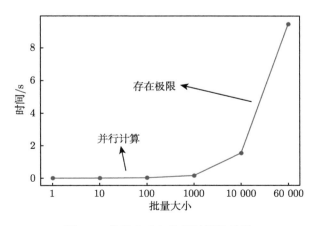

图 3.9 批量大小与计算时间的关系

> MNIST 中的"NIST"是指美国国家标准与技术研究所（National Institute of Standards and Technology），其最初收集了这些数据. MNIST 中的"M"是指修改的（Modified），数据需要经过预处理以方便机器学习算法使用. MNIST 数据集收集了数万张手写数字（0~9）的 28 像素 ×28 像素的灰度图像及其标签. 大家尝试的第一个机器学习任务，往往就是用 MNIST 数据集做手写数字识别，这个简单的分类任务是深度学习研究中的"Hello World".

但是因为有并行计算的能力，所以实际上当批量大小小的时候，要"跑"完一个回合，花的时间是比较长的. 假设训练数据只有 60 000 笔，批量大小为 1，则 60 000 次更新才能"跑"完一个回合；如果批量大小为 1000，则 60 次更新才能"跑"完一个回合，计算梯度的时间差不多. 但 60 000 次更新跟 60 次更新比起来，所花时间的差距就非常大了. 图 3.10(a)是用一个批量计算梯度并更新一次参数所需的时间. 假设批量大小为 1，"跑"完一个回合，需要更新 60 000 次参数，所需的时间非常长. 但假设批量大小为 1000，更新 60 次参数就会"跑"完一个回合. 图 3.10(b)是"跑"完一个完整的回合要花的时间. 如果批量大小为 1000 或 60 000，则所需的时间比批量大小设为 1 还要短. 图 3.10(a)和图 3.10(b)的趋势正好相反. 因此实际上，在有考虑并行计算的情况下，大的批量大小反而较有效率，一个回合大的批量花的时间反而比较少.

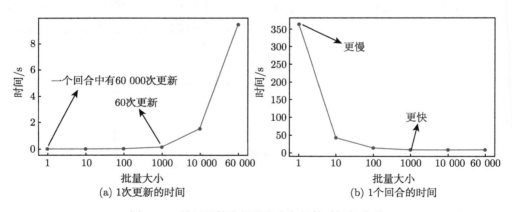

图 3.10 并行计算中批量大小与计算时间的关系

大的批量更新比较稳定，小的批量的梯度方向是有噪声的（noisy）. 但实际上，有噪声的梯度反而可以帮助训练，拿不同的批量训练模型解决图像识别问题，实验结果如图 3.11 所示，横轴是批量大小，纵轴是准确率. 图 3.11(a)是 MNIST 数据集上的结果，图 3.11(b) 是 CIFAR-10 数据集上的结果. 批量大小越大，验证集准确率越差. 但这不是过拟合，因为批量大小越大，训练准确率也越差. 因为用的是同一个模型，所以这不是模型偏见的问题.
大的批量大小往往在训练的时候表现比较差. 这是优化的问题，对于大的批量大小，优化可
能会有问题；对于小的批量大小，优化结果反而比较好.

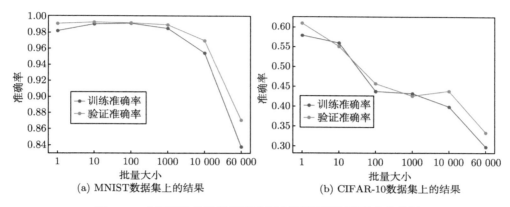

(a) MNIST数据集上的结果   (b) CIFAR-10数据集上的结果

图 3.11　拿不同的批量训练模型解决图像识别问题的实验结果

　　一个可能的解释如图 3.12 所示，批量梯度下降在更新参数的时候，会沿着一个损失函
数来更新参数，走到一个局部最小值或鞍点，显然就停下来了. 此时梯度是零，如果不看黑
塞矩阵，梯度下降就无法再更新参数了. 但小批量梯度下降（mini-batch gradient descent）
每次挑一个批量计算损失，所以每一次更新参数的时候，使用的损失函数是有差异的. 选到
第一个批量的时候，用 L_1 计算梯度；选到第二个批量的时候，用 L_2 计算梯度. 假设在用
L_1 计算梯度的时候，梯度是零，L_1 会被卡住. 但 L_2 的损失函数跟 L_1 的又不一样，L_2 不
一定会被卡住，可以换用下个批量的损失计算梯度，模型仍然可以训练，并且有办法让损失
变小，所以这种有噪声的更新方式反而对训练有帮助.

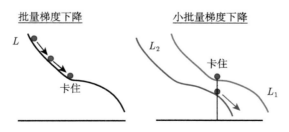

图 3.12　小批量梯度下降更好的原因

　　其实小的批量对测试也有帮助. 有一些方法（比如调大的批量的学习率）可以把大的批
量和小的批量训练得一样好，但实验结果说明，小的批量在测试的时候是比较好的. 在论文
"On Large-Batch Training for Deep Learning: Generalization Gap and Sharp Minima" [1]

中，作者在不同的数据集上训练了 6 个网络（包括全连接网络和不同的卷积神经网络），并在很多不同的情况下观察到了同样的结果. 对于小的批量，一个批量里面有 256 笔样本. 而在大的批量中，批量大小等于数据集样本数乘以 0.1. 比如数据集有 60 000 笔数据，则一个批量里面有 6000 笔数据. 大的批量和小的批量的训练**准确率（accuracy）**差不多，但就算在训练的时候结果差不多，大的批量在测试的时候也会比小的批量表现差，这代表过拟合.

　　这篇论文给出了一个解释，如图 3.13 所示，训练损失上有多个局部最小值，这些局部最小值的损失都很低，它们可能都趋近于 0. 但是局部最小值有好坏之分，如果局部最小值在一个"峡谷"里，它是坏的最小值；如果局部最小值在一个平原上，它是好的最小值. 训练损失和测试损失是不一样的，这有两种可能. 一种可能是，本来训练和测试的分布就不一样；另一种可能是，训练和测试采样到的数据不一样，所以它们计算出来的损失有一点差距. 对于处在一个"盆地"里的最小值，训练和测试的结果不会差太多，但是对于右边处在"峡谷"里的最小值，结果天差地别，虽然这样的模型在训练集上的损失很低，但训练和测试之间的损失函数不一样，因此在测试时，损失函数一变，计算出来的损失就变得很大.

　　大的批量大小会让我们倾向于走到"峡谷"里，而小的批量大小倾向于让我们走到"盆地"里. 小的批量有很多的损失，其更新方向比较随机，每次都不太一样. 即使"峡谷"非常窄，它也可以跳出去，之后如果有一个非常宽的"盆地"，它就会停下来.

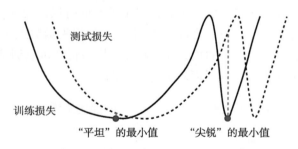

图 3.13　小批量优化容易跳出局部最小值的原因

　　大的批量和小的批量的对比结果如表 3.1 所示. 在有并行计算的情况下，大的批量和小的批量运算的时间并没有太大的差距. 除非大的批量非常大，才会显示出差距. 但是一个回合需要的时间，小的批量比较长，大的批量反而比较短，所以从一个回合需要的时间来看，大的批量较有优势. 另外，小的批量更新的方向比较有噪声，大的批量更新的方向比较稳定. 但是，有噪声的更新方向反而在优化的时候有优势，而且在测试的时候也有优势. 大的批量和小的批量各有优缺点，批量大小是一个需要我们去调整的超参数.

其实用大的批量大小来做训练、用并行计算的能力来提高训练效率使得训练结果很好是可以做到的[2-3]，比如 76 分钟训练 BERT[4]、15 分钟训练 ResNet[5]、1 小时训练 ImageNet[6] 等. 这些训练中的批量大小很大，如 76 分钟训练 BERT 批量大小为 30 000. 批量大小很大也可以算得很快，这些训练都有一些特别的方法来解决批量大小太大可能会带来的劣势.

表 3.1　小批量梯度下降和批量梯度下降的比较

评价标准	小批量梯度下降	批量梯度下降
一次更新的速度（没有并行计算）	更快	更慢
一次更新的速度（有并行计算）	相同	相同（批量大小不是很大）
一个回合的时间	更慢	更快
梯度	有噪声	稳定
优化	更好	更坏
泛化	更好	更坏

3.2.2　动量法

动量法（momentum method）是另一个可以对抗鞍点或局部最小值的方法. 如图 3.14 所示，假设误差表面就是真正的斜坡，参数是一个球，把这个球从斜坡上滚下来，如果使用梯度下降，球滚到鞍点或局部最小值就停住了. 但是在物理世界里，一个球如果从高处滚下来，就算滚到鞍点或局部最小值，因为惯性，它还是会继续往前滚. 如果球的动量足够大，它甚至能翻过小坡继续往前滚. 因此在物理世界里，一个球在从高处滚下来的时候，它并不一定会被鞍点或局部最小值卡住，将其应用到梯度下降中，这就是动量.

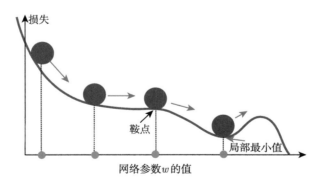

图 3.14　物理世界里的惯性

一般的梯度下降（vanilla gradient descent）如图 3.15 所示. 初始参数为 θ_0，计算梯度后，向梯度的反方向更新参数 $\theta_1 = \theta_0 - \eta g_0$. 有了新的参数 θ_1 后，再计算一次梯度，再向梯度的反方向更新一次参数. 到了新的位置以后, 再计算一次梯度, 再向梯度的反方向更新参数.

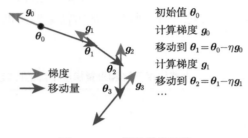

初始值 $\boldsymbol{\theta}_0$
计算梯度 $\boldsymbol{g}_0$
移动到 $\boldsymbol{\theta}_1 = \boldsymbol{\theta}_0 - \eta \boldsymbol{g}_0$
计算梯度 $\boldsymbol{g}_1$
移动到 $\boldsymbol{\theta}_2 = \boldsymbol{\theta}_1 - \eta \boldsymbol{g}_1$
$\cdots$

→ 梯度
→ 移动量

图 3.15　一般的梯度下降

引入动量后, 每次在移动参数的时候, 不是只往梯度的反方向移动参数, 而是根据梯度的反方向加上前一步移动的方向决定移动方向. 图 3.16 中的红色虚线方向是梯度的反方向, 蓝色虚线方向是前一次更新的方向, 蓝色实线方向是下一步要移动的方向. 把前一步指示的方向与梯度指示的方向相加, 就是下一步的移动方向. 如图 3.16 所示, 初始的参数值为 $\boldsymbol{\theta}_0 = \boldsymbol{0}$, 前一步的参数的更新量为 $\boldsymbol{m}_0 = \boldsymbol{0}$. 接下来在 $\boldsymbol{\theta}_0$ 的地方, 计算梯度的方向 $\boldsymbol{g}_0$. 下一步的方向是梯度的反方向加上前一步的方向, 不过因为前一步正好是 $\boldsymbol{0}$, 所以更新的方向与原来的梯度下降方向是相同的. 但从第二步开始就不太一样了. 从第二步开始, 计算 $\boldsymbol{g}_1$, 接下来更新的方向为 $\boldsymbol{m}_2 = \lambda \boldsymbol{m}_1 - \eta \boldsymbol{g}_1$, 参数更新为 $\boldsymbol{\theta}_2$. 反复执行同样的过程.

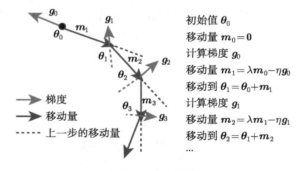

初始值 $\boldsymbol{\theta}_0$
移动量 $\boldsymbol{m}_0 = \boldsymbol{0}$
计算梯度 $\boldsymbol{g}_0$
移动量 $\boldsymbol{m}_1 = \lambda \boldsymbol{m}_0 - \eta \boldsymbol{g}_0$
移动到 $\boldsymbol{\theta}_1 = \boldsymbol{\theta}_0 + \boldsymbol{m}_1$
计算梯度 $\boldsymbol{g}_1$
移动量 $\boldsymbol{m}_2 = \lambda \boldsymbol{m}_1 - \eta \boldsymbol{g}_1$
移动到 $\boldsymbol{\theta}_2 = \boldsymbol{\theta}_1 + \boldsymbol{m}_2$
$\cdots$

→ 梯度
→ 移动量
---- 上一步的移动量

图 3.16　动量法

每一步的移动都用 $\boldsymbol{m}$ 来表示. $\boldsymbol{m}$ 其实可以写成之前所有计算的梯度的加权和, 如式 (3.13) 所示. 其中 η 是学习率; λ 是前一个方向的权重参数, 也需要调整. 引入动量后, 可以从两个角度来理解动量法. 一个角度是, 动量是梯度的反方向加上前一次移动的方向. 另一个角度是, 当加上动量的时候, 更新的方向不仅需要考虑现在的梯度, 而且需要考虑过去所有梯度的总和.

$$m_0 = 0$$

$$m_1 = -\eta g_0$$

$$m_2 = -\lambda\eta g_0 - \eta g_1 \tag{3.13}$$

$$\vdots$$

使用动量法的好处如图 3.17 所示. 红色表示负梯度方向，蓝色虚线表示前一步的方向，蓝色实线表示真实的移动量. 一开始没有前一次更新的方向，完全按照梯度给出的指示向右移动参数. 将负梯度方向与前一步移动的方向加起来，得到往右走的方向. 一般的梯度下降在走到一个局部最小值或鞍点时，就被困住了. 但加入动量后，就有办法继续走下去了，因为动量不仅看梯度，还看前一步的方向. 即使梯度反方向往左，但如果前一步的影响力比梯度大，则球还是有可能继续往右滚，甚至翻过一个小丘，来到更好的局部最小值，这就是动量有可能带来的好处.

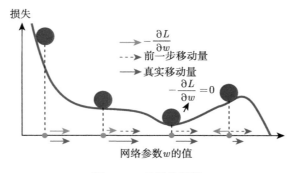

图 3.17　动量的好处

3.3　自适应学习率

临界点其实不一定是在训练一个网络的时候遇到的最大障碍. 图 3.18 中的横坐标代表参数更新的次数，纵坐标代表损失. 一般在训练一个神经网络的时候，损失原来很大，随着参数不断地更新，损失会越来越小，最后就卡住了，损失不再下降. 当走到临界点的时候，意味着梯度非常小；但是当损失不再下降的时候，梯度并没有变得很小，图 3.19 给出了示例. 图 3.19 中的横轴是迭代次数，纵轴是梯度的范数（norm），即梯度这个向量的长度. 随着迭代次数增多，虽然损失不再下降，但是梯度的范数并没有变得很小.

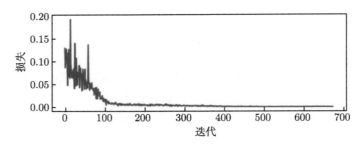

图 3.18　训练神经网络时损失的变化

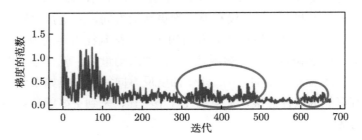

图 3.19　训练神经网络时梯度范数的变化

图 3.20 展示了一个误差表面，梯度在山谷的两个谷壁间不断地"振荡"，这时候损失不会再下降，它不是被卡在临界点，也不是被卡在了鞍点或局部最小值. 此时的梯度仍然很大，只是损失不一定再减小了. 所以训练一个神经网络，训练到后来发现损失不再下降的时候，不一定是因为卡在局部最小值或鞍点，而可能单纯只是因为损失无法再下降.

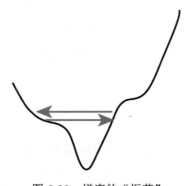

图 3.20　梯度的"振荡"

可以训练一个神经网络，直至参数在临界点附近，再根据特征值的正负，判断临界点是鞍点还是局部最小值. 实际上在训练的时候，要走到鞍点或局部最小值，是一件困难的事情. 一般的梯度下降是做不到的. 用一般的梯度下降，往往在梯度还很大的时候，损失就已经降了下去. 在大多数情况下, 训练在还没有走到临界点的时候就已经停止了.

举个例子, 假设有两个参数 w 和 b, 这两个参数值不一样的时候, 损失值也不一样, 得到图 3.21 所示的误差表面, 该误差表面的最低点在叉号处. 事实上, 该误差表面是凸的. 凸的误差表面的等高线是椭圆, 椭圆的长轴非常长, 短轴相比之下非常短. 它在横轴的方向梯度非常小, 坡度的变化也非常小, 非常平坦; 它在纵轴的方向梯度变化非常大, 误差表面的坡度非常陡峭. 我们现在要从黑点 (初始点) 开始做梯度下降.

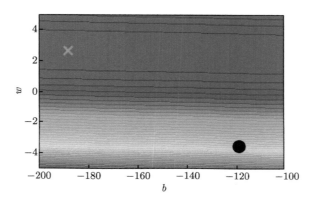

图 3.21　凸的误差表面

使用学习率 $\eta = 10^{-2}$ 做梯度下降的结果如图 3.22(a) 所示. 参数在峡谷和山壁的两端不断地 "振荡", 损失降不下去, 但是梯度仍然很大. 我们可以试着把学习率设小一点, 学习率决定了更新参数时的步伐, 学习率太高意味着步伐太大, 无法慢慢地滑到山谷里. 将学习率从 10^{-2} 调到 10^{-7} 的结果如图 3.22(b) 所示, 参数不再 "振荡" 了. 参数在滑到谷底后左拐了, 但是这个训练永远走不到终点, 因为学习率已经很小了. AB 段的坡度很陡, 梯度的值很大, 还能

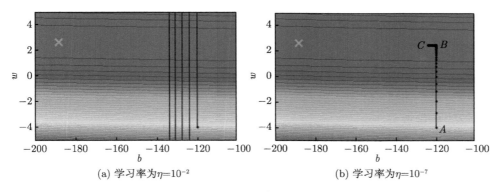

(a) 学习率为 $\eta = 10^{-2}$　　　　　　　(b) 学习率为 $\eta = 10^{-7}$

图 3.22　不同的学习率对训练的影响

够前进一点. 左拐以后, BC 段已经非常平坦了, 这种小的学习率无法再让训练前进. 事实上, 在 BC 段有 10 万个点 (10 万次更新), 但依然无法靠近局部最小值, 所以就算是一个凸的误差表面, 梯度下降也可能很难训练.

最原始的梯度下降连简单的误差表面都做不好, 因此需要更好的梯度下降版本. 在梯度下降里面, 所有的参数都假设同样的学习率, 这显然是不够的, 应该为每一个参数定制学习率, 即引入自适应学习率 (adaptive learning rate) 的方法, 给每一个参数不同的学习率. 如图 3.23 所示, 如果在某个方向上, 梯度的值很小, 非常平坦, 我们希望学习率调大一点; 如果梯度在某个方向上非常陡峭, 坡度很大, 我们希望学习率可以设小一点.

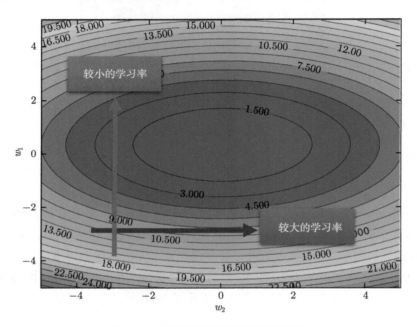

图 3.23　不同参数需要不同的学习率

3.3.1　AdaGrad

AdaGrad（Adaptive Gradient） 是典型的自适应学习率方法, 它能够根据梯度大小自动调整学习率. AdaGrad 可以做到当梯度比较大的时候, 学习率就减小; 而当梯度比较小的时候, 学习率就放大.

梯度下降更新参数 $\boldsymbol{\theta}_t^i$ 的过程为

$$\boldsymbol{\theta}_{t+1}^i \leftarrow \boldsymbol{\theta}_t^i - \eta \boldsymbol{g}_t^i \tag{3.14}$$

其中

$$\boldsymbol{g}_t^i = \left. \frac{\partial L}{\partial \boldsymbol{\theta}^i} \right|_{\boldsymbol{\theta}=\boldsymbol{\theta}_t} \tag{3.15}$$

$\boldsymbol{g}_t^i$ 代表在第 t 个迭代，即 $\boldsymbol{\theta} = \boldsymbol{\theta}_t$ 时，损失 L 关于参数 $\boldsymbol{\theta}^i$ 的偏导数，学习率是固定的. 现在要有一个随着参数定制化的学习率，把原来的学习率 η 变成 $\frac{\eta}{\sigma_t^i}$，有

$$\boldsymbol{\theta}_{t+1}^i \leftarrow \boldsymbol{\theta}_t^i - \frac{\eta}{\sigma_t^i} \boldsymbol{g}_t^i \tag{3.16}$$

σ_t^i 的上标为 i，这代表参数 σ 与 i 相关，不同参数的 σ 不同. σ_t^i 的下标为 t，这代表参数 σ 与迭代相关，不同的迭代也会有不同的 σ. 当把学习率从 η 改成 $\frac{\eta}{\sigma_t^i}$ 的时候，学习率就变得参数相关（parameter dependent）了.

参数相关的一种常见类型是算梯度的均方根（root mean square）. 参数的更新过程为

$$\boldsymbol{\theta}_1^i \leftarrow \boldsymbol{\theta}_0^i - \frac{\eta}{\sigma_0^i} \boldsymbol{g}_0^i \tag{3.17}$$

其中 $\boldsymbol{\theta}_0^i$ 是初始化参数. σ_0^i 的计算过程为

$$\sigma_0^i = \sqrt{\left(\boldsymbol{g}_0^i\right)^2} = \left|\boldsymbol{g}_0^i\right| \tag{3.18}$$

其中 $\boldsymbol{g}_0^i$ 是梯度. 将 σ_0^i 的值代入更新公式可知，$\frac{\boldsymbol{g}_0^i}{\sigma_0^i}$ 的长度是 1. 第一次更新参数，当从 $\boldsymbol{\theta}_0^i$ 更新到 $\boldsymbol{\theta}_1^i$ 的时候，梯度只控制更新方向，这与它的大小无关.

第二次更新参数的过程为

$$\boldsymbol{\theta}_2^i \leftarrow \boldsymbol{\theta}_1^i - \frac{\eta}{\sigma_1^i} \boldsymbol{g}_1^i \tag{3.19}$$

其中 σ_1^i 是过去所有计算出来的梯度的均方根，如式 (3.20) 所示.

$$\sigma_1^i = \sqrt{\frac{1}{2}\left[\left(\boldsymbol{g}_0^i\right)^2 + \left(\boldsymbol{g}_1^i\right)^2\right]} \tag{3.20}$$

将同样的操作继续下去，如式 (3.21) 所示.

$$\boldsymbol{\theta}_3^i \leftarrow \boldsymbol{\theta}_2^i - \frac{\eta}{\sigma_2^i} \boldsymbol{g}_2^i \quad \sigma_2^i = \sqrt{\frac{1}{3}\left[\left(\boldsymbol{g}_0^i\right)^2 + \left(\boldsymbol{g}_1^i\right)^2 + \left(\boldsymbol{g}_2^i\right)^2\right]} \tag{3.21}$$

$$\vdots$$

当第 $(t+1)$ 次更新参数的时候，即

$$\boldsymbol{\theta}_{t+1}^i \leftarrow \boldsymbol{\theta}_t^i - \frac{\eta}{\sigma_t^i} \boldsymbol{g}_t^i \quad \sigma_t^i = \sqrt{\frac{1}{t+1}\sum_{j=0}^{t}\left(\boldsymbol{g}_j^i\right)^2} \tag{3.22}$$

其中 $\dfrac{\eta}{\sigma_t^i}$ 被当作新的学习率来更新参数.

图 3.24 中有两个参数：$\boldsymbol{\theta}^1$ 和 $\boldsymbol{\theta}^2$. $\boldsymbol{\theta}^1$ 坡度小，$\boldsymbol{\theta}^2$ 坡度大. 因为 $\boldsymbol{\theta}^1$ 坡度小，根据式 (3.22)，$\boldsymbol{\theta}^1$ 上面算出来的梯度值都比较小. 又因为算出来的梯度值比较小，所以 σ_t^i 就小. σ_t^i 小，学习率就大. 反过来，$\boldsymbol{\theta}^2$ 坡度大，所以算出来的梯度值都比较大，σ_t^i 也就比较大，在更新的时候，步伐（参数更新的量）就会比较小. 因此，在有了 σ_t^i 这一项以后，就可以随着梯度的不同（每一个参数的梯度是不同的），自动调整学习率的大小.

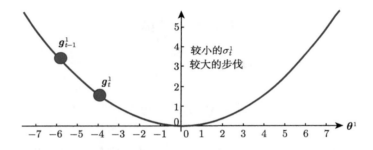

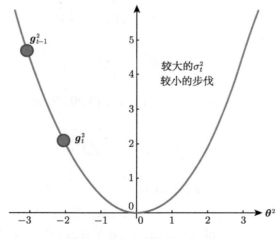

图 3.24　自动调整学习率示例

3.3.2 RMSProp

同一个参数需要的学习率也会随着时间而改变. 在图 3.25 所示的误差表面上, 如果考虑横轴方向, 绿色箭头处坡度比较陡峭, 需要较小的学习率, 但是走到红色箭头处, 坡度变得平坦起来, 需要较大的学习率. 因此, 即便对于同一个参数的同一方向, 学习率也是需要动态调整的, 于是就有了一个新的自适应学习率方法———**RMSprop（Root Mean Squared propagation）**.

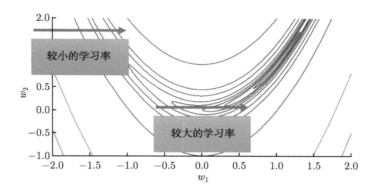

图 3.25 AdaGrad 优化的问题（一）

RMSprop 的第一步跟 AdaGrad 是相同的, 即

$$\sigma_0^i = \sqrt{\left(\boldsymbol{g}_0^i\right)^2} = \left|\boldsymbol{g}_0^i\right| \tag{3.23}$$

第二步的更新过程为

$$\boldsymbol{\theta}_2^i \leftarrow \boldsymbol{\theta}_1^i - \frac{\eta}{\sigma_1^i}\boldsymbol{g}_1^i \quad \sigma_1^i = \sqrt{\alpha\left(\sigma_0^i\right)^2 + (1-\alpha)\left(\boldsymbol{g}_1^i\right)^2} \tag{3.24}$$

其中 $0 < \alpha < 1$, α 是一个可以调整的超参数. $\boldsymbol{\theta}_1^i$ 的计算方法跟 AdaGrad 算均方根不一样. 在 AdaGrad 里面, 在算均方根的时候, 每一个梯度都有同等的重要性; 但在 RMSprop 里面, 你可以自行调整现在的这个梯度的重要性. 如果 α 设很小并趋近于 0, 则代表 $\boldsymbol{g}_1^i$ 相较于之前算出来的梯度更加重要; 如果 α 设很大并趋近于 1, 则代表 $\boldsymbol{g}_1^i$ 不重要, 之前算出来的梯度比较重要.

将同样的操作继续下去, 如式 (3.25) 所示.

$$\boldsymbol{\theta}_3^i \leftarrow \boldsymbol{\theta}_2^i - \frac{\eta}{\sigma_2^i}\boldsymbol{g}_2^i \quad \sigma_2^i = \sqrt{\alpha\left(\sigma_1^i\right)^2 + (1-\alpha)\left(\boldsymbol{g}_2^i\right)^2}$$

$$\vdots \tag{3.25}$$

$$\boldsymbol{\theta}_{t+1}^i \leftarrow \boldsymbol{\theta}_t^i - \frac{\eta}{\sigma_t^i}\boldsymbol{g}_t^i \quad \sigma_t^i = \sqrt{\alpha\left(\sigma_{t-1}^i\right)^2 + (1-\alpha)\left(\boldsymbol{g}_t^i\right)^2}$$

RMSProp 通过 α 可以决定 $\boldsymbol{g}_t^i$ 相较于之前存在的 σ_{t-1}^i 里面的 $\boldsymbol{g}_1^i, \boldsymbol{g}_2^i, \cdots, \boldsymbol{g}_{t-1}^i$ 的重要性有多大. 如果使用 RMSprop, 就可以动态调整 σ_t^i 这一项. 图 3.26 展示了一个误差表面, 球从 A 滚到 B, AB 段很平坦, $\boldsymbol{g}$ 很小, 在更新参数的时候, 我们会走出比较大的步伐. 进入 BC 段, 梯度变大了, AdaGrad 反应比较慢, 而 RMSprop 会把 α 设小一点, 让新的、刚看到的梯度的影响变大, 并很快地让 σ_t^i 的值变大, 从而很快地让步伐变小, RMSprop 可以很快地"踩刹车". 如果走到 CD 段, CD 段也很平坦, 可以调整 α, 让其比较看重最近算出来的梯度, 梯度一变小, σ_t^i 的值就变小了, 走的步伐就变大了.

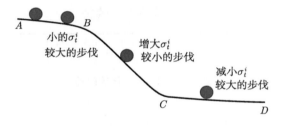

图 3.26　RMSprop 示例

3.3.3　Adam

最常用的优化策略或**优化器（optimizer）**是**Adam（Adaptive moment estimation）**[7]. Adam 可以看作 RMSprop 加上动量, 它使用动量作为参数更新方向, 并且能够自适应调整学习率. PyTorch 里面已经写好了 Adam 优化器, 这个优化器里面有一些超参数需要人为设定, 但是往往用 PyTorch 预设的参数就可以了.

3.4　学习率调度

图 3.22 所示的简单误差表面原本训练不起来, 加上自适应学习率以后, 使用 AdaGrad 优化的结果如图 3.27 所示. 一开始优化的时候很顺利, 左拐后, 因为有了 AdaGrad, 可以继续走下去, 走到非常接近终点的位置. 进入 BC 段以后, 因为横轴方向的梯度很小, 所以

学习率会自动变大，步伐就可以变大，从而不断前进. 接下来走到图 3.27 中红圈的地方，快走到终点的时候，突然"梯度爆炸"了. σ_t^i 是把过去所有的梯度拿来进行平均. 在 AB 段，梯度很大，但在 BC 段，纵轴方向的梯度很小，因此纵轴方向累积了很小的 σ_t^i，累积到一定程度以后，步伐就变很大，但有办法修正回来. 因为步伐很大，所以会走到梯度比较大的地方. 走到梯度比较大的地方以后，σ_t^i 会慢慢变大，更新的步伐大小会慢慢变小，从而回到原来的路线.

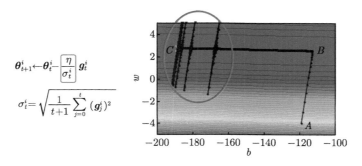

图 3.27　AdaGrad 优化的问题（二）

可以通过**学习率调度**（learning rate scheduling）解决这个问题. 在之前的学习率调整方法中，η 是一个固定的值；而在学习率调度中，η 跟时间有关，如式 (3.26) 所示. 学习率调度中最常见的策略是**学习率衰减**（learning rate decay），也称为**学习率退火**（learning rate annealing）. 随着参数的不断更新，让 η 越来越小，如图 3.28 所示. 对于 3.27 所示的情况，加上学习率下降，就可以很平顺地走到终点，如图 3.29 所示. 在 3.27 中红圈的地方，虽然步伐很大，但 η 变得非常小，因此两者的乘积也小了，这样就可以慢慢地走到终点.

$$\boldsymbol{\theta}_{t+1}^i \leftarrow \boldsymbol{\theta}_t^i - \frac{\eta_t}{\sigma_t^i}\boldsymbol{g}_t^i \tag{3.26}$$

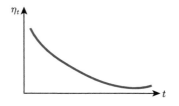

图 3.28　学习率衰减

除了学习率下降以外，还有另一种经典的学习率调度方式———预热. 预热的方法是让学习率先变大后变小，变到多大、变大的速度、变小的速度也是超参数. 残差网络[8]里面是有预热的, 在残差网络里面, 学习率先设置成 0.01, 再设置成 0.1, 并且残差网络的论文还特别说明, 一开始用 0.1 反而训练不好. 除了残差网络, BERT 和 Transformer 的训练也都使用了预热.

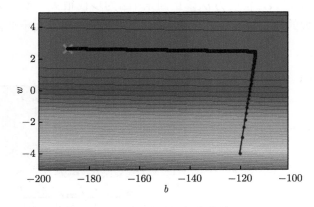

图 3.29　学习率衰减的优化效果

> Q: 为什么需要预热?
>
> A: 当使用 Adam、RMSprop 或 AdaGrad 时, 需要计算 σ. σ 是一个统计结果, 从 σ 可知某个方向的陡峭程度. 统计结果 σ 需要足够多的数据才精准, 刚开始的统计结果 σ 是不精准的, 因为学习率比较小, 这是为了探索和收集一些有关误差表面的信息. 可以先收集有关 σ 的统计数据, 等 σ 变得比较精准以后, 再让学习率慢慢爬升. 如果读者想要学习更多有关预热的知识, 可参考 Adam 的进阶版———RAdam[9].

3.5　优化总结

所以我们从最原始的梯度下降, 进化到另一个版本:

$$\boldsymbol{\theta}_{t+1}^i \leftarrow \boldsymbol{\theta}_t^i - \frac{\eta_t}{\sigma_t^i} \boldsymbol{m}_t^i \tag{3.27}$$

其中 $\boldsymbol{m}_t^i$ 是动量. 这个版本里有动量, 它不是顺着某个时刻算出的梯度方向来更新参数, 而是把过去所有算出梯度的方向做加权总和并当作更新的方向. 接下来的步伐大小为 $\frac{\boldsymbol{m}_t^i}{\sigma_t^i}$. 最后通过 η_t 来实现学习率调度. 这是目前优化的完整版本, 这种优化器除了 Adam 以外, 还有各种变形, 但其实各种变形只不过是使用不同的方式来计算 $\boldsymbol{m}_t^i$ 或 σ_t^i.

Q：动量 m_t^i 考虑了过去所有的梯度，均方根 σ_t^i 也考虑了过去所有的梯度，只不过一个放在分子中，另一个放在分母中，它们都考虑过去所有的梯度，那样不就正好抵销了吗？

A：m_t^i 和 σ_t^i 在使用过去所有梯度的方式上是不一样的. 动量直接把所有的梯度都加起来，所以它既考虑方向，又考虑梯度的正负. 但是均方根不考虑梯度的方向，只考虑梯度的大小. 在计算 σ_t^i 的时候，需要把梯度的平方结果加起来，所以只考虑梯度的大小，不考虑梯度的方向. 动量 m_t^i 和均方根 σ_t^i 计算出来的结果并不会相互抵销.

3.6 分类

分类与回归是深度学习中最为常见的两种问题，第 1 章的观看次数预测属于回归问题，本节介绍分类问题.

3.6.1 分类与回归的关系

回归是指输入向量 x，输出 $\hat{y}$，我们希望 $\hat{y}$ 和某个标签 y 越接近越好，而 y 是要学习的目标. 分类可以看作一种回归，如图 3.30 所示，类 1 是编号 1，类 2 是编号 2，类 3 是编号 3，$\hat{y}$ 和类别的编号越接近越好. 但该方法在某些情况下会有问题，因为它会假设类 1、类 2、类 3 之间存在某种关系. 比如根据一个小学生的身高和体重，预测他上一年级、二年级还是三年级. 一年级和二年级关系比较近，一年级和三年级关系比较远. 用数字来表示类别会预设 1 和 2 有比较近的关系，1 和 3 有比较远的关系. 如果三个类别本身没有特定的关系，就需要引入独热向量来表示类别. 实际上，在解决分类问题的时候，比较常见的做法也是用独热向量来表示类别.

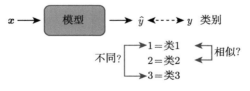

图 3.30　用数字表示类别

如果有三个类别，标签 y 就是一个三维的向量，比如类 1 是 $[1,0,0]^{\mathrm{T}}$，类 2 是 $[0,1,0]^{\mathrm{T}}$，类 3 是 $[0,0,1]^{\mathrm{T}}$. 如果每个类别都用一个独热向量来表示，就不存在类 1 和类 2 比较接近，而类 1 和类 3 比较远的问题. 而如果用独热向量来计算距离, 则类别之间的距离都是一样的.

如果目标 y 是一个向量, 比如 y 是有三个元素的向量, 则神经网络也要输出三个数值才行. 如图 3.31 所示, 输出三个数值就是把本来只输出一个数值的方法, 重复执行三次. 给 a_1、a_2 和 a_3 乘上三个不同的权重, 加上一个偏置, 得到 $\hat{y}_1$; 再给 a_1、a_2 和 a_3 乘上另外三个权重, 再加上另外一个偏置, 得到 $\hat{y}_2$; 同理得到 $\hat{y}_3$. 输入一个特征向量, 产生 $\hat{y}_1$、$\hat{y}_2$、$\hat{y}_3$, 我们希望 $\hat{y}_1$、$\hat{y}_2$、$\hat{y}_3$ 与目标越接近越好.

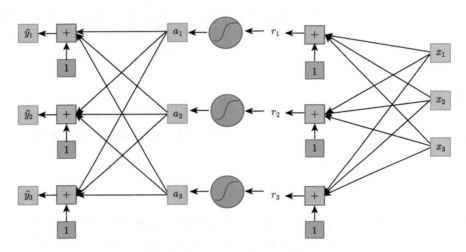

图 3.31　神经网络输出三个数值

3.6.2　带有 softmax 函数的分类

按照上述设定, 分类过程如下: 输入特征 $\boldsymbol{x}$, 乘上 W, 加上 b, 通过激活函数 σ, 乘上 W', 再加上 b', 得到 $\hat{y}$, 如图 3.32 所示. 但实际做分类的时候, 往往会让 $\hat{y}$ 通过 softmax 函数, 得到 y', 之后才计算 y' 和 $\hat{y}$ 之间的距离.

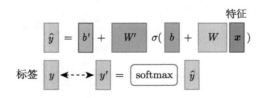

图 3.32　带有 softmax 函数的分类

Q：为什么在分类过程中要加入 softmax 函数？
A：一个比较简单的解释是，y 里面的值只有 0 和 1，但是 $\hat{y}$ 里面可以有任何值．既然目标只有 0 和 1，但 $\hat{y}$ 里面有任何值，因此可以先把它们归一化到 0~1，这样才能计算与标签的相似度．

如式 (3.28) 所示，先对所有的 y 取一个指数（负数取指数后会变成正数），再对它们进行归一化（除以所有 y 的指数值的和），得到 y'．图 3.33 给出了一个 softmax 函数的示例，输入 y_1、y_2 和 y_3，产生 y'_1、y'_2 和 y'_3．假设 $y_1 = 3$，$y_2 = 1$，$y_3 = -3$，取完指数，$\exp(3) = 20$，$\exp(1) = 2.7$，$\exp(-3) = 0.05$，做完归一化后，它们将分别变成 0.88、0.12 和 0．-3 取完指数，再做完归一化以后，会变成一个趋近于 0 的值．所以 softmax 函数除了归一化，让 y'_1、y'_2 和 y'_3 分别变成 0~1 的值且和为 1 以外，还会让大值和小值的差距变得更大，即有

$$y'_i = \frac{\exp(y_i)}{\sum_j \exp(y_i)} \tag{3.28}$$

其中，$1 > y'_i > 0$，$\sum_i y'_i = 1$．

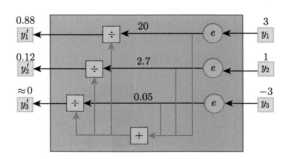

图 3.33　softmax 函数的示例

图 3.33 考虑了三个类别的状况，两个类别也可以直接套用 softmax 函数．但一般有两个类别的时候，不使用 softmax 函数，而是直接使用 sigmoid 函数．当只有两个类别的时候，sigmoid 函数和 softmax 函数是等价的．

3.6.3　分类损失

可以将特征 x 输入一个神经网络，产生 $\hat{y}$，再通过 softmax 函数得到 y'，最后计算 y' 和 y 之间的距离 e，如图 3.34 所示．

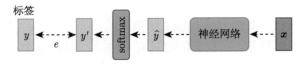

图 3.34　分类损失

计算 y' 和 y 之间的距离有不止一种做法，式 (3.29) 所示的均方误差很常用，即把 y 里面的每一个元素拿出来，将它们的差的平方和当作误差：

$$e = \sum_i (y_i - y'_i)^2 \tag{3.29}$$

式 (3.30) 所示的交叉熵更常用，当 $\hat{y}$ 和 y' 相同时，可以最小化交叉熵的值，此时均方误差也最小. 最小化交叉熵其实就是最大化似然（maximize likelihood）.

$$e = -\sum_i y_i \ln y'_i \tag{3.30}$$

从优化的角度，相较于均方误差，交叉熵更常用在分类上. 图 3.35 所示的神经网络先输出 y_1、y_2 和 y_3，在通过 softmax 函数以后，产生 y'_1、y'_2 和 y'_3. 假设正确答案是 $[1,0,0]^\mathrm{T}$，要计算 $[1,0,0]^\mathrm{T}$ 与 y'_1、y'_2、y'_3 之间的距离 e，e 可以是均方误差或交叉熵. 假设 y_1 的变化范围是 $-10 \sim 10$，y_2 的变化范围也是 $-10 \sim 10$，y_3 则固定为 -1000. 因为 y_3 的值很小，在通过 softmax 函数以后，y'_3 非常趋近于 0，它跟正确答案非常接近，且它对结果影响很小. 总之，我们假设 y_3 为一个固定值，只看 y_1 和 y_2 有变化的时候，对损失 e 的影响.

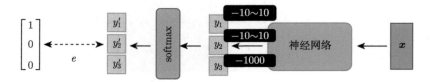

图 3.35　使用 softmax 函数的好处

图 3.36 分别演示了当 e 为均方误差和交叉熵时，y_1、y_2 的变化对损失及误差表面的影响，红色代表损失大，蓝色代表损失小. 如果 y_1 很大、y_2 很小，则代表 y'_1 会很接近 1，y'_2 会很接近 0. 所以不管 e 为均方误差还是交叉熵，只要 y_1 大、y_2 小，损失就小；而如果 y_1 小、y_2 大，则 y'_1 是 0、y'_2 是 1，这个时候损失会比较大.

图 3.36 展示的两幅图都是左上角损失大、右下角损失小，所以我们期待最后在训练的时候，参数可以"走"到右下角. 假设参数优化开始的时候，对应的损失都是左上角. 如果选择交叉熵，如图 3.36(a) 所示，左上角圆圈所在的点有斜率的，可以通过梯度，一路往右

下角"走";如果选均方误差,如图 3.36(b) 所示,左上角圆圈就卡住了,均方误差在这种损失很大的地方,是非常平坦的,梯度非常小,趋近于 0. 如果初始时在圆圈的位置,离目标非常远,而梯度又很小,则无法用梯度下降顺利地"走"到右下角.

因此,在选均方误差做分类的时候,如果没有好的优化器,则有非常大的可能性训练不起来. 如果用 Adam,则虽然图 3.36(b) 中圆圈的梯度很小,但 Adam 会自动调大学习率,仍有机会走到右下角,不过训练过程会比较困难. 总之,改变损失函数可以改变优化的难度.

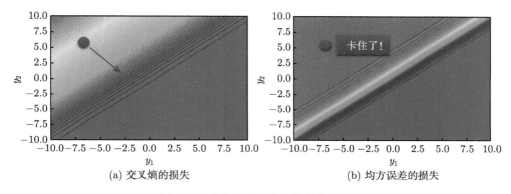

(a) 交叉熵的损失　　　　　　(b) 均方误差的损失

图 3.36　均方误差、交叉熵优化对比

3.7　批量归一化

误差表面如果很崎岖,则会比较难以训练. 能不能直接改变误差表面的"地貌","把山铲平",让它变得比较好训练呢?**批量归一化(Batch Normalization, BN)** 就是其中一个"把山铲平"的想法. 不要小看优化这个问题,有时候就算误差表面是凸的,也不一定很好训练. 如图 3.37 所示,假设两个参数对损失的斜率差别非常大,在 w_1 这个方向上,斜率变化很小;而在 w_2 这个方向上,斜率变化很大.

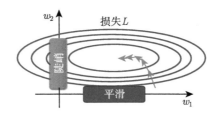

图 3.37　训练的问题

如果是固定的学习率,则可能很难得到好的结果,从而需要自适应的学习率、Adam 等比较高级的优化方法,才能够得到好的结果. 我们也可以换个角度,直接修改难以训练的误差表面，看能不能改得好做一点. 在做这件事之前，第一个要问的问题就是：w_1 和 w_2 斜率差很多的这种状况，到底是从什么地方来的？

图 3.38 是一个非常简单的模型，输入是 x_1 和 x_2，对应的参数为 w_1 和 w_2，它是一个线性模型，没有激活函数. 计算 $\hat{y}$ 和 y 之间的差距并当作 e，把所有训练数据 e 加起来就是损失，然后最小化损失.

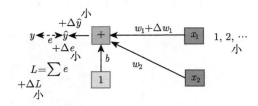

图 3.38　简单的线性模型

什么样的状况会产生像上面这样不太好训练的误差表面？在对 w_1 做一个小小的改变时，比如加上 Δw_1，L 也会有改变，具体如下：当 w_1 改变的时候，就改变了 y，y 改变的时候就改变了 e，接下来就改变了 L.

什么时候 w_1 的改变会对 L 的影响很小（即它在误差表面上的斜率会很小）呢？一种可能性是，当输入很小的时候，x_1 的值在不同的训练样本里面的值都很小（因为 x_1 是直接乘上 w_1）. 如果 x_1 的值都很小，那么当 w_1 有一个变化的时候，它对 y 的影响就是小的，因而对 e 的影响也是小的，从而对 L 的影响是小的.

反之，如图 3.39 所示，假设 x_2 的值都很大，当 w_2 有一个小小的变化时，虽然这个变化可能很小，但因为它乘上了 x_2，x_2 的值很大，所以 y 的变化就很大，因而 e 的变化就很大，L 的变化也会很大. 这导致我们在 w 这个方向上变化的时候，只要把 w 改变一点点，

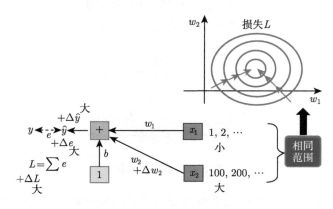

图 3.39　需要特征归一化的原因

误差表面就会有很大的变化. 在这个线性模型中, 当输入的特征每一个维度的值的范围差距很大的时候, 就可能产生像这样的误差表面, 即产生不同方向斜率非常不同、坡度也非常不同的误差表面. 怎么办呢? 有没有可能给特征的不同维度设置同样的数值范围? 如果可以给不同的维度设置同样的数值范围, 也许就可以构造比较好的误差表面, 让训练变得比较容易一点. 方法其实有很多, 这些不同的方法统称为**特征归一化 (feature normalization)**.

以下所讲的方法只是特征归一化的一种可能性, 即 Z 值归一化 (Z-score normalization), 见图 3.40, 也称为标准化 (standardization). 它并不是特征归一化的全部, 假设 $\boldsymbol{x}^1 \sim \boldsymbol{x}^R$ 是所有训练数据的特征向量. 把所有训练数据的特征向量, 全部都集合起来. 向量 $\boldsymbol{x}^1$ 里面的 x_1^1 代表 $\boldsymbol{x}^1$ 的第一个元素, x_1^2 代表 $\boldsymbol{x}^2$ 的第一个元素, 以此类推. 将不同特征向量的同一个维度里面的数值取出来, 对于每个维度 i, 计算它们的**平均值 (mean)** m_i 和**标准差 (standard deviation)** σ_i. 接下来就可以做一种归一化:

$$\tilde{x}_i^r \leftarrow \frac{x_i^r - m_i}{\sigma_i} \tag{3.31}$$

把这边的某个数值 x_i, 减掉这个维度算出来的平均值, 再除以这个维度, 算出来标准差, 得到新的数值 $\tilde{x}_i$. 得到新的数值以后, 再把新的数值加回去.

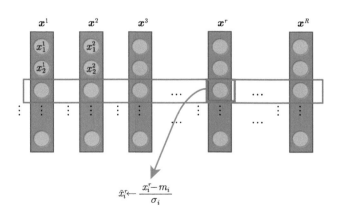

图 3.40 Z 值归一化

归一化有个好处: 做完归一化以后, 这个维度里的数值的平均值为 0、方差为 1, 所以这些数值的分布都会在 0 上下; 对每一个维度都做同样的归一化, 所有特征向量的不同维度里的数值都在 0 上下, 这样就有可能构造一个比较好的误差表面. 像这样的特征归一化往往对训练有帮助, 可以在梯度下降的时候使损失收敛更快一点, 从而使训练更顺利一点.

3.7.1　放入深度神经网络

假设 $\tilde{x}$ 代表归一化的特征向量，把它放到深度神经网络里面，去做接下来的计算和训练. 如图 3.41 所示，$\tilde{x}^1$ 通过第一层得到 z^1，有可能通过激活函数（可以是 sigmoid 函数或 ReLU），再得到 a^1，接着再通过下一层等等. 对每个 $\tilde{x}$ 都做类似的事情.

虽然 $\tilde{x}^1$ 已经做了归一化，但是在通过 W^1 以后，没有做归一化. 如果 $\tilde{x}^1$ 通过 W^1 得到 z^1，而 z^1 的不同维度间，数值的分布仍然有很大的差异，训练 W^2 第二层的参数也会有困难. 对于 W^2，a 或 z 其实也是一种特征，也应该对这些特征做归一化. 如果选择 sigmoid 函数，比较推荐对 z 做特征归一化，因为 sigmoid 函数在 0 附近的斜率比较大. 如果对 z 做特征归一化，则把所有的值都挪到 0 附近，到时候算梯度的时候，算出来的值会比较大. 如果使用别的激活函数，可能对归一化 a 也会有好的结果. 一般而言，特征归一化要放在激活函数之前，不过放在之后也是可以的，在实现上并没有太大的差别.

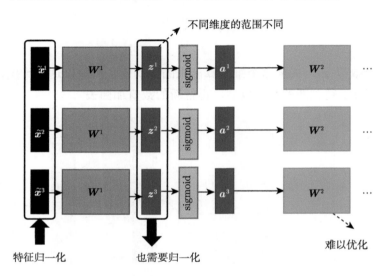

图 3.41　深度学习的归一化

如何对 z 做特征归一化？z 可以看成另外一种特征. 首先计算 z^1、z^2、z^3 的平均值，即

$$\mu = \frac{1}{3}\sum_{i=1}^{3} z^i \tag{3.32}$$

接下来计算标准差，即

$$\sigma = \sqrt{\frac{1}{3}\sum_{i=1}^{3}\left(z^i - \mu\right)^2} \tag{3.33}$$

注意，式 (3.33) 中的平方是指对每一个元素都做平方，开根号指的是对向量里面的每一个元素开根号.

最后，根据计算出的 $\boldsymbol{\mu}$ 和 $\boldsymbol{\sigma}$ 对特征 $\boldsymbol{z}$ 进行归一化，即

$$\tilde{z}^i = \frac{z^i - \boldsymbol{\mu}}{\boldsymbol{\sigma}} \tag{3.34}$$

其中，分数线代表逐元素相除，即分子分母两个向量中的对应元素相除.

归一化的过程如图 3.42 所示.

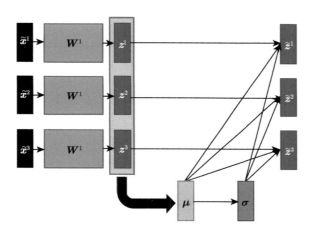

图 3.42　深度学习中间层的特征归一化

如图 3.43 所示，接下来可以通过激活函数得到其他向量，$\boldsymbol{\mu}$ 和 $\boldsymbol{\sigma}$ 都是根据 z^1、z^2、z^3 计算出来的. 改变 z^1 的值，a^1 的值就会改变，$\boldsymbol{\mu}$ 和 $\boldsymbol{\sigma}$ 也会改变. $\boldsymbol{\mu}$ 和 $\boldsymbol{\sigma}$ 改变后，z^2、a^2、z^3、a^3 的值就会改变. 之前的 $\tilde{x}_1$、$\tilde{x}_2$、$\tilde{x}_3$ 是独立分开处理的，但是在做特征归一化以后，这三个样本变得彼此关联了. 所以在做特征归一化的时候，可以把整个过程当作网络的一部分，即有一个比较大的网络，该网络有一组输入，用这堆输入在这个网络里面计算出 $\boldsymbol{\mu}$ 和 $\boldsymbol{\sigma}$，产生一组输出.

此时会有一个问题：因为训练数据非常多，现在一个数据集可能有上百万笔数据，GPU 无法同时加载整个数据集的数据. 因此，在实现的时候，我们不会让这个网络考虑整个训练数据里面的所有样本，而是只考虑一个批量里面的样本. 比如将批量大小设为 64，这个网络就把 64 笔数据读进去，计算这 64 笔数据的 $\boldsymbol{\mu}$ 和 $\boldsymbol{\sigma}$，对这 64 笔数据做归一化. 因为在实际实现的时候，只对一个批量里面的数据做归一化，所以称为批量归一化. 一定要有一个够大的批量，才能算得出 $\boldsymbol{\mu}$ 和 $\boldsymbol{\sigma}$. 批量归一化适用于批量大小比较大的情况，批量大小如果比较大，也许这个批量里面的数据就足以表示整个数据集的分布. 这时候就不需要对整个数据

集做特征归一化，而可以只在一个批量上做特征归一化作为近似.

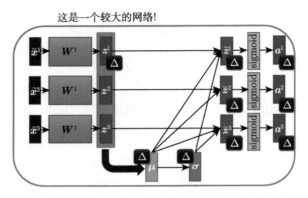

图 3.43 批量归一化可以理解为网络的一部分

在做批量归一化的时候，如图 3.44 所示，往往还会执行如下操作：

$$\hat{z}^i = \gamma \odot \tilde{z}^i + \beta \tag{3.35}$$

其中，$\odot$ 代表逐元素相乘. 可以将 β 和 γ 想象成网络参数，它们需要另外训练.

Q：为什么要加上 β 和 γ 呢？
A：做归一化以后，$\tilde{z}$ 的平均值一定是零，这会给网络带来一些限制，这些限制可能会产生负面的影响，所以需要把 β 和 γ 加上，让网络隐藏层的输出平均值不是零. 可以让网络通过学习 β 和 γ 来调整一下输出的分布，从而调整 $\hat{z}$ 的分布.

Q：批量归一化是为了让每一个不同维度里的数据的取值范围相同，如果把 γ 和 β 加上，这样不同维度的分布范围不就又都不一样了吗？
A：有可能，但实际上在训练的时候，γ 的初始值都设为 1，所以 γ 是值都为 1 的向量. β 是值全都是 0 的向量，即零向量. 网络在一开始训练的时候，每一个维度的分布是比较接近的，也许训练到后面，找到一个比较好的误差表面、走到一个比较好的地方以后，再把 γ 和 β 慢慢地加进去比较好，加上了 γ 和 β 的批量归一化往往对训练是有帮助的.

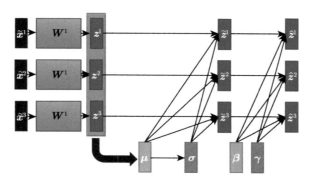

图 3.44　加上了 γ 和 β 的批量归一化

3.7.2　测试时的批量归一化

测试有时候又称为**推断（inference）**. 批量归一化在测试的时候会有什么样的问题呢？在测试的时候，我们会一次性得到所有的测试数据，因此确实也可以在测试数据上构造一个个的批量. 但若要做一个真正的线上应用，比如批量大小设为 64，则一定要等 64 笔数据都加载进来，才做一次运算，这显然是不行的.

但是在做批量归一化的时候，μ 和 σ 是用一个批量的数据算出来的. 如果在测试的时候，根本就没有批量，如何计算 μ 和 σ 呢？批量归一化在测试的时候，并不需要做什么特别的处理，PyTorch 已经处理好了. 在训练的时候，如果进行了批量归一化，那么，每一个批量算出来的 μ 和 σ，都会被拿来算**移动平均值（moving average）**. 假设现在有各个批量算出来的 $\mu^1, \mu^2, \mu^3, \cdots, \mu^t$，则可以计算移动平均值，即

$$\bar{\mu} \leftarrow p\bar{\mu} + (1-p)\mu^t \tag{3.36}$$

其中，$\bar{\mu}$ 是 μ 的平均值；p 是因子，它既是一个常数，也是一个超参数，需要调整. 在 PyTorch 中，p 为 0.1. 计算移动平均值以更新 μ 的平均值. 最后在测试的时候，就不用算批量里面的 μ 和 σ 了. 因为在测试的时候，没有批量，可以直接拿 $\bar{\mu}$ 和 $\bar{\sigma}$ 取代原来的 μ 和 σ，如图 3.45 所示，这就是批量归一化在测试时的运作方式.

图 3.45　测试时的批量归一化

图 3.46 给出了批量归一化原始文献中的实验结果，横轴代表训练过程，纵轴代表验证集上的准确率. 黑色虚线是没有做批量归一化的结果，用的是 Inception 网络（一种以 CNN

为基础的网络）. 做了批量归一化的情况用红色虚线表示，其训练速度显然比黑色虚线的情况快很多. 虽然只要给模型足够的训练时间，它们最后都会收敛到差不多的准确率；但是红色虚线在比较短的时间内收敛到同样的准确率. 蓝色菱形代表有几个点的准确率是一样的. 粉红色的线是 sigmoid 函数，但我们一般选择 ReLU，因为 sigmoid 函数的训练比较困难. 这里想要强调的是，就算加了批量归一化，sigmoid 函数也还是可以训练的. 在这个实验中，sigmoid 函数如果不加批量归一化，根本就训练不起来. 蓝色实线和蓝色虚线的情况把学习率设得比较大，其中 x5 代表学习率变成原来的 5 倍，x30 代表学习率变成原来的 30 倍. 如果做批量归一化，误差表面会比较平滑，比较容易训练，因此可以把学习率设大一点.

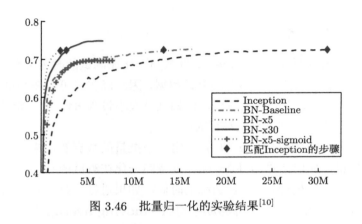

图 3.46　批量归一化的实验结果[10]

3.7.3　内部协变量偏移

接下来的问题就是，批量归一化为什么会有帮助？批量归一化的原始文献提出了**内部协变量偏移（internal covariate shift）**的概念. 如图 3.47 所示，假设网络有很多层，x 通过第一层后得到 a，a 通过第二层后得到 b；计算出梯度以后，把 A 更新成 A'，把 B 更新成 B'. 笔者认为，我们在计算从 B 更新到 B' 的梯度的时候，前一层的参数是 A，或者说前一层的输出是 a. 当前层在从 A 更新到 A' 的时候，输出就从 a 变成 a'. 但是我们在计算这个梯度的时候，是根据 a 算出来的，所以这个更新的方向也许适合用在 a 上，但不适合用在 a' 上. 因为我们每次都做批量归一化，这会让 a 和 a' 的分布比较接近，也许这样就会对训练有所帮助. 但是论文 "How Does Batch Normalization Help Optimization?"[11] 认为内部协变量偏移有问题. 这篇论文从不同的角度说明了内部协变量偏移不一定是训练网络时的问题. 批量归一化会比较好，不一定是因为它解决了内部协变量偏移的问题. 这篇论文列举了很多实验，比如比较了训练时 a 的分布变化，发现不管有没有做批量归一化，a 的分布变化都不大. 就算 a 的分布变化很大，对训练也没有太大的影响. 我们发现，不管是根据 a 算出来的梯度，还是根据 a' 算出来的梯度，方向居然差不多. 内部协变量偏移可能不是训练网络时最主要的问题，并且可能也不是批量归一化变好的关键.

> 训练集样本和预测集样本分布不一致的问题就叫作协变量偏移，内部协变量偏移是批量归一化的提出者自己发明的.

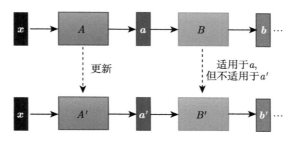

图 3.47　内部协变量偏移示例

为什么批量归一化会比较好呢？论文 "How Does Batch Normalization Help Optimization?"[11] 从实验和理论上说明批量归一化至少可以改变误差表面，让误差表面比较不崎岖. 让网络的误差表面变得比较不崎岖还有很多其他的方法，这篇论文就尝试了一些其他的方法，发现跟批量归一化表现差不多，甚至还稍微好一点，这篇论文的作者也觉得批量归一化是一种偶然的发现. 其实批量归一化不是唯一的归一化，还有很多其他的归一化方法，比如批量重归一化（batch renormalization）[12]、层归一化（layer normalization）[13]、实例归一化（instance normalization）[14]、组归一化（group normalization）[15]、权重归一化（weight normalization）[16]、谱归一化（spectrum normalization）[17] 等.

参考资料

[1]　KESKAR N S, MUDIGERE D, NOCEDAL J, et al. On large-batch training for deep learning: Generalization gap and sharp minima[EB/OL]. arXiv: 1609.04836.

[2]　GUPTA V, SERRANO S A, DECOSTE D. Stochastic weight averaging in parallel: Large-batch training that generalizes well[EB/OL]. arXiv: 2001.02312.

[3]　YOU Y, GITMAN I, GINSBURG B. Large batch training of convolutional networks[EB/OL]. arXiv: 1708.03888.

[4]　YOU Y, LI J, REDDI S, et al. Large batch optimization for deep learning: Training BERT in 76 minutes[EB/OL]. arXiv: 1904.00962.

[5]　AKIBA T, SUZUKI S, FUKUDA K. Extremely large minibatch SGD: Training ResNet-50 on imagenet in 15 minutes[EB/OL]. arXiv: 1711.04325.

[6]　GOYAL P, DOLLÁR P, GIRSHICK R, et al. Accurate, large minibatch SGD: Training ImageNet in 1 hour[EB/OL]. arXiv: 1706.02677.

[7]　KINGMA D P, BA J. Adam: A method for stochastic optimization[EB/OL]. arXiv: 1412.6980.

[8]　HE K, ZHANG X, REN S, et al. Deep residual learning for image recognition[C]//Proceedings of the IEEE Conference on Computer Vision and Pattern Recognition. 2016: 770-778.

[9]　LIU L, JIANG H, HE P, et al. On the variance of the adaptive learning rate and beyond[EB/OL]. arXiv: 1908.03265.

[10]　IOFFE S, SZEGEDY C. Batch normalization: Accelerating deep network training by reducing internal covariate shift[J]. Proceedings of Machine Learning Research, 2015, 37: 448-456.

[11]　SANTURKAR S, TSIPRAS D, ILYAS A, et al. How does batch normalization help optimization?[C]//Advances in Neural Information Processing Systems, 2018.

[12]　IOFFE S. Batch renormalization: Towards reducing minibatch dependence in batch-normalized models[C]//Advances in Neural Information Processing Systems, 2017.

[13]　BA J L, KIROS J R, HINTON G E. Layer normalization[EB/OL]. arXiv: 1607. 06450.

[14]　ULYANOV D, VEDALDI A, LEMPITSKY V. Instance normalization: The missing ingredient for fast stylization[EB/OL]. arXiv: 1607.08022.

[15]　WU Y, HE K. Group normalization[C]//Proceedings of the European Conference on Computer Vision. 2018: 3-19.

[16]　SALIMANS T, KINGMA D P. Weight normalization: A simple reparameterization to accelerate training of deep neural networks[C]//Advances in Neural Information Processing Systems, 2016.

[17]　YOSHIDA Y, MIYATO T. Spectral norm regularization for improving the generalizability of deep learning[EB/OL]. arXiv: 1705.10941.

第4章 卷积神经网络

本章从卷积神经网络开始，探讨神经网络的架构设计. 卷积神经网络是一种非常典型的网络架构，常用于图像分类等任务. 通过卷积神经网络，我们可以知道网络架构如何设计，以及为什么合理的网络架构可以优化神经网络的表现.

所谓图像分类，就是给机器一幅图像，由机器去判断这幅图像里面有什么样的东西——是猫还是狗、是飞机还是汽车. 怎么把图像当作模型的输入呢？对于机器，图像可以描述为三维张量（张量可以想象成维度大于 2 的矩阵）. 一幅图像就是一个三维的张量，其中一维的大小是图像的宽，另一维的大小是图像的高，还有一维的大小是图像的**通道（channel）**数目.

> Q：什么是通道？
> A：彩色图像的每个像素都可以描述为红色（red）、绿色（green）、蓝色（blue）的组合，这 3 种颜色就称为图像的 3 个色彩通道. 这种颜色描述方式称为 RGB 色彩模型，常用于在屏幕上显示颜色.

神经网络的输入往往是向量，因此，在将代表图像的三维张量输入神经网络之前，需要先将它"拉直"，如图 4.1 所示. 在这个例子中，张量有 $100 \times 100 \times 3$ 个数字，所以一

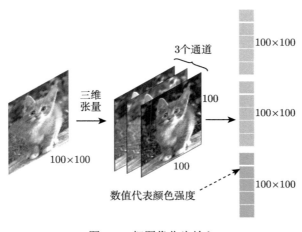

图 4.1　把图像作为输入

幅图像由 $100 \times 100 \times 3$ 个数字组成, 把这些数字排成一排, 就是一个巨大的向量. 这个向量可以作为神经网络的输入, 而这个向量的每一维里面的数值则是某个像素在某一通道下的颜色强度.

> 图像有大有小, 而且不是所有图像的尺寸都是一样的. 常见的处理方式是把所有图像先调整成相同的尺寸, 再输入图像的识别系统. 在下面的讨论中, 默认输入的图像尺寸已固定为 100 像素 $\times$ 100 像素.

如图 4.2 所示, 如果把向量当作全连接网络的输入, 则输入的特征向量（feature vector）的长度就是 $100 \times 100 \times 3$. 这是一个非常长的向量. 由于每个神经元与输入向量中的每个数值间都需要一个权重, 因此当输入的向量长度是 $100 \times 100 \times 3$ 且第 1 层有 1000 个神经元时, 第 1 层就需要 $1000 \times 100 \times 100 \times 3 = 3 \times 10^7$ 个权重, 数量巨大. 更多的参数为模型带来了更大的弹性和更强的能力, 但也提高了过拟合的风险. 模型的弹性越大, 就越容易过拟合. 为了避免过拟合, 在做图像识别的时候, 考虑到图像本身的特性, 并不一定需要全连接, 即不需要每个神经元与输入向量中的每个数值间都有一个权重. 接下来我们针对图像识别任务, 对图像本身的特性进行一些观察.

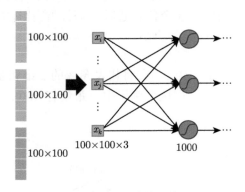

图 4.2　全连接网络

模型的输出应该是什么呢? 模型的目标是分类, 因此可将不同的分类结果表示成不同的独热向量 $\boldsymbol{y}'$. 在这个独热向量里面, 对应类别的值为 1, 其余值为 0. 例如, 我们规定向量中的某些维度代表狗、猫、树等分类结果, 若分类结果为猫, 则猫所对应的维度的数值就是 1, 其他东西所对应的维度的数值就是 0, 如图 4.3 所示. 独热向量 $\boldsymbol{y}'$ 的长度决定了模型可以识别出多少不同种类的东西. 如果独热向量 $\boldsymbol{y}'$ 的长度是 5, 则代表模型可以识别出 5 种不同的东西. 现在比较强的图像识别系统往往可以识别出 1000 种以上, 甚至上万种不同的东西. 如果希望图像识别系统可以识别上万种东西, 则标签就是维度上万的独热向量. 模型的输出通过 softmax 函数以后，得到 $\hat{\boldsymbol{y}}$. 我们希望 $\boldsymbol{y}'$ 和 $\hat{\boldsymbol{y}}$ 的交叉熵越小越好.

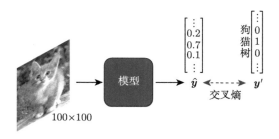

图 4.3　图像分类

4.1　观察 1：检测模式不需要整幅图像

假设我们的任务是让神经网络识别出图像中的动物. 对于一个图像识别的类神经网络里面的神经元而言，它要做的就是检测图像里面有没有出现一些特别重要的模式（pattern），这些模式分别代表不同的物体. 比如有三个神经元分别看到鸟嘴、眼睛、鸟爪 3 个模式，这代表类神经网络看到了一只鸟，如图 4.4 所示.

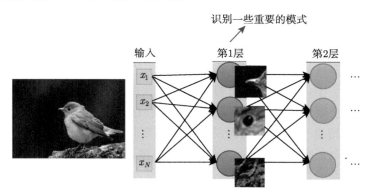

图 4.4　使用神经网络来检测模式

人们在判断一种物体的时候，往往也是抓最重要的特征. 看到这些特征以后，从直觉上就会自认为看到了某种物体. 对于机器，也许这是一种有效的判断图像中是何物体的方法. 但假设用神经元来判断某种模式是否出现，也许并不需要每个神经元都去看一幅完整的图像. 因为不需要看整幅完整的图像就能判断重要的模式（比如鸟嘴、眼睛、鸟爪）是否出现，如图 4.5 所示，要想知道图像中有没有一个鸟嘴，只需要看一个非常小的范围. 这些神经元不需要把整幅图像当作输入，而只需要把图像的一小部分当作输入，就足以检测某些特别关键的模式是否出现，这是第 1 个观察.

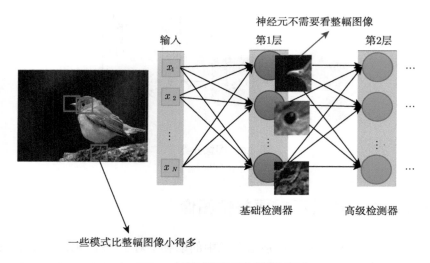

图 4.5　检测模式不需要整幅图像

4.2　简化 1：感受野

根据观察 1 可以做第 1 个简化，卷积神经网络会设定一个区域，即**感受野**（receptive field），每个神经元都只关心自己的感受野里面发生的事情，感受野的尺寸是由我们自己决定的. 比如在图 4.6 中，蓝色神经元的守备范围就是红色正方体框的感受野. 这个感受野里面有 $3 \times 3 \times 3$ 个数值. 蓝色神经元只需要关心这个小的范围，而不需要在意整幅图像里面有什么，仅仅留意自己的感受野里面发生的事情就好. 这个神经元会把 $3 \times 3 \times 3$ 个数值"拉直"成一个长度是 $3 \times 3 \times 3 = 27$ 维的向量，再把这个 27 维的向量作为神经元的输入. 这个神经元会给这个 27 维向量的每一个维度赋予一个权重，所以这个神经元有 $3 \times 3 \times 3 = 27$ 个权重，再加上偏置（bias），得到输出，输出则被送入下一层的神经元当作输入.

如图 4.7 所示，蓝色神经元看左上角这个范围，这是它的感受野. 黄色神经元看右下角这个范围. 图 4.7 中的每一个红色正方体框代表 $3 \times 3 \times 3$ 的范围，右下角的红色正方体框是黄色神经元的感受野. 感受野彼此之间可以重叠，比如绿色神经元的感受野跟蓝色神经元和黄色神经元的感受野都有一些重叠. 我们没有办法检测所有的模式，所以同一范围可以有多个不同的神经元，即多个神经元可以守备同一个感受野.

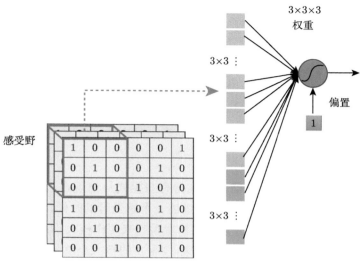

图 4.6　感受野

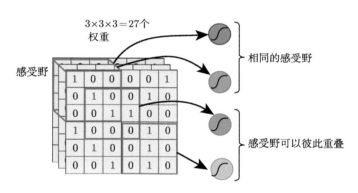

图 4.7　感受野彼此重叠

　　感受野有大有小，因为模式有的比较大，有的则比较小. 有的模式也许在 3×3 的范围内就可以被检测出来，而有的模式也许需要 11×11 的范围才能被检测出来. 此外，感受野可以只考虑某些通道. 目前 RGB 色彩模型的三个通道都需要考虑，但也许有些模式只在红色或蓝色通道中才会出现，即有的神经元可以只考虑一个通道. 后面在介绍网络压缩时（见第 17 章），会讲到这种网络架构. 感受野不仅可以是正方形的，例如 3×3、11×11，也可以是长方形的，你完全可以根据自己对问题的理解来设计感受野. 虽然感受野可以任意设计，但下面我们要向大家讲一下最经典的感受野安排方式.

Q: 感受野一定要相连吗?

A: 感受野不一定要相连,理论上可以有一个神经元的感受野就是图像的左上角和右上角. 想一想,会不会有什么模式也要看一幅图像的左上角和右下角才能够找到呢? 如果没有,这种感受野就没什么用. 假设要检测某种模式,这种模式就出现在整幅图像中的某个位置,而不是分成好几部分并出现在图像中不同的位置. 所以通常的感受野都是相连的,但如果要设计很奇怪的感受野去解决很特别的问题,也是完全可以的,这都由我们自己决定.

一般在做图像识别的时候,可能不会觉得有些模式只出现在某个通道里面,所以会看全部的通道. 既然会看全部的通道,因此在描述一个感受野的时候,只讲它的高和宽,不讲它的深度,因为它的深度就等于通道数,高和宽乘起来叫作核大小. 图 4.8 中的核大小就是 3×3. 在图像识别中,一般核大小不会设太大,3×3 的核大小就足够了,7×7、9×9 算是比较大的核大小. 如果核大小都是 3×3,则意味着在做图像识别的时候,重要的模式都只在 3×3 这么小的范围内就可以被检测出来. 但有些模式也许很大,在 3×3 的范围内没办法检测出来. 常见的感受野设定方式就是指定核大小为 3×3.

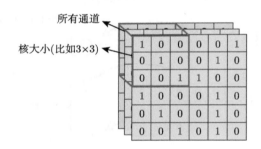

图 4.8 卷积核

同一个感受野一般会有一组神经元去守备,比如用 64 个或 128 个神经元去守备一个感受野的范围. 到目前为止,我们讲的都是一个感受野,接下来介绍各个不同感受野之间的关系. 我们把图 4.8 左上角的感受野往右移一些,就可以构造出一个新的守备范围,即新的感受野. 移动的量称为**步幅(stride)**,在图 4.9 中的,步幅就等于 2. 步幅是一个超参数,需要人为调整. 因为我们希望感受野和感受野之间有重叠,所以步幅往往不会设置得太大,一般设为 1 或 2.

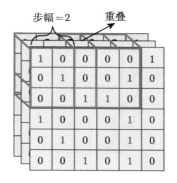

图 4.9 步幅

Q: 为什么希望感受野之间是有重叠的？

A: 假设感受野之间完全没有重叠，如果有一个模式正好出现在两个感受野的交界处，则不会有任何神经元去检测它，这个模式可能会丢失，所以我们希望感受野彼此之间有高度的重叠.

接下来考虑一个问题：如果感受野超出了图像的范围，该怎么办呢？如果不在超出图像的范围"摆"感受野，就没有神经元去检测出现在边界的模式，这样就会漏掉图像边界的地方，所以一般边界的地方也会考虑. 如图 4.10 所示，超出范围就做**填充**（**padding**），填充就是补值，一般使用零填充（zero padding），超出范围就补 0. 如果感受野有一部分超出图像的范围，就当里面的值都是 0. 其实也有别的补值方法，比如补整幅图像里面所有值的平均值，或者把位于边界的数字拿出来补没有值的地方.

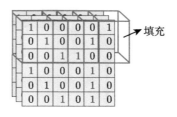

图 4.10 填充

除了水平方向上的移动之外，也有垂直方向上的移动. 我们将垂直方向上的步幅也设为 2，如图 4.11 所示，按照这种方式扫过整幅图像，所以整幅图像里面的每一个地方都会被某个感受野覆盖. 也就是说，对于图像里面的每个位置，都有一群神经元在检测那个地方有没有出现某些模式. 这是第 1 个简化.

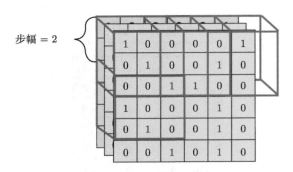

步幅 = 2

图 4.11　垂直方向上的移动

4.3　观察 2：同样的模式可能出现在图像的不同区域

以鸟嘴模式为例，它可能出现在图像的左上角，也可能出现在图像的中间，同样的模式出现在图像的不同区域不是什么太大的问题. 如图 4.12 所示，出现在图像左上角的鸟嘴一定会落在某个感受野里面. 因为感受野是覆盖整个图像的，所以图像里的所有地方都在某个神经元的守备范围内. 假设在某个感受野里面，有一个神经元的工作就是检测鸟嘴，那么鸟嘴就会被检测出来. 所以就算鸟嘴出现在图像的中间也没有关系. 假设其中有一个神经元可以检测鸟嘴，则鸟嘴即便出现在图像的中间，也会被检测出来. 但这些检测鸟嘴的神经元做的事情是一样的，只是它们的守备范围不一样. 既然如此，也就没必要每个守备范围都放一个检测鸟嘴的神经元. 如果不同的守备范围都要有一个检测鸟嘴的神经元，参数就太多了，因此需要做出相应的简化.

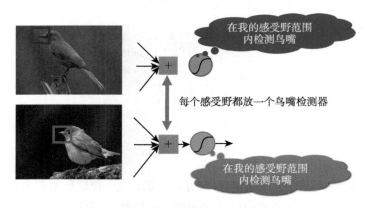

图 4.12　每个感受野都放一个鸟嘴检测器

4.4 简化 2：共享参数

在提出简化技巧之前，我们先举个类似的例子. 就像教务处希望可以推大型的课程一样，假设每个院系都需要深度学习相关的课程，则没必要在每个院系都开设"机器学习"这门课，而是可以开一个比较大型的课程，让所有院系的人都学这门课. 如果放在图像处理上，则可以让不同感受野的神经元共享参数，也就是做**参数共享（parameter sharing）**，如图 4.13 所示. 所谓参数共享，就是让两个神经元的权重完全一样.

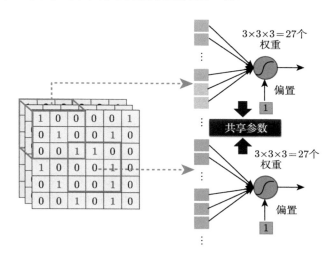

图 4.13 参数共享

如图 4.14 所示，颜色相同的权重完全是一样的，比如上面神经元的第 1 个权重是 w_1，下面神经元的第 1 个权重也是 w_1，它们是同一个权重，用同一种颜色（黄色）来表示. 上面神经元与下面神经元守备的感受野是不一样的，但它们的参数是相同的. 虽然两个神经元的参数一模一样，但它们的输出不会永远都一样，因为它们的输入是不一样的，它们的守备范围也是不一样的. 上面神经元的输入是 $x_1, x_2, \cdots$，下面神经元的输入是 $x_1', x_2', \cdots$. 上面神经元的输出为

$$\sigma\left(w_1 x_1 + w_2 x_2 + \cdots + 1\right) \tag{4.1}$$

下面神经元的输出为

$$\sigma\left(w_1 x_1' + w_2 x_2' + \cdots + 1\right) \tag{4.2}$$

因为输入不一样，所以就算两个神经元共享参数，它们的输出也不会是一样的. 这是第 2 个简化，旨在让一些神经元共享参数，共享的方式则完全可以自行决定. 接下来介绍图像识别方面常见的共享方式是如何设定的.

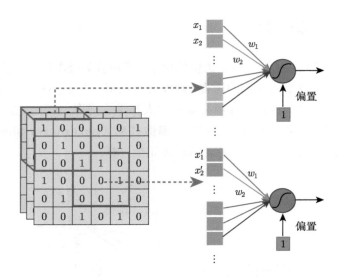

图 4.14　两个神经元共享参数

　　如图 4.15 所示，每个感受野都有一组神经元负责守备，比如 64 个神经元，它们彼此之间可以共享参数. 在图 4.16 中，使用相同颜色的神经元共享一样的参数，所以每个感受野都只有一组参数. 也就是说，上面感受野的第 1 个神经元和下面感受野的第 1 个神经元共享参数，上面感受野的第 2 个神经元则和下面感受野的第 2 个神经元共享参数，以此类推，只不过每个感受野都只有一组参数而已，这些参数称为**滤波器（filter）**.

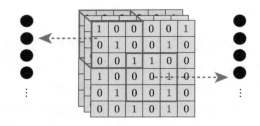

图 4.15　守备感受野的神经元

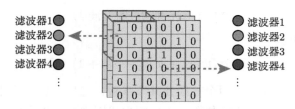

图 4.16　多个神经元共享参数

4.5 简化 1 和简化 2 的总结

如图 4.17 所示，全连接网络弹性最大. 全连接网络可以决定看整幅图像还是只看一个范围，如果只看一个范围，则可以把很多权重设成 0. **全连接层（fully-connected layer）**可以自行决定看整幅图像还是只看一个小的范围，但在加上感受野的概念以后，就只能看一个小的范围，网络的弹性将变小. 参数共享则进一步限制了网络的弹性. 本来在学习的时候，每个神经元可以各自有不同的参数. 但在加入参数共享以后，有些神经元无论如何参数都要一模一样，这又增加了对神经元的限制. 而感受野加上参数共享就是**卷积层（convolutional layer）**，用到卷积层的网络就叫卷积神经网络. 卷积神经网络的偏差比较大. 但模型偏差大不一定是坏事，因为当模型偏差大而灵活性较低时，比较不容易过拟合. 全连接层可以做各种各样的事情，它虽然有各式各样的变化，但可能没有办法在任何特定的任务上都表现良好. 卷积层是专门为图像设计的，感受野、参数共享也是为图像设计的. 卷积神经网络虽然模型偏差很大，但用在与图像相关的任务上不成问题.

图 4.17 卷积层与全连接层的关系

接下来介绍卷积神经网络. 如图 4.18 所示，卷积层里面有很多滤波器，这些滤波器的大小是 $3 \times 3 \times$ 通道数. 如果图像是彩色的，则通道数为 3. 如果图像是黑白的，则通

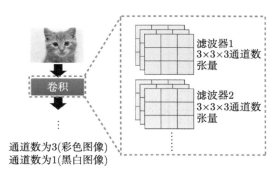

图 4.18 卷积层中的滤波器

道数为 1. 一个卷积层里面有一组滤波器，这些滤波器的作用是去图像里面检测某种模式。该模式只有在 $3 \times 3 \times$ 通道数这个小的范围内，才能够被这些滤波器检测出来。举个例子，假设通道数为 1，即图像是黑白的。滤波器就是一个一个的张量，这些张量里面的数值就是模型里面的参数。滤波器里面的数值其实是未知的，但是它们可以通过学习找出来。假设这些滤波器里面的数值已经找出来了，如图 4.19 所示。

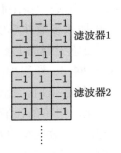

图 4.19 滤波器示例

图 4.20 中的矩阵代表一幅 6×6 的图像。先把滤波器放在图像的左上角，再把滤波器里面所有的 9 个值跟左上角所示范围内的 9 个值对应相乘再相加，结果是 3（这个过程也就是做内积）。接下来设置步幅，把滤波器往右移或往下移，重复几次，可得到模式检测的结果，图 4.20 中的步幅为 1. 使用滤波器 1 检测模式时，如果出现图像 3×3 范围内对角线都是 1 这种模式，则输出的数值会最大。输出里面左上角和左下角的值最大，所以左上角和左下角有出现对角线都是 1 的模式。这是第 1 个滤波器。

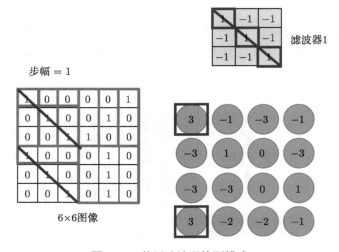

图 4.20 使用滤波器检测模式

接下来对每个滤波器执行重复的过程, 如图 4.21 所示. 假设有第 2 个滤波器, 用来检测图像 3×3 范围内中间一列都为 1 的模式. 用第 2 个滤波器从图像左上角扫起, 得到一个数值, 往右移一个步幅, 再得到一个数值, 再往右移一个步幅, 再得到一个数值. 重复同样的操作, 直到把整幅图像都扫完, 得到另外一组数值. 每个滤波器都会给我们一组数值, 红色的滤波器给我们一组数值, 蓝色的滤波器给我们另外一组数值. 如果有 64 个滤波器, 就可以得到 64 组数值. 这组数值称为**特征映射（feature map）**. 当一幅图像通过一个卷积层里面一系列滤波器的时候, 就会产生一个特征映射. 假设卷积层里面有 64 个滤波器, 产生的特征映射就有 64 个. 特征映射可以看成另外一幅新的图像, 只是这幅图像的通道数不是 3, 而是 64, 每个通道对应一个滤波器. 本来一幅图像有 3 个通道, 通过一个卷积层后, 就变成了一幅新的、有 64 个通道的图像.

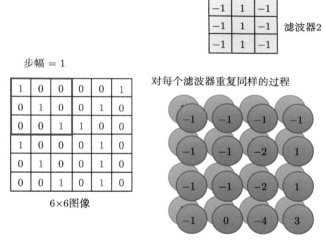

图 4.21 使用多个滤波器检测模式

卷积层可以叠很多层, 如图 4.22 所示, 第 2 个卷积层里面也有一组滤波器, 每个滤波器的大小为 3×3. 滤波器的高度必须设为 64, 因为滤波器的高度就是它所要处理的图像的通道数. 如果输入的图像是黑白的, 则通道数为 1, 滤波器的高度就是 1. 如果输入的图像是彩色的, 则通道数为 3, 滤波器的高度就是 3. 对于第 2 个卷积层, 它的输入也是一幅图像, 这幅图像的通道数为 64. 64 是前一个卷积层的滤波器数目, 前一个卷积层的滤波器数目是 64, 所以输出以后就是 64 个通道. 第 2 个卷积层如果想要把这幅图像当作输入, 滤波器的高度就必须是 64.

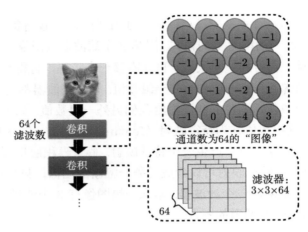

图 4.22 对图像进行卷积

Q：如果滤波器的大小一直设为 3×3，会不会导致网络没有办法看到比较大范围的模式呢？

A：不会. 如图 4.23 所示，如果第 2 个卷积层中的滤波器也被设成 3×3 的大小，那么当我们看第 1 个卷积层输出的特征映射的 3×3 范围时，就相当于在原来的图像上考虑一个 5×5 的范围. 虽然滤波器只有 3×3 的大小，但它在图像上考虑的范围是比较大的 5×5. 网络叠得越深，同样是 3×3 大小的滤波器，它看的范围就会越来越大. 所以，只要网络够深，就不用怕检测不到比较大范围的模式.

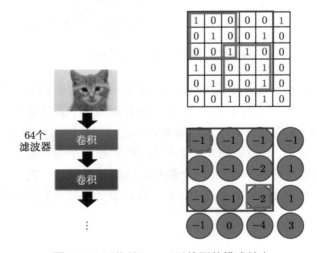

图 4.23 网络越深，可以检测的模式越大

刚才讲了两个版本的故事，这两个版本的故事一模一样. 第 1 个版本的故事里面说到了一些神经元，这些神经元会共用一些参数，这些共用的参数就是第 2 个版本的故事里面的滤波器. 如图 4.24 所示，这组参数有 $3 \times 3 \times 3 = 27$ 个，即滤波器里面有 $3 \times 3 \times 3 = 27$ 个数值，这里还特别用不同的颜色把这些数值圈了起来，这些数值就是权重. 为了简化，我们去掉了偏置. 神经元是有偏置的，滤波器也是有偏置的. 在实践中，卷积神经网络的滤波器通常也是有偏置的.

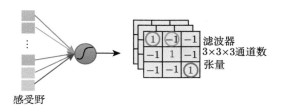

图 4.24 共享参数示例

如图 4.25 所示，在第 1 个版本的故事里面，不同的神经元可以共享权重，去守备不同的范围. 而共享权重其实就是用滤波器扫过一幅图像，这个过程就是卷积. 这就是卷积层名字的由来. 用滤波器扫过图像就相当于不同的感受野神经元可以共用参数，这组共用的参数正是滤波器.

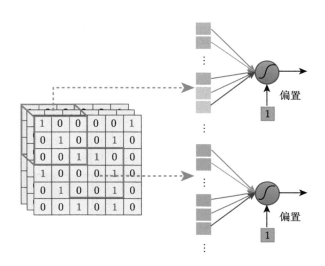

图 4.25 从不同的角度理解参数共享

4.6　观察 3：下采样不影响模式检测

对一幅比较大的图像做下采样（downsampling），把图像的偶数列和奇数行都拿掉，图像变成原来的 1/4，但这不会影响图像的识别. 如图 4.26 所示，把一幅大的鸟的图像缩小，缩小后的图像还是一只鸟.

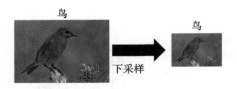

图 4.26　下采样示意

4.7　简化 3：汇聚

根据观察 3，汇聚被用到了图像识别中. 汇聚没有参数，所以它不是一个层，它里面没有权重，也没有要学习的东西. 汇聚比较像 sigmoid 函数、ReLU 等激活函数. 因为里面没有要学习的参数，所以汇聚就是一个操作符（operator），其行为都是固定好的，不需要根据数据学任何东西. 每个滤波器都产生一组数值，在要做汇聚的时候，把这些数值分组，可以 $2 \times 2 = 4$ 个一组（见图 4.27），也可以 $3 \times 3 = 9$ 个一组或 $4 \times 4 = 16$ 个一组. 汇聚有很多不同的版本，以**最大汇聚（max pooling）**为例. 最大汇聚从每一组里面选一个代表，所选的代表就是该组中最大的那个数值，如图 4.28 所示. 除了最大汇聚，还有**平均汇聚（mean pooling）**，即取每一组的平均值.

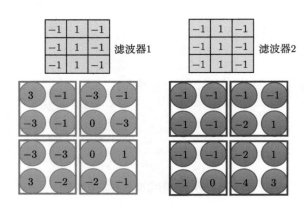

图 4.27　将数值分组（$2 \times 2 = 4$ 个为一组）

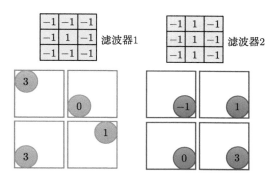

图 4.28 最大汇聚的执行结果

做完卷积以后,往往后面还会搭配汇聚(汇聚会把图像变小). 此外,我们还会得到一幅图像,这幅图像里面有很多的通道. 做完汇聚以后,这幅图像的通道不变. 如图 4.29 所示,在刚才的例子里面,本来 4×4 的图像,如果把输出的数值分组($2 \times 2 = 4$ 个为一组),则 4×4 的图像就会变成 2×2 的图像,这就是汇聚所做的事情. 在实践中,通常将卷积和汇聚交替使用,可以先做几次卷积,再做一次汇聚,比如两次卷积、一次汇聚. 不过汇聚对模型的性能(performance)可能会带来一些损害. 假设要检测的是非常微细的东西,随便做下采样,性能可能会稍微变差一点. 所以近年来,图像识别网络的设计往往也开始把汇聚丢掉,做这种全卷积的神经网络,整个网络里面都是卷积,完全不用汇聚. 汇聚最主要的作用是减少运算量,通过下采样把图像变小,就可以减少运算量. 随着近年来运算能力越来越强,如果运算资源足够支撑不做汇聚的架构,很多网络的架构设计往往就不做汇聚,而是尝试从头到尾使用全卷积,看看做不做得起来,能不能做得更好.

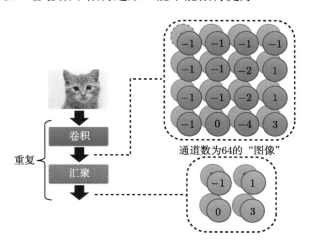

图 4.29 重复使用卷积和汇聚

一般的架构就是卷积加汇聚，汇聚可有可无，很多人可能会选择不用汇聚. 如图 4.30 所示，如果做完几次卷积和汇聚以后，先把汇聚的输出扁平化（flatten），再把这个向量输入全连接层，则最终还要通过 softmax 来得到图像识别结果. 这就是一个经典的图像识别网络，里面有卷积、汇聚和扁平化，最后通过几个全连接层或 softmax 得到图像识别结果.

> 扁平化就是把图像里面本来排成矩阵形式的数据"拉直"，即把所有的数值排成一个向量.

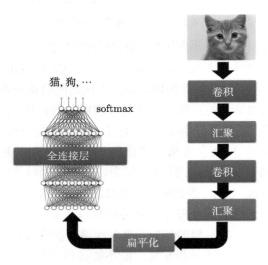

图 4.30　经典的图像识别网络

4.8　卷积神经网络的应用：下围棋

除了图像识别以外，卷积神经网络的另一个常见应用是下围棋. 下围棋其实是一个分类的问题，网络的输入是棋盘上黑子和白子的位置，输出就是下一步应该落子的位置. 棋盘上有 19×19 个位置，可以把一个棋盘表示成一个 19×19 维的向量. 在这个向量里面，如果某个位置有一个黑子，这个位置就填 1；如果有一个白子，就填 -1；如果没有棋子，就填 0. 不一定黑子填 1，白子填 -1，没有棋子就填 0，这只是一种可能的表示方式. 通过把棋盘表示成一个向量，就可以知道棋盘上的盘势. 把这个向量输到一个网络里面，下围棋就可以看成一个分类的问题（因为可以通过网络来预测下一步应该落子的最佳位置，所以下围棋就是一个有 19×19 个类别的分类问题），网络会输出 19×19 个类别中的最好类别，据此选择下一步落子的位置. 这个问题可以用一个全连接网络来解决，但用卷积神经网络效果更好（见图 4.31）.

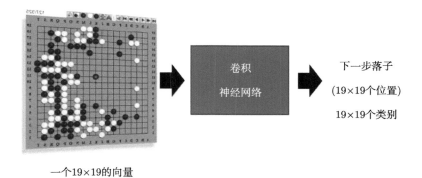

一个19×19的向量

图 4.31 使用卷积神经网络下围棋

Q: 为什么卷积神经网络可以用于下围棋？

A: 首先，一个棋盘可以看作一幅分辨率为 19×19 的图像. 图像一般很大，100×100 分辨率的图像就已经算很小的图像了，但棋盘是一幅更小的图像，它的分辨率只有 19×19. 这幅图像里面的每个像素代表棋盘上一个可以落子的位置. 图像的通道一般就是 R、G、B 三个通道. 而在战胜人类棋手的 AlphaGo 的原始论文里面，每个像素都用 48 个通道来描述，即对于棋盘上的每个位置，都有 48 个数字来描述其发生的事情[1]. 48 个数字是由围棋高手设计出来的，包括这个位置是不是要被"叫吃"了、这个位置周围有没有颜色不一样的棋子，等等. 所以，当我们用 48 个数字来描述棋盘上的一个位置时，这个棋盘就是一幅 19×19 分辨率且通道数为 48 的图像. 卷积神经网络是为图像设计的. 如果一个问题和图像没有共同的特性，就不该用卷积神经网络. 既然下围棋可以用卷积神经网络，这意味着围棋和图像有共同的特性. 图像上的第 1 个观察是，只需要看小范围就可以知道很多重要的模式. 下围棋也是一样的，如图 4.32 所示，不用看整个棋盘的盘势，我们就知道发生了什么事（白子被黑子围住了）. 接下来，黑子如果放在被围住的白子的下面，就可以把白子提走. 只有在白子的下面放另一个白子，被围住的白子才不会被提走. 其实，AlphaGo 的第 1 层的滤波器大小就是 5×5，显然，设计这个网络的人觉得棋盘上很多重要的模式，也许看 5×5 的范围就可以知道. 图像上的第 2 个观察是，同样的模式可能会出现在不同的位置，下围棋也是一样的. 如图 4.33 所示，这种"叫吃"的模式可以出现在棋盘上的任何位置，既可以出现在左上角，也可以出现在右下角. 由此可见，图像和围棋有很多共同点.

图 4.32 围棋的模式

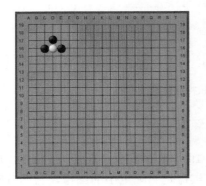 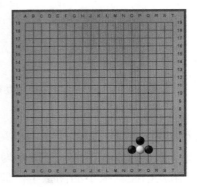

图 4.33 叫吃的模式

在进行图像处理的时候都会做汇聚，一幅图像在做下采样以后，并不会影响我们对图像中物体的判断. 但汇聚对于下围棋这种精细的任务并不实用，下围棋时，随便拿掉一行或一列棋子，整个棋局就会不一样. AlphaGo 的原始论文在正文里面没有提具体采用了何种网络架构，而是在附件中介绍了这个细节. AlphaGo 把棋盘看作一幅 $19 \times 19 \times 48$ 大小的图像. 接下来做零填充. 滤波器的大小是 5×5，共有 $k = 192$ 个滤波器. k 的值是试出来的，设计者也试了 128、256 等值，发现 192 的效果最好. 这是第 1 层，步幅为 1，且使用了 ReLU. 第 2~12 层也都有零填充. 核大小都是 3×3，一样是 k 个滤波器，也就是每一层都有 192 个滤波器，步幅为 1. 这样叠了很多层以后，考虑到这是一个分类的问题，且最后加上了一个 softmax 函数，因此没有使用汇聚，所以这是一个很好的设计类神经网络的例子. 下围棋的时候不适合用汇聚，这提醒我们要想清楚，在使用一个网络架构的时候，这个网络架构到底代表什么意思，它适不适合用在这个任务上.

卷积神经网络除了下围棋、进行图像识别以外，近年来也被用在语音和文字处理上. 比如，论文 "Convolutional Neural Networks for Speech Recognition" [2] 将卷积神经网络应用到了语音上，论文 "UNITN: Training Deep Convolutional Neural Network for Twitter Sentiment Classification" [3] 则将卷积神经网络应用到了文字处理上. 如果想把卷积神经网络用在语音和文字处理上，就要对感受野和参数共享进行重新设计，还要考虑语音和文字区别于图像的特性. 不要以为适用于图像的卷积神经网络直接套用到语音上也会奏效. 要想清楚语音有什么样的特性, 以及怎么设计合适的感受野.

其实, 卷积神经网络不能处理图像放大、缩小或旋转的问题. 假设给卷积神经网络看的狗的图像大小都相同, 那么它可以识别这是一只狗. 当把这幅图像放大后, 它可能就识别不出这是一只狗了. 卷积神经网络就是这么"笨", 对它来说, 放大前后的图像是不同的. 虽然这两幅图像的内容一模一样, 但是如果把它们"拉直"成向量, 里面的数值就是不一样的. 假设图像里面的物体都比较小, 当卷积神经网络在某种大小的图像上学会做图像识别后, 我们把物体放大, 卷积神经网络的性能就会下降不少, 卷积神经网络并没有我们想象的那么强. 因此在做图像识别的时候, 往往要做数据增强. 所谓数据增强, 就是从训练用的图像里面截一小块出来放大, 让卷积神经网络看不同大小的模式, 以及将图像旋转, 让卷积神经网络看某个物体旋转后是什么样子. 卷积神经网络不能处理图像缩放（scaling）和旋转（rotation）的问题, 但 Spatial Transformer Layer 网络架构可以解决这个问题.

参考资料

[1] SILVER D, HUANG A, MADDISON C J, et al. Mastering the game of go with deep neural networks and tree search[J]. Nature, 2016, 529(7587): 484-489.

[2] ABDEL-HAMID O, MOHAMED A R, JIANG H, et al. Convolutional neural networks for speech recognition[J]. IEEE/ACM Transactions on Audio, Speech, and Language Processing, 2014, 22(10): 1533-1545.

[3] SEVERYN A, MOSCHITTI A. UNITN: Training deep convolutional neural network for twitter sentiment classification[C]//Proceedings of the 9th International Workshop on Semantic Evaluation. 2015: 464-469.

第5章 循环神经网络

循环神经网络（**Recurrent Neural Network, RNN**）是深度学习领域里一种非常经典的网络结构，在现实生活中有着广泛的应用. 以槽填充（slot filling）为例，如图 5.1 所示，假设订票系统听到用户说："我想在 6 月 1 日抵达上海. "系统有一些槽：目的地和到达时间. 系统需要自动知道用户所说的每一个词属于哪个槽，比如"上海"属于目的地槽，"6 月 1 日"属于到达时间槽.

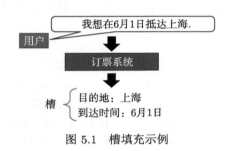

图 5.1 槽填充示例

这个问题可以使用一个前馈神经网络（feedforward neural network）来解决，如图 5.2 所示，输入是一个词"上海"，把"上海"变成一个向量，输入这个神经网络. 要把一个词输入一个神经网络，就必须先把它变成一个向量.

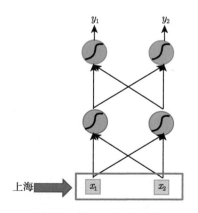

图 5.2 使用前馈神经网络解决槽填充问题

5.1 独热编码

假设词典中有 5 个词——apple、bag、cat、dog、elephant，见式 (5.1). 向量的大小等于词典的大小. 每一个维度对应词典中的一个词. 对应词的维度为 1，其他的为 0：

$$
\begin{aligned}
\text{apple} &= [1,0,0,0,0] \\
\text{bag} &= [0,1,0,0,0] \\
\text{cat} &= [0,0,1,0,0] \\
\text{dog} &= [0,0,0,1,0] \\
\text{elephant} &= [0,0,0,0,1]
\end{aligned}
\tag{5.1}
$$

如果只用独热编码来描述一个词，就会产生一些问题，因为可能有很多模型没有见过的词. 需要在独热编码里面多加维度，用一个维度代表 other，如图 5.3(a) 所示，将不在词表中的词（比如 pig 和 cow）归类到 other 里面. 我们可以用每一个词的字母来表示这个词的一个向量，以 apple 为例，apple 里面出现了 app、ple、ppl. 在 apple 的这个向量里面，对应到 app、ple、ppl 的维度就是 1，其他的都为 0，如图 5.3(b) 所示.

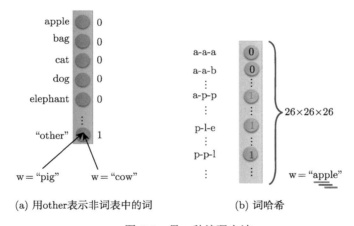

(a) 用other表示非词表中的词　　　(b) 词哈希

图 5.3　另一种编码方法

假设把词表示为一个向量，再把这个向量输入前馈神经网络. 在该任务中，输出是一个概率分布，该概率分布代表输入的词属于每一个槽的概率，比如"上海"属于目的地槽的概率和"上海"属于出发地槽的概率，如图 5.4 所示. 但是前馈神经网络会有问题，如图 5.5 所示，假设用户 1 说"在 6 月 1 日抵达上海"，用户 2 说"在 6 月 1 日离开上海"，这时候，"上海"就变成了出发地. 但是对于神经网络，输入一样的内容，输出就也应该是一样的内容. 在这里，输入"上海"，输出要么让目的地概率最高，要么让出发地概率最高. 不能一会儿让出发地概率最高，一会儿又让目的地概率最高. 在这种情况下，如果神经网络有记忆力，记得看过"抵达"（在看到"上海"之前），或者记得它已经看过"离开"（在看到"上海"之前），那么通过记忆力，神经网络就可以根据上下文产生不同的输出.

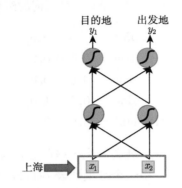

图 5.4   使用前馈神经网络预测概率分布

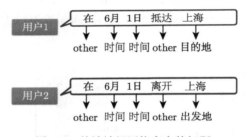

图 5.5   前馈神经网络存在的问题

5.2   什么是 RNN

RNN 是一种有记忆的神经网络. 在 RNN 里面，每一次隐藏层的神经元产生输出时，输出就会被存到记忆元（memory cell）里，图 5.6(a) 中的蓝色方块表示记忆元. 下一次有输入时，这些神经元不仅会考虑输入 x_1 和 x_2，还会考虑存到记忆元里的值. 除了 x_1 和 x_2，存在记忆元里的值 a_1 和 a_2 也会影响神经网络的输出.

> 记忆元简称单元（cell），记忆元的值也可称为隐状态（hidden state）.

举个例子，假设图 5.6(b) 中的循环神经网络的所有权重都是 1，且所有的神经元没有任何的偏置. 为了便于计算，假设所有的激活函数都是线性的，输入是序列 $[1,1]^{\mathrm{T}}, [1,1]^{\mathrm{T}}, [2,2]^{\mathrm{T}}, \cdots$，所有的权重都是 1. 把这个序列输入循环神经网络里面会发生什么事呢？在使用循环神经网络的时候，必须给记忆元设置初始值，假设初始值都为 0. 输入第一个 $[1,1]^T$，对于左边的神经元（第一个隐藏层），除了接收到输入的 $[1,1]^T$ 之外，还接收到了记忆元，输出为 2. 同理，右边神经元的输出为 2，第二层神经元的输出为 4.

接下来，循环神经网络会将绿色神经元的输出存到记忆元里，所以记忆元里的值被更新为 2. 如图 5.6(c) 所示，输入 $[1,1]^T$，于是绿色神经元的输入为 $[1,1]^T$ 和 $[2,2]^T$，输出为 $[6,6]^T$，第二层神经元的输出为 $[12,12]^T$. 由此可见，循环神经网络有记忆元，就算输入相同，输出也可能不一样.

如图 5.6(d) 所示，将 $[6,6]^T$ 存到记忆元里，接下来的输入是 $[2,2]^T$，输出为 $[16,16]^T$，第二层神经元的输出为 $[32,32]^T$. 循环神经网络会考虑序列的顺序，将输入序列调换顺序之后，输出将不同.

> 因为当前时刻的隐状态使用与上一时刻隐状态相同的定义，所以隐状态的计算是循环的（recurrent），基于循环计算的隐状态神经网络称为循环神经网络.

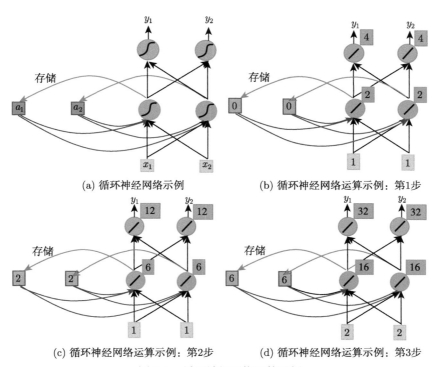

(a) 循环神经网络示例 (b) 循环神经网络运算示例：第1步

(c) 循环神经网络运算示例：第2步 (d) 循环神经网络运算示例：第3步

图 5.6 循环神经网络运算示例

5.3　RNN 架构

使用循环神经网络处理槽填充的过程如图 5.7 所示. 用户如果说: "我想在 6 月 1 日抵达上海", "抵达"就变成了一个向量被输入神经网络, 神经网络的隐藏层的输出为向量 a_1, a_1 产生"抵达"属于每一个槽填充的概率 y_1. 接下来 a_1 会被存到记忆元里, "上海"变为输入, 隐藏层会同时考虑"上海"这个输入和存在记忆元里的 a_1, 得到 a_2. 根据 a_2 得到 y_2, y_2 是"上海"属于每一个槽填充的概率.

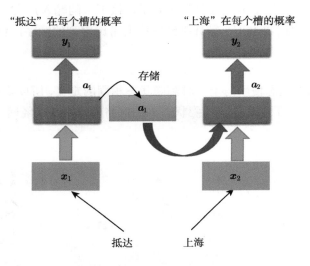

图 5.7　使用循环神经网络处理槽填充的过程

> 图 5.7 中不是三个网络, 而是同一个网络在三个不同的时间点被使用了三次, 同样的权重用同样的颜色来表示.

有了记忆元以后, 输入同一个词, 希望输出不同的问题就有可能得到解决. 如图 5.8 所示, 同样是输入"上海"这个词, 但因为左侧"上海"前接了"离开", 右侧"上海"前接了"抵达", "离开"和"抵达"的向量不一样, 隐藏层的输出不同, 所以存在记忆元里的值也会不同. 虽然 x_2 的值是一样的, 但因为存在记忆元里的值不同, 所以隐藏层的输出不同, 最后的输出也就会不一样.

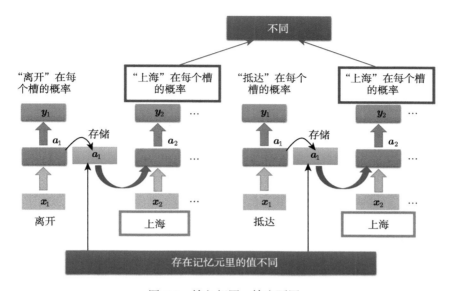

图 5.8 输入相同，输出不同

5.4 其他 RNN

循环神经网络的架构可以任意设计，之前提到的 RNN 只有一个隐藏层，但 RNN 也可以是深层的. 比如，x_t 输入网络之后，先通过一个隐藏层，再通过另一个隐藏层，以此类推，在通过很多的隐藏层之后，才得到最后的输出. 每一个隐藏层的输出都会被存在记忆元里，到了下一个时间点，每一个隐藏层会把前一个时刻存的值再读出来，以此类推，最后得到输出，这个过程会一直持续下去，如图 5.9 所示.

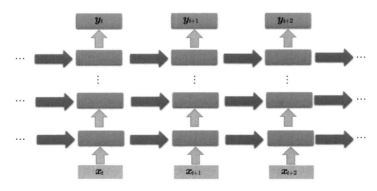

图 5.9 深层的循环神经网络

5.4.1　Elman 网络和 Jordan 网络

循环神经网络有不同的变体，比如 Elman 网络和 Jordan 网络，如图 5.10 所示. 刚才讲的是简单循环网络（Simple Recurrent Network，SRN），Elman 网络是简单循环网络的一种，它把隐藏层的值存起来，并在下一个时间点读出来. 而 Jordan 网络存的是整个网络输出的值，它会把输出值在下一个时间点读进来，并把输出存到记忆元里. Elman 网络没有目标，很难说它能学到什么隐藏层信息（学到什么都存到记忆元里）；但 Jordan 网络有目标，它很清楚记忆元里存了什么东西.

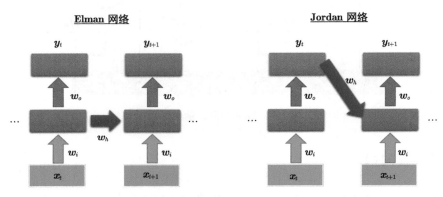

图 5.10　Elman 网络和 Jordan 网络

5.4.2　双向循环神经网络

循环神经网络还可以是双向. 为 RNN 输入一个句子，RNN 将从句首一直读到句尾. 如图 5.11 所示，假设句子里的每一个词用 x_t 表示，可以先读 x_t，再读 x_{t+1} 和 x_{t+2}. 但读取方向也可以反过来，先读 x_{t+2}，再读 x_{t+1} 和 x_t. 我们在训练一个正向的循环神经网络的同时，也可以训练一个逆向的循环神经网络，然后把这两个循环神经网络的隐藏层拿出来，接给一个输出层，得到最后的 y_t. 以此类推，产生 y_{t+1} 和 y_{t+2}. 双向循环神经网络（Bidirectional Recurrent Neural Network，Bi-RNN）的优点是，神经元在产生输出的时候，看的范围是比较广的. 如果只有正向的循环神经网络，那么在产生 y_{t+1} 的时候，神经元就只看过从 x_1 到 x_{t+1} 的输入. 但双向循环神经网络在产生 y_{t+1} 的时候，神经元不只看过从 x_1 到 x_{t+1} 的输入，也看到从句尾到 x_{t+1} 的输入，相当于看过整个输入序列. 假设考虑的是槽填充，网络就等于在看了整个句子后，才决定每一个词的槽，这比只看句子的一半可以得到更好的性能.

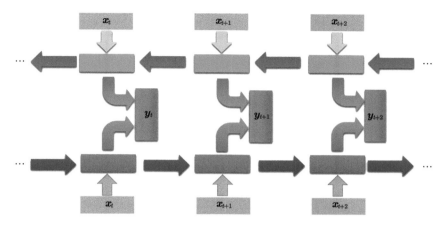

图 5.11　双向循环神经网络

5.4.3 LSTM

之前提到的记忆元最简单，可以随时把值存到记忆元里，也可以把值从记忆元里读出来．最常用的记忆元模型称为**长短期记忆（Long Short-Term Memory, LSTM）**．LSTM 的结构（如图 5.12 所示）比较复杂，有以下三个门（**gate**）．

当外界某个神经元的输出想要被写到记忆元里的时候，就必须通过一个**输入门（input gate）**，输入门打开的时候才能把值写到记忆元里．如果把输入门关起来，就没有办法把值写进去．输入门的开关时机是神经网络自己学到的，神经网络可以自己学到什么时候要把输入门打开，以及什么时候要把输入门关起来．

输出的地方有一个**输出门（output gate）**，输出门决定外界其他的神经元能否从这个记忆元里把值读出来．输出门关闭的时候，是没有办法把值读出来的，输出门打开的时候才可以把值读出来．跟输入门一样，输出门什么时候打开，什么时候关闭，也是神经网络自己学到的．

LSTM 还有**遗忘门（forget gate）**，遗忘门决定什么时候记忆元要把过去记得的东西忘掉．遗忘门什么时候把存在记忆元里的值忘掉，什么时候把存在记忆元里的值继续保留下来，也是神经网络自己学到的．整个 LSTM 有 4 个输入、一个输出．在这 4 个输入中，一个输入是想要存在记忆元里的值（但不一定能存进去），其他三个输入分别是操控输入门的信号、操控输出门的信号、操控遗忘门的信号．

> 循环神经网络的记忆元里的值，只要有新的输入进来，旧的值就会被遗忘掉，这个记忆周期是非常短的．但如果是 LSTM，则记忆周期会更长一些，只要遗忘门不决定忘记，值就会被存起来．

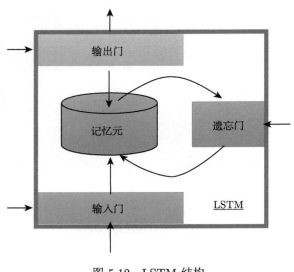

图 5.12 LSTM 结构

记忆元对应的计算公式为

$$c' = g(z)f(z_i) + cf(z_f) \tag{5.2}$$

如图 5.13 所示，假设要被存到记忆元里的输入为 z，操控输入门的信号为 z_i，操控遗忘门的信号为 z_f，操控输出门的信号为 z_o，输出记为 a. 假设在有这 4 个输入之前，记忆元里已经保存了值 c. 输出 a 会是什么样子？把 z 通过激活函数得到 $g(z)$，把 z_i 通过另一个激活函数得到 $f(z_i)$（激活函数通常会选择 sigmoid 函数，因为 sigmoid 函数的值介于 0 和 1 之间，从而代表了这个门被打开的程度）. 如果 f 的输出是 1，则表示门处于完全打开状态；如果 f 的输出是 0，则表示门处于完全关闭状态.

接下来，把 $g(z)$ 乘以 $f(z_i)$，得到 $g(z)f(z_i)$. 对于遗忘门的 z_f，也通过 sigmoid 函数得到 $f(z_f)$. 把存到记忆元里的值 c 乘以 $f(z_f)$，得到 $cf(z_f)$. 将它们加起来，得到 $c' = g(z)f(z_i) + cf(z_f)$，$c'$ 就是重新存到记忆元里的值. 所以根据目前的运算，$f(z_i)$ 控制着 $g(z)$. 如果 $f(z_i)$ 为 0，则 $g(z)f(z_i)$ 为 0，就好像没有输入一样. 如果 $f(z_i)$ 为 1，就等于把 $g(z)$ 当作输入. $f(z_f)$ 决定了是否把存在记忆元里的值洗掉，如果 $f(z_f)$ 为 1，遗忘门开启，这时 c 会直接通过，之前的值仍然记得. 如果 $f(z_f)$ 为 0，遗忘门关闭，则 $cf(z_f)$ 为 0. 把这两个值加起来，写到记忆元里，得到 c'. 遗忘门的开和关跟直觉是相反的，遗忘门打开的时候代表记得，遗忘门关闭的时候代表遗忘. 把 c' 通过 sigmoid 函数，得到 $h(c')$，将 $h(c')$ 乘以 $f(z_o)$，得到 $a = h(c')f(z_o)$. 输出门受 $f(z_o)$ 操控，$f(z_o)$ 为 1，说明 $h(c')$ 能通过；$f(z_o)$ 为 0，说明记忆元里的值没有办法通过输出门被读取出来.

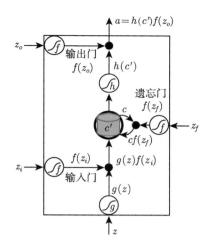

图 5.13 LSTM 示例

5.4.4 LSTM 举例

考虑如图 5.14 所示的 LSTM，网络里面只有一个 LSTM 记忆元，输入都是三维的向量，输出都是一维的向量. 三维的输入向量与输出和记忆元的关系如下：当 x_2 的值是 1 时，x_1 的值就会被加到记忆元里；当 x_2 的值是 -1 时，就重置记忆元；只有当 x_3 的值为 1 时，才会把输出门打开，也才能看到输出，看到记忆元里的值.

假设原来存到记忆元里的值是 0，当第 2 个时刻的 x_2 是 1 时，3 会被存到记忆元里. 因为第 4 个时刻的 x_2 为 1，所以 4 会被加到记忆元里. 第 6 个时刻的 x_3 为 1，7 被输出. 第 7 个时刻的 x_2 为 -1，记忆元里的值会被洗掉变为 0. 第 8 个时刻的 x_2 为 1，所以把 6 存进去，又因为第 9 个时刻 x_3 为 1，所以把 6 输出.

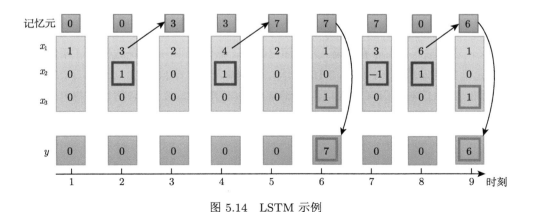

图 5.14 LSTM 示例

5.4.5 LSTM 运算示例

图 5.15 给出了 LSTM 运算的一个例子. 网络的 4 个输入标量分别是 x_1、x_2、x_3 及偏置各自与权重的积之和. 假设这些值是已知的,在实际运算之前,先根据输入,分析可能得到的结果. 观察图 5.15 底部,对于外界传入的单元,因为 x_1 乘以 1,其他的都乘以 0,所以直接把 x_1 当作输入. 在通过输入门时,将 x_2 乘以 100,将偏置乘以 -10. 如果 x_2 没有值,输入门通常是关闭的(偏置等于 -10,因为 -10 通过 sigmoid 函数之后会接近 0,代表输入门是关闭的). 若 x_2 的值大于 1,结果将是一个正值,输入门打开. 遗忘门通常是打开的,因为偏置等于 10,只有当 x_2 是一个很大的负值时,遗忘门才会关起来. 输出门通常是关闭的,因为偏置是一个很大的负值. 若 x_3 是一个很大的正值,压过了偏置,输出门就会打开.

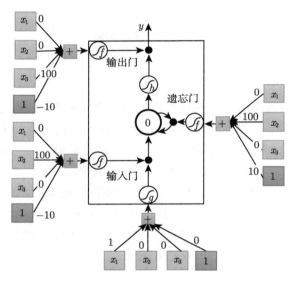

图 5.15　LSTM 运算示例

接下来,实际输入一下看看结果. 为了简化计算,假设 g 和 h 都是线性的(用斜线表示). 存到记忆元里的初始值是 0,如图 5.16 所示,网络输入第一个向量 $[3,1,0]^{\mathrm{T}}$,网络输入 $3 \times 1 = 3$,值为 3. 输入门被打开(输入门约等于 1). $g(z)f(z_i) = 3$. 遗忘门也被打开(遗忘门约等于 1). 因为 $0 \times 1 + 3 = 3$,所以存到记忆元里的值为 3. 输出门关闭,3 无法通过,输出值为 0.

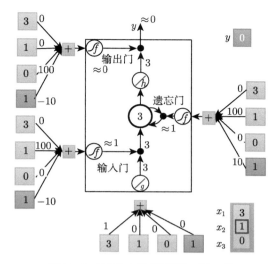

图 5.16　LSTM 运算示例：第 1 步

接下来输入 $[4,1,0]^{\mathrm{T}}$，如图 5.17 所示，传入输入的值为 4，输入门会被打开，遗忘门也会打开，所以记忆元里存的值为 7（$3+4=7$）. 输出门仍然是关闭的，所以 7 没有办法被输出，整个记忆元的输出为 0.

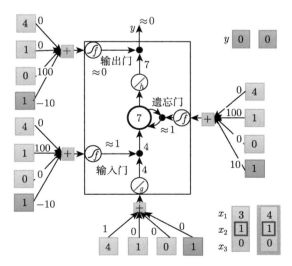

图 5.17　LSTM 运算示例：第 2 步

接下来输入 $[2,0,0]^{\mathrm{T}}$，如图 5.18 所示，传入输入的值为 2，输入门关闭，输入被输入门挡住（$0\times2=0$），遗忘门打开. 记忆元里的值还是 7（$1\times7+0=7$）. 输出门仍然关闭，所以没有办法输出，整个输出仍然为 0.

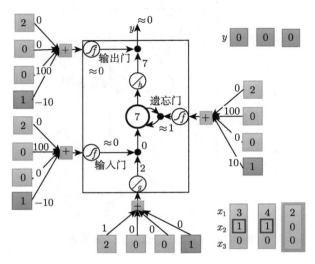

图 5.18　LSTM 运算示例：第 3 步

接下来输入 $[1, 0, 1]^{\mathrm{T}}$，如图 5.19 所示，传入输入的值为 1，输入门关闭，遗忘门打开，记忆元里存的值不变，输出门打开，整个输出为 7，记忆元里存的 7 被读取出来.

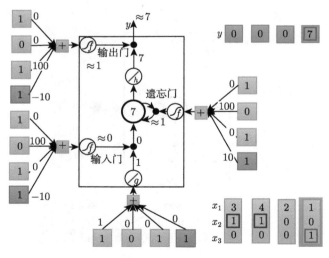

图 5.19　LSTM 运算示例：第 4 步

最后输入 $[3, -1, 0]^{\mathrm{T}}$，如图 5.20 所示，传入输入的值为 3，输入门关闭，遗忘门关闭，记忆元里的值会被洗掉变为 0，输出门关闭，所以整个输出为 0.

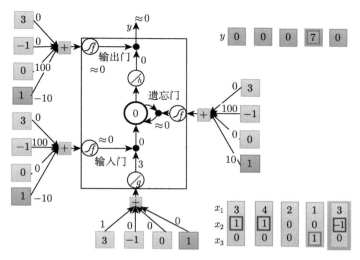

图 5.20 LSTM 运算示例：第 5 步

5.5 LSTM 网络原理

普通的神经网络有很多的神经元，我们可以把输入乘以不同的权重并当作不同神经元的输入，每一个神经元都是一个函数，输入一个值，然后输出另一个值. 但如果是 LSTM 的话，我们可以把 LSTM 想象成一个神经元，如图 5.21 所示. 要用一个 LSTM 的神经元，其实就是将原来简单的神经元换成 LSTM.

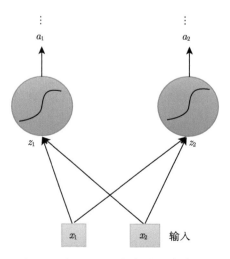

图 5.21 把 LSTM 想象成一个神经元

如图 5.22 所示，为了简化，假设隐藏层只有两个神经元，将输入 x_1 和 x_2 乘以不同的权重并当作 LSTM 不同的输入. 输入（x_1 和 x_2）被乘以不同的权重以操控输出门、输入门底部输入和遗忘门. 第二个 LSTM 也是一样的. 所以 LSTM 有 4 个输入和一个输出，对于 LSTM 来说，这 4 个输入是不一样的. 在普通的神经网络里，一个输入对应一个输出. 所以如果 LSTM 网络和普通网络拥有相同数量的神经元，则 LSTM 网络需要的参数量是普通神经网络的 4 倍.

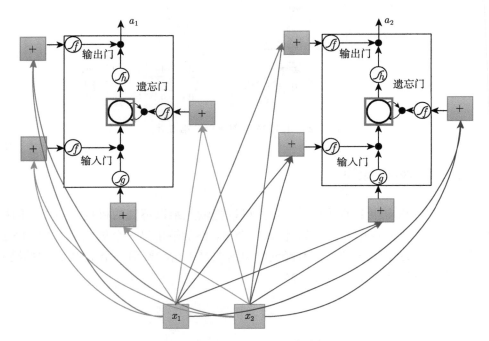

图 5.22　LSTM 需要 4 个输入

如图 5.23 所示，假设有一整排的 LSTM，这些 LSTM 各存了一个值，所有的值接起来就成了一个向量，记为 c_{t-1}（一个值就代表一个维度）. 在时间点 t，输入向量 x_t，这个向量首先会乘以一个矩阵（应用线性变换），变成向量 z，向量 z 的维度就代表了操控每一个 LSTM 的输入. 向量 z 的维数正好就是 LSTM 的数量. z 的第一维输入第一个单元. 向量 x_t 接下来执行另一个变换，得到向量 z_i，z_i 的维度也与单元的数量相同，z_i 的每一个维度都会操控输入门. 遗忘门和输出门也都一样，不再赘述. 对向量 x_t 执行 4 个不同的变换，得到 4 个不同的向量，这 4 个向量的维度与单元的数量相同. 将这 4 个向量合起来，就可以操控这些记忆元.

如图 5.24 所示，输入分别是 z_f、z_i、z、z_o（它们都是向量），输入单元的值其实是向量的一个维度，因为每一个单元输入的维度都是不一样的，所以每一个单元输入的值也都是不一样的．所有单元可以一起参与运算．z_i 通过激活函数与 z 相乘，z_f 通

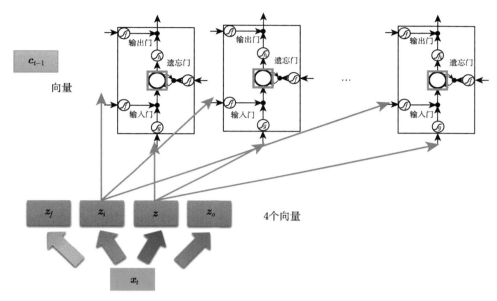

图 5.23　输入向量与记忆元的关系

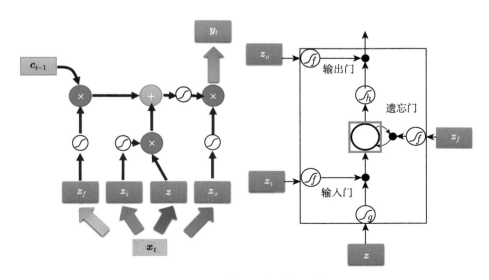

图 5.24　记忆元一起参与运算

过激活函数与之前存到单元里的值相乘，然后将 z 和 z_i 相乘的值加上 z_f 和 c_{t-1} 相乘的值，z_o 通过激活函数的结果得以输出，再与之前相加的结果相乘，最后得到输出 y_t.

　　之前那个相加以后的结果就是记忆元里存放的值 c_t，反复执行这个过程，在下一个时间点输入 x_{t+1}，把 z 跟输入门相乘，把遗忘门的值跟记忆元里的值相乘，再将前面的两个值相加，乘以输出门的值，得到下一个时间点的输出 y_{t+1}. 但这还不是 LSTM 网络的最终形态，真正的 LSTM 网络会把上一个时间点的输出接进来，当作下一个时间点的输入，即下一个时间点在操控这些门的值时，不仅看那个时间点的输入 x_{t+1}，还看前一个时间点的输出 h_t. 其实不仅如此，还会添加 peephole 连接，如图 5.25 所示. peephole连接就是把存在记忆元里的值也考虑进来. 在操控 LSTM 的 4 个门时，需要同时考虑 x_{t+1}、h_t、c_t，先将这三个向量并在一起执行不同的变换，得到 4 个不同的向量，之后再操控 LSTM.

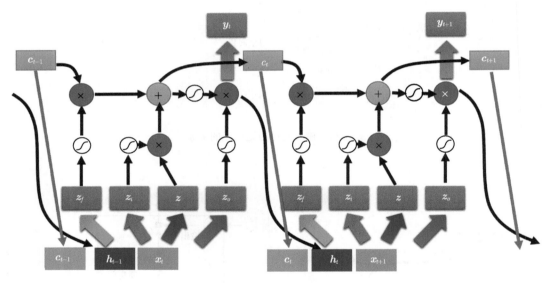

图 5.25　peephole 连接

　　LSTM 网络通常不只有一层，图 5.26 展示了多层 LSTM 网络. 一般在讲到 RNN 的时候，其实指的就是 LSTM 网络.

　　门控循环单元（Gated Recurrent Unit，GRU）是 LSTM 稍微简化后的版本，它只有两个门. 虽然少了一个门，但 GRU 的性能与 LSTM 差不多，且参数更少，比较不容易过拟合.

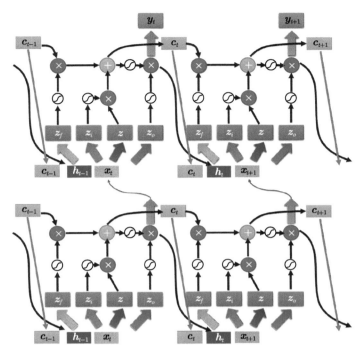

图 5.26　多层 LSTM 网络

5.6　RNN 的学习方式

RNN 为了进行学习，需要定义一个**损失函数（loss function）**来评估模型的好坏，并选一个参数让损失最小. 以槽填充为例，如图 5.27 所示，给定一些句子，要给句子一些标签，告诉机器 "arrive" 属于 other 槽，"Shanghai" 属于目的地槽，"on" 属于 other 槽，"June" 和 "1st" 属于时间槽. 当把 "arrive" 这个词输入循环神经网络的时候，循环神经网络会得到一个输出 y_1. 接下来 y_1 会通过参考向量（reference vector）计算它的交叉熵. 我们期望如果输入的是 "arrive"，则参考向量应该对应到 other 槽的维度，其他的维度值为 0. 参考向量的长度等于槽的数量. 如果有 40 个槽，则参考向量的维度为 40. 输入 "Shanghai" 之后，因为 "Shanghai" 属于目的地槽，所以在将 x_2 输入后，y_2 跟参考向量越近越好. y_2 的参考向量对应到目的地槽的维度值为 1，其他值为 0. 注意，在输入 x_2 之前，一定要输入 x_1（在输入 "Shanghai" 之前先输入 "arrive"），不然就不知道存到记忆元里的值是多少. 所以在训练的时候，不能把这些词的序列打散来看，而应当作一个整体来看. 输入 "on"，参考向量对应到 other 槽的维度值为 1，其他值为 0. RNN 的损失函数的输出和参考向量的交叉熵的和就是要最小化的对象.

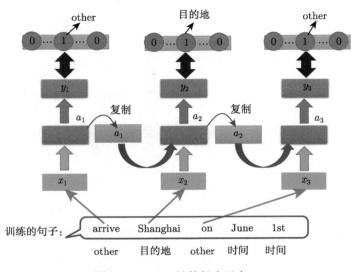

图 5.27　RNN 计算损失示意

有了损失函数以后，训练也用梯度下降来实现. 换言之，定义了损失函数 L，更新计算其对 w 的偏导数以后，再用梯度下降法更新里面的参数. 梯度下降用在前馈神经网络里的算法称为反向传播. 在循环神经网络中，为了计算方便，人们提出了反向传播的进阶版——**随时间反向传播（BackPropagation Through Time, BPTT）**. BPTT 与反向传播十分相似，只是循环神经网络运作在时间序列上，所以 BPTT 需要考虑时间上的信息，如图 5.28 所示.

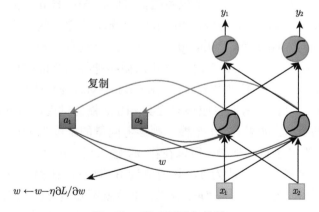

图 5.28　随时间反向传播

RNN 的训练比较困难，如图 5.29 所示. 一般而言，在训练的时候，期待学习曲线是蓝色线，纵轴是总损失（total loss），横轴是回合的数量. 我们希望随着回合越来越多，参数不断被更新，损失慢慢下降，最后趋于收敛. 但遗憾的是，在训练循环神经网络的时候，有时候会看到像绿色线那样剧烈变化的情况，我们会觉得程序有问题.

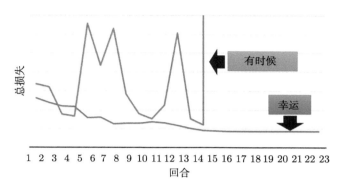

图 5.29　训练 RNN 时的学习曲线

RNN 的误差表面体现了总损失的变化情况. 误差表面有些地方非常平坦，有些地方非常陡峭，如图 5.30 所示. 这会造成什么样的问题呢？假设我们将橙色点当作初始点，用梯度下降调整、更新参数，我们可能会跳上一个悬崖（红色点），这时候损失会剧烈振荡. 有时候，我们可能会遇到更糟糕的状况，就好比一脚踩到了悬崖边（蓝色点），悬崖上的梯度很大，而之前的梯度很小，所以我们可能已经把学习率调得比较大. 突然增大的梯度乘上已经很大的学习率，参数就更新得过多了.

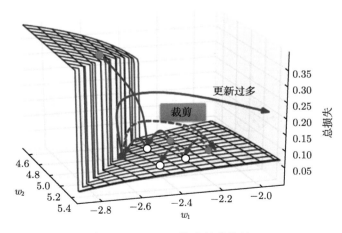

图 5.30　RNN 训练中的裁剪技巧

裁剪（clipping）可以解决该问题. 当梯度大于某个阈值的时候，不要让它超出那个阈值，比如当梯度大于 15 时，让梯度等于 15 结束. 因为梯度不会太大，所以在裁剪的时候，就算踩到了悬崖边，也还可以继续进行 RNN 的训练，如图 5.30 中的绿色点所示.

梯度消失（vanishing gradient）问题多缘于 sigmoid 函数，但 RNN 具有很平滑的误差表面并不是梯度消失，因为把 sigmoid 函数换成 ReLU 后，RNN 性能通常是比较差的. 激活函数不是关键.

还有更直观的方法可以得知一个梯度的大小：对某个参数做小小的变化，看网络输出的变化有多大，就可以测出这个参数的梯度大小，如图 5.31 所示. 举个很简单的例子，只考虑一个神经元，这个神经元是线性的. 输入没有偏置，输入的权重是 1，输出的权重也是 1，转移的权重是 w（也就是说，从记忆元接到神经元的输入的权重是 w）.

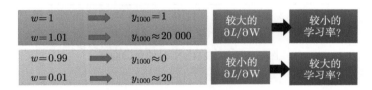

图 5.31　参数变化对网络输出的影响

如图 5.32 所示的神经网络中，输入是 $[1, 0, 0, 0]^{\mathrm{T}}$，最后一个时间点的输出（$y_{1000}$）是 w^{999}. 假设 w 是要学习的参数，我们想要知道它的梯度，不妨改变 w，看看对神经元的输出会有多大的影响. 先假设 $w = 1$，$y_{1000} = 1$；再假设 $w = 1.01$，$y_{1000} \approx 20\,000$. w 虽然只有一点点的变化，但对输出的影响是非常大的. 所以 w 有很大的梯度. 有很大的梯度也没关系，把学习率设小一点就好了. 若把 w 设为 0.99，则 $y_{1000} \approx 0$. 若把 w 设为 0.01，则 $y_{1000} \approx 0$. 也就是说，在 1 这个地方梯度很大，但在 0.99 这个地方梯度突然变

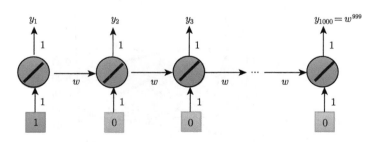

图 5.32　RNN 难以训练的原因

得非常小,这时候需要一个很大的学习率. 设置学习率很麻烦,因为误差表面很崎岖,梯度时大时小,在非常小的区域内,梯度有很多的变化. 从这个例子可以看出,RNN 训练问题其实来自在转移同样的权重时,RNN 在按时间反复使用权重. 所以 w 的变化有可能不造成任何影响,而一旦造成影响,影响就会很大,梯度会很大或很小. RNN 不好训练并非缘于激活函数,而缘于同样的权重在不同的时间点被反复使用.

5.7 如何解决 RNN 的梯度消失或梯度爆炸问题

有什么样的技巧可以解决这个问题呢?被广泛使用的技巧是使用 LSTM 网络. 使用 LSTM 网络可以让误差表面不那么平坦. 它会把那些平坦的地方拿掉,解决梯度消失的问题,但使用 LSTM 网络解决不了**梯度爆炸(gradient exploding)**的问题. 有些地方还是非常崎岖,并且有些地方仍然变化非常剧烈,但不会有特别平坦的地方. 如果 LSTM 网络的误差表面在大部分地方的变化很剧烈,可以把学习率设置得小一点,以保证在学习率很小的情况下进行训练.

> Q: 为什么 LSTM 网络可以解决梯度消失的问题,并避免梯度特别小呢?为什么把 RNN 换成 LSTM 网络?
> A: LSTM 网络可以解决梯度消失的问题. RNN 和 LSTM 网络在面对记忆元的时候,所处理的操作其实是不一样的. 在 RNN 中,在每一个时间点,神经元的输出都要存到记忆元里,记忆元里的值会被覆盖掉. 但在 LSTM 网络中不是这样,而是把原来记忆元里的值乘以另一个值,再与输入的值相加并将结果存到单元里面,即记忆和输入是相加的. LSTM 网络区别于 RNN 的是,如果权重可以影响到记忆元里的值,则一旦发生影响,影响就会永远存在,而 RNN 在每个时刻的值都会被覆盖掉,所以只要这个影响被覆盖掉,它就消失了. 在 LSTM 网络中,除非遗忘门要把记忆元里的值"清洗"掉,否则记忆元一旦有变,就只把新的值加进来,而不会把原来的值"清洗"掉,所以不会有梯度消失的问题.

遗忘门可能会把记忆元里的值"清洗"掉. 其实,LSTM 网络的第一个版本就是为了解决梯度消失的问题,因而没有遗忘门,遗忘门是后来才加进去的. 甚至有人认为,在训练 LSTM 网络的时候,要给遗忘门特别大的偏置,以确保遗忘门在大多数情况下是开启的,而只有在少数情况下是关闭的.

LSTM 有三个门,而 GRU 只有两个门,所以 GRU 需要的参数是比较少的. 因为需要的参数比较少,所以 GRU 网络在训练的时候是比较健壮的. 在训练 LSTM 网络的时候,过拟合的情况很严重,可以试一下 GRU 网络. GRU 奉行的原则是"旧的不去,新的不来".

它会把输入门和遗忘门联动起来，也就是说，当输入门打开的时候，遗忘门会自动关闭（格式化存在记忆元里的值）；而遗忘门没有格式化记忆元里的值时，输入门就会被关起来. 也就是说，要把记忆元里的值洗掉，才能把新的值放进来.

其实还有其他技术可以解决梯度消失的问题，比如顺时针循环神经网络（clockwise RNN）[1] 或结构约束的循环网络（Structurally Constrained Recurrent Network，SCRN）[2]，等等.

论文"A Simple Way to Initialize Recurrent Networks of Rectified Linear Units"[3] 采用了不同的做法. 一般的 RNN 用单位矩阵（identity matrix）来初始化转移权重和 ReLU，以得到更好的性能. 如果用一般的训练方法随机初始化权重，那么 ReLU 跟 sigmoid 函数相比，使用 sigmoid 函数性能会比较好. 但如果使用了单位矩阵，则使用 ReLU 性能会比较好.

5.8　RNN 的其他应用

槽填充的例子假设输入和输出的数量是一样的，也就是说，输入了几个词，就给几个槽标签.

5.8.1　多对一序列

如果输入是一个序列，则输出是一个向量. **情感分析（sentiment analysis）**是典型的应用，如图 5.33 所示. 某公司想要知道自己的产品在网上的评价是正面的还是负面的，可能会写一个爬虫，把跟产品有关的文章都爬取下来. 一篇一篇地看太累了，可以采用机器学习的方法，通过学习一个**分类器（classifier）**来判断文章的影响是正面的还是负面的. 以电影为例，情感分析就是给机器看很多的文章，机器需要自动判断哪些文章的影响是正面的，而哪些文章的影响是负面的. 机器可以学习一个循环神经网络，输入是一个序列. 这个循环神经网络会把这个序列读一遍，并在最后一个时间点，把隐藏层拿出来，再通过几个变换，就可以得到最后的情感分析结果.

> 情感分析是一个分类问题，但因为输入是序列，所以我们用 RNN 来处理.

可以用 RNN 来进行关键术语抽取（key term extraction）. 关键术语抽取的意思就是给机器看一篇文章，机器要能够预测出这篇文章里都有哪些关键词. 如图 5.34 所示，如果能够收集到一些训练数据（即一些带有标签的文档），就把这些训练数据当作输入，通过嵌入层，用 RNN 将它们读一遍，把出现在最后一个时间点的输出拿过来计算注意力，可以把这样的信息抽取出来，再输入前馈神经网络，从而得到最后的输出.

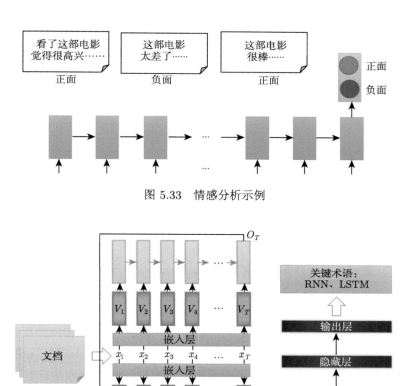

图 5.33   情感分析示例

图 5.34   关键术语抽取

5.8.2 多对多序列

RNN 也可以处理多对多的问题，比如输入和输出都是序列，但输出序列比输入序列短.
如图 5.35 所示，在语音识别任务中，输入是声音序列，一句话就是一段声音信号. 通常情况
下，处理声音信号的方式就是每隔一小段时间用向量来表示一次当前的声音信号. 这一小段
时间是很短的（比如 0.01 秒）. 输出是一个字符序列.

如果是之前提到的 RNN（槽填充的 RNN），对于这一串输入，充其量只能告诉我们每
一个向量对应哪一个字符. 对于中文的语音识别，输出目标理论上就是这个所有可能的中文
汉字，假设我们考虑的汉字共有 8000 个，那么 RNN 分类器的数量就是 8000. 每一个向量
属于一个字符. 每一个输入对应的时间间隔很小（0.01 秒），所以很多个向量会对应到同一
个字符. 识别结果为"好好好棒棒棒棒"，进一步采用修剪（trimming）的方式把重复的

汉字拿掉，于是变成"好棒"．但这样做会有一个严重的问题：无法识别出"好棒棒"这样的表达．

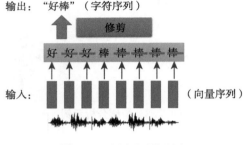

图 5.35 语音识别示例

我们需要把"好棒"和"好棒棒"区别分开，怎么办？有一招叫连接机制时序分类（Connectionist Temporal Classification，CTC），如图 5.36 所示，在输出时，不只输出所有中文字符，还输出符号"null"（图 5.36 中的 φ），null 代表没有任何东西．输入一个声音特征序列，输出是"好 null null 棒 null null null null"，把"null"拿掉，输出就变成"好棒"．输入另一个声音特征序列，输出是"好 null null 棒 null 棒 null null"，把"null"拿掉，输出就变成"好棒棒"．这样就可以解决叠字的问题了．

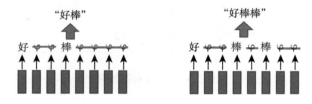

图 5.36 CTC 技巧

CTC 怎么训练呢？如图 5.37 所示，在训练 CTC 的时候，训练数据会告诉我们这些声音特征应该对应到这个字符序列，但不会告诉我们"好"对应第几个字符到第几个字符．怎么办呢？可以穷举所有可能的对齐．简单来说，我们不知道"好"对应哪几个字符，也不知道"棒"对应哪几个字符．假设所有的状况都是可能的．可能是"好 null 棒 null null null"，也可能是"好 null null 棒 null null"，还可能是"好 null null null 棒 null"．我们假设全部都是对的，一起训练．穷举所有的可能性，可能性太多了．

在做英文识别的时候，RNN 输出目标就是字符（英文的字母 + 空白）．直接输出字母，然后，如果字母之间有边界，就自动插入空白．如图 5.38 所示，第 1 帧输出 H，第 2 帧输出 null，第 3 帧输出 null，第 4 帧输出 I，等等．如果看到的输出是这样子，把"null"拿掉，识别结果就是"HIS FRIEND'S". 我们不需要告诉机器"HIS"是一个单词,"FRIEND'S"也是一个单词, 机器通过训练数据会自己学到这些. 如果用 CTC 来做语音识别, 那么即使某个单词在训练数据中从来没有出现过(比如英文中的人名或地名), 机器也仍有机会把它识别出来.

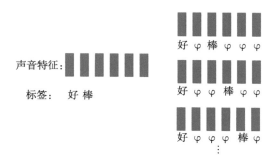

图 5.37　CTC 训练

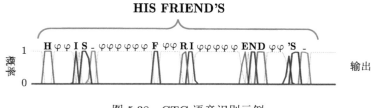

图 5.38　CTC 语音识别示例

5.8.3　序列到序列

RNN 的另一个应用是**序列到序列**(**Sequence-to-Sequence, Seq2Seq**)学习. 在序列到序列学习中, RNN 的输入和输出都是序列(但它们的长度是不一样的). 刚才在使用 CTC 技巧时, 输入比较长, 输出比较短. 下面我们要考虑的是不确定输入和输出相比, 哪个比较长, 哪个比较短. 以机器翻译(machine translation)为例, 输入英文单词序列, 输出为对应的中文字符序列. 英文单词序列和中文字符序列的长短是未知的.

假设输入"机器学习", 然后用 RNN 读一遍, 那么在最后一个时间点, 记忆元里就存储了所有输入序列的信息, 如图 5.39 所示.

接下来, 让机器输出字符"机", 机器会把之前输出的字符当作输入, 再把记忆元里的值读进来, 于是输出"器". 那么"机"这个字符是怎么连接到这个地方的呢? 这牵涉很多的技巧. 在下一个时间点输入"器", 输出"学", 然后输出"习", 就这样一直输出下去, 如图 5.40 所示.

图 5.39　记忆元存储了输入序列的所有信息

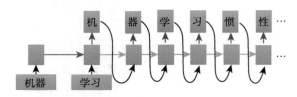

图 5.40　RNN 会一直生成字符

　　要怎么做才能阻止 RNN 生成字符呢？答案是添加截止符号，如规定遇到符号 "==="，RNN 就停止生成字符，如图 5.41 所示. 有没有可能直接输入某种语言的声音信号，输出另一种语言的文字呢？我们完全不做语音识别，而是直接把英文的声音信号输入这个模型，看它能不能输出正确的中文. 这居然行得通. 假设要把闽南话转成英文，但是闽南话的语音识别系统不好做，因为闽南话根本就没有标准的文字系统. 在训练闽南话转英文语音识别系统的时候，只需要收集闽南话的声音信号和相应的英文翻译结果就可以了，不需要闽南话的语音识别结果，也不需要知道闽南话的文字.

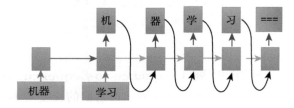

图 5.41　添加截止符号

　　序列到序列技术还被用在句法解析（syntactic parsing）中. 句法解析就是让机器看一个句子，得到句子结构树. 如图 5.42 所示，只要把树状图描述成一个序列，比如 "John has a dog."，序列到序列技术将直接学习一个序列到序列模型，输出直接就是句法解析树. LSTM 的输出序列符合文法结构，左、右括号都有.

　　要将一个文档表示成一个向量，如图 5.43 所示，可以采用**词袋（Bag-of-Words, BoW）**的方法，但往往会忽略单词顺序信息. 举个例子，有一个单词序列是 "white blood cells destroying an infection"，另一个单词序列是 "an infection destroying white blood cells"，

这两句话的意思完全相反. 但如果我们用词袋的方法来描述的话，它们的词袋完全一样. 里面有一模一样的 6 个单词，因为单词的顺序不一样，所以句子的意思也不一样，一个是正面的，另一个是反面的.

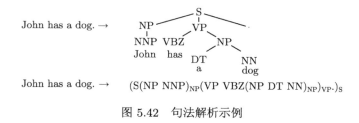

图 5.42　句法解析示例

在考虑单词顺序信息的情况下，可以用序列到序列自编码器把一个文档转成一个向量.

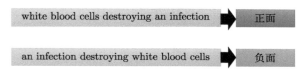

图 5.43　文档转向量示例

参考资料

[1] KOUTNIK J, GREFF K, GOMEZ F, et al. A clockwork RNN[J]. Proceedings of Machine Learning Research, 2014, 32(2): 1863-1871.

[2] MIKOLOV T, JOULIN A, CHOPRA S, et al. Learning longer memory in recurrent neural networks[EB/OL]. arXiv: 1412.7753.

[3] LE Q V, JAITLY N, HINTON G E. A simple way to initialize recurrent networks of rectified linear units[EB/OL]. arXiv: 1504.00941.

第**6**章 自注意力机制

讲完了卷积神经网络以后，下面讲另一种常见的网络架构——**自注意力模型（self-attention model）**．到目前为止，不管是在预测观看人数的问题上，还是在图像处理问题上，网络的输入都是一个向量．如图 6.1 所示，输入可以看作一个向量．如果是回归问题，则输出是一个标量；如果是分类问题，则输出是一个类别．

图 6.1　输入可以看作一个向量

6.1　输入是向量序列的情况

在进行图像识别的时候，假设输入的图像在大小上都是一样的．但如果问题变得复杂，如图 6.2 所示，输入是一组向量，并且输入的向量的数量会改变，即每次输入模型的向量序列的长度都不一样，这时候应该怎么处理呢？下面我们通过具体的例子来讲解处理方法．

图 6.2　输入是一组向量

第一个例子是文字处理，假设输入是一个句子，每一个句子的长度都不一样（每个句子里面词汇的数量都不一样）．如果把一个句子里的每一个词都描述成一个向量，用向量来表示这个句子，模型的输入就是一个向量序列，而且这个向量序列的大小每次都不一样（句子的长度不一样，向量序列的大小就不一样）．

将词汇表示成向量的最简单做法是利用独热编码，创建一个很长的向量，这个向量的长度等于世界上现存词汇的数量．假设英文有 10 万个词汇，则创建一个 10 万维的向量，每一个维度对应一个词，如式 (6.1) 所示．但是这种表示方法有一个非常严重的问题，就是需要假设所有的词彼此之间是没有关系的．cat 和 dog 都是动物，它们应该比较像；cat 是动物，apple 是植物，它们应该比较不像. 但这从独热向量中看不出来，因为里面没有任何语义信息.

$$apple = [1, 0, 0, 0, 0, \cdots]$$

$$bag = [0, 1, 0, 0, 0, \cdots]$$

$$cat = [0, 0, 1, 0, 0, \cdots] \tag{6.1}$$

$$dog = [0, 0, 0, 1, 0, \cdots]$$

$$elephant = [0, 0, 0, 0, 1, \cdots]$$

除了独热编码，也可以使用**词嵌入**（**word embedding**）将词汇表示成向量. 词嵌入使用一个向量来表示一个词，而这个向量是包含语义信息的. 如图 6.3 所示，如果把词嵌入画出来，则所有的动物可能聚成一团，所有的植物可能聚成一团，所有的动词可能聚成一团，等等. 词嵌入会将每一个词用一个向量来表示，一个句子就是一组长度不一的向量.

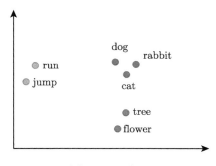

图 6.3 词嵌入

接下来举一些把一个向量序列当作输入的例子. 如图 6.4 所示，一段声音信号其实就是一组向量. 为一段声音信号取一个范围，我们将这个范围称作一个窗口（window），把窗口里面的信息描述成一个向量，这个向量称为一帧（frame）. 通常窗口的长度是 25 毫秒. 为了描述一整段的声音信号，我们会把窗口往右移一点，通常移动的步长是 10 毫秒.

> **Q**：为什么窗口的长度是 25 毫秒，而窗口移动的步长是 10 毫秒？
> **A**：已经有人尝试了大量可能的值，发现这样得到的结果往往最理想.

总之，一段声音信号就是一组向量，又因为每一个窗口都只移动 10 毫秒，所以一秒的声音信号有 100 个向量，一分钟的声音信号就有 $100 \times 60 = 6000$ 个向量. 语音其实很复杂，一小段声音信号里包含的信息量非常可观.

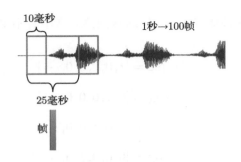

图 6.4　语音处理

声音信号是一组向量，图（graph）也是一组向量. 社交网络是一个图，在社交网络中，每一个节点就是一个人. 每一个节点可以看作一个向量. 每一个人的简介里的信息（性别、年龄、工作等）也都可以用一个向量来表示.

药物发现（drug discovery）跟图有关，如图 6.5 所示，一个分子可以看作一个图. 如果把一个分子当作模型的输入，则分子上的每一个球就是一个原子，每个原子就是一个向量. 每个原子可以用独热向量来表示，氢原子 H、碳原子 C、氧原子 O 的独热向量表示为

$$H: [1, 0, 0, 0, 0, \cdots]$$
$$C: [0, 1, 0, 0, 0, \cdots] \tag{6.2}$$
$$O: [0, 0, 1, 0, 0, \cdots]$$

如果用独热向量来表示每一个原子，那么一个分子就是一个图，它由一组向量组成.

独热向量

图 6.5　药物发现

6.1.1　类型 1：输入与输出数量相同

模型的输入是一组向量，可以是文字，也可以是语音，还可以是图. 输出则有三种可能，第一种可能是，每一个向量都有一个对应的标签. 如图 6.6 所示，当模型看到输入是 4 个向

量的时候，它就输出 4 个标签. 如果是回归问题，则每个标签是一个数值；如果是分类问题，则每个标签是一个类别. 但是在类型 1 的问题里面，输入和输出的长度是一样的. 我们不需要为模型需要输出多少标签和标量而烦恼. 输入是 4 个向量，输出就是 4 个标量. 这是第一种类型.

图 6.6 类型 1：输入与输出数量相同

什么样的应用会用到第一种类型的输出呢？举个例子，如图 6.7 所示，对于文字处理，假设我们要做的是**词性标注（Part-Of-Speech tagging，POS tagging）**. 机器会自动决定每一个词的词性，并判断它是名词、动词，还是形容词等等. 这个任务并不是很容易就能完成的. 假设现在有一个句子：I saw a saw. 这句话的意思是"我看到一个锯子". 机器需要知道第一个 saw 是动词，第二个 saw 是名词，输入的每一个词都要有一个对应的输出的词性. 这属于第一种类型的输出.

再举个例子，对于语音识别，一段声音信号里有一组向量. 每一个向量都决定了它属于哪一个音标. 这不是真正的语音识别，而是语音识别的简化版. 对于社交网络，模型要决定每一个节点都有什么样的特性，比如某个人会不会买某个商品，这样我们才知道要不要推荐该商品给他.

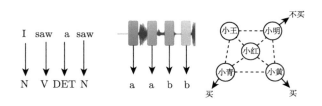

图 6.7 类型 1 应用的例子

6.1.2 类型 2：输入是一个序列，输出是一个标签

第二种可能的输出如图 6.8 所示，整个序列只需要输出一个标签.

图 6.8 类型 2：输入是一个序列，输出是一个标签

举个例子，如图 6.9 所示，输入是文字。情感分析就是给机器看一段话，模型需要决定这段话是积极的（positive）还是消极的（negative）。情感分析很有应用价值，假设某公司开发的一个产品上线了，想要知道网友的评价，但又不可能逐条分析网友的留言。利用情感分析就可以让机器自动判别当一条评论提到这个产品的时候，影响是积极的还是消极的，这样就可以知道该产品在网友心中的真实情况。给定一个句子，只需要一个标签（积极的或消极的）。再比如语音识别，机器先听一段声音，再判断是谁讲的。对于图，则可以给定一个分子，预测该分子的亲水性。

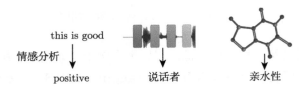

情感分析　　this is good　　　　　说话者　　　　　亲水性
　　　　　　　positive

图 6.9　类型 2 的应用例子

6.1.3　类型 3：序列到序列任务

最后一种可能是，我们不知道应该输出多少个标签，机器需要自己决定输出多少个标签。如图 6.10 所示，输入是 N 个向量，输出可能是 N' 个标签，而 N' 的值是由机器自己决定的。这种任务又称序列到序列任务。如果输入和输出是不同的语言，不同语言的词汇数量本来就不可能一样。而对于真正的语音识别，则是输入一句话，输出一段文字，因此语音识别其实也是序列到序列任务。

N　　　模型　　　N'

图 6.10　类型 3：序列到序列任务

6.2　自注意力机制的运作原理

我们先讲第一种类型：输入和输出数量一样多的状况，以序列标注（sequence labeling）为例。序列标注要给序列里的每一个向量分配一个标签。要怎么解决序列标注的问题呢？直觉是使用全连接网络。如图 6.11 所示（图中使用 FC 代表全连接网络），虽然输入是一个向量的序列，但我们可以将其逐个击破，把每一个向量分别输入全连接网络，得到输出。这种做法有非常大的弊端，以词性标注为例，给机器一个句子：I saw a saw. 对于全连接网络，这个句子中的两个 saw 一模一样，它们是同一个词。既然全连接网络的输入是同一个词，它就没有理由输出不同的内容. 但实际上, 我们期待对于第一个 saw 输出动词, 对于第二个 saw 输出名词. 全连接网络无法做到这件事. 有没有可能让全连接网络考虑更多的信息, 比如上下文信息呢? 这是有可能的, 如图 6.12 所示, 把每个向量的前后几个向量都 "串" 起来, 一起输入全连接网络就可以了.

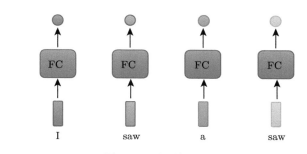

图 6.11 序列标注

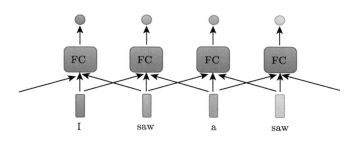

图 6.12 考虑上下文信息

在语音识别中, 不能只看一帧就判断该帧属于哪一个音标, 而应该看该帧及其前后 5 个帧 (共 11 个帧) 来决定它属于哪一个音标. 可以给全连接网络整个窗口的信息, 并让它考虑一些上下文信息, 即与该向量相邻的其他向量的信息, 如图 6.13 所示. 但这种方法是有极限的, 有的任务不是考虑一个窗口就可以完成的, 而是要考虑整个序列才能够完成, 怎么办呢? 有人简单地认为, 使窗口大一点, 大到把整个序列盖住, 就可以了. 但序列是有长有短的, 输入模型的序列的长度每次都可能不一样. 如果想让一个窗口把整个序列盖住, 可能就要统计一下训练数据, 看看训练数据里最长序列的长度. 窗口需要比最长的序列还长, 才可能把整个序列盖住. 这么大的窗口意味着全连接网络需要非常多的参数, 不仅运算量很大, 还容易过拟合. 如果想要更好地考虑整个输入序列的信息, 就要用到自注意力模型.

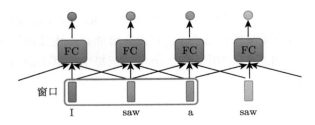

图 6.13　使用窗口来考虑上下文信息

　　自注意力模型的运作方式如图 6.14 所示，自注意力模型会考虑整个序列的数据，输入几个向量，它就输出几个向量. 以图 6.14 为例，输入是 4 个向量，输出也是 4 个向量. 而输出的 4 个向量都是在考虑整个序列后才得到的，它们不是普通的向量. 接下来把考虑了整个句子的向量输入全连接网络，得到输出. 全连接网络不是只考虑一个非常小的范围或一个小的窗口，而是考虑整个序列的信息，从而决定应该输出什么样的结果，这就是自注意力模型.

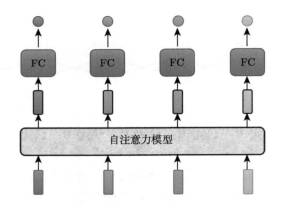

图 6.14　自注意力模型的运作方式

　　自注意力模型不是只能用一次，而是可以叠加很多次. 如图 6.15 所示，自注意力模型的输出在通过全连接网络以后，得到全连接网络的输出. 全连接网络的输出被再一次输入自注意力模型，重新考虑整个输入序列，将得到的数据输入另一个全连接网络，并得到最终的结果. 全连接网络和自注意力模型可以交替使用. 全连接网络专注于处理某个位置的信息，自注意力模型则把整个序列信息再处理一次. 有关自注意力最知名的论文是 "Attention Is All You Need"[1]. 在这篇论文里面，谷歌提出了 Transformer 网络架构. 其中最重要的模块是自注意力模块. 还有很多更早的论文提出过类似于自注意力的架构，比如 Self-Matching.

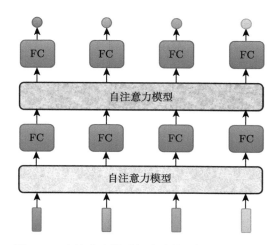

图 6.15　自注意力模型与全连接网络的叠加使用

　　自注意力模型的运作过程如图 6.16 所示，输入是一组向量，这组向量可能是整个网络的输入，也可能是某个隐藏层的输出，所以不用 x 来表示，而用 a 来表示，代表它们有可能在前面已经做过一些处理，是某个隐藏层的输出. 输入一组向量 a，自注意力模型将输出一组向量 b，其中的每个向量都是在考虑了所有的输入向量以后才生成出来的. 换言之，b^1、b^2、b^3、b^4 是在考虑了整个输入序列 a^1、a^2、a^3、a^4 之后才生成出来的.

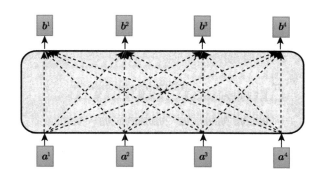

图 6.16　自注意力模型的运作过程

　　接下来介绍向量 b^1 产生的过程，向量 b^2、b^3、b^4 产生的过程以此类推. 怎么产生向量 b^1 呢？如图 6.17 所示，第一个步骤是根据 a^1 找出输入序列里面与 a^1 相关的其他向量. 自注意力的目的是考虑整个序列，但是又不希望把整个序列所有的信息包含在一个窗口里面. 所以有一个特别的机制，这个机制旨在根据向量 a^1 找出整个很长的序列里面哪些部分是重要的，而哪些部分跟判断 a^1 属于哪个标签有关. 每一个向量与 a^1 的关联程度可以用 α 来表示. 自注意力模块如何自动决定两个向量之间的关联性呢？给它两个向量 $\boldsymbol{a}^1$ 和 $\boldsymbol{a}^4$，怎么计算 α 呢？我们需要有一个计算注意力的模块.

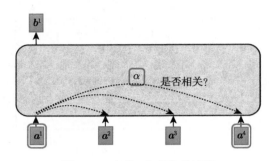

图 6.17　向量 $\boldsymbol{b}^1$ 产生的过程

　　计算注意力的模块使用两个向量作为输入，直接输出 α，α 可以当作两个向量的关联程度. 具体怎么计算 α 呢？比较常见的做法是计算点积（dot product）. 如图 6.18(a) 所示，把输入的两个向量分别乘以两个不同的矩阵，左边这个向量乘以矩阵 $\boldsymbol{W}^q$，右边这个向量乘以矩阵 $\boldsymbol{W}^k$，得到两个向量 $\boldsymbol{q}$ 和 $\boldsymbol{k}$，再对 $\boldsymbol{q}$ 和 $\boldsymbol{k}$ 计算点积，先进行逐元素（element-wise）相乘，再把结果全部加起来，就得到了标量（scalar）α，这是一种计算 α 的方式.

　　其实还有其他的计算方式，比如相加，如图 6.18(b) 所示. 先使两个向量通过 $\boldsymbol{W}^q$、$\boldsymbol{W}^k$，得到 $\boldsymbol{q}$ 和 $\boldsymbol{k}$，但不对它们计算点积，而是把 $\boldsymbol{q}$ 和 $\boldsymbol{k}$ "串" 起来并 "丢" 给一个 tanh 函数，再乘以矩阵 $\boldsymbol{W}$，得到 α. 总之，有非常多不同的方法可以计算注意力，也就是计算向量的关联程度 α. 但是在接下来的内容中，我们只用点积，这是目前最常用的方法，也是用在 Transformer 中的方法.

　　那么如何套用在自注意力模型里面呢？自注意力模型一般采用查询–键–值（Query-Key-Value，QKV）模式，分别计算 $\boldsymbol{a}^1$ 与 $\boldsymbol{a}^2$、$\boldsymbol{a}^3$、$\boldsymbol{a}^4$ 之间的相关性（即关联程度）α. 如图 6.19 所示，将 $\boldsymbol{a}^1$ 乘以 $\boldsymbol{W}^q$，得到 $\boldsymbol{q}^1$. 向量 $\boldsymbol{q}$ 称为查询（query），它类似于我们使用搜索引擎查找相关文章时使用的关键字.

　　接下来将 $\boldsymbol{a}^2$、$\boldsymbol{a}^3$、$\boldsymbol{a}^4$ 乘以 $\boldsymbol{W}^k$，得到向量 $\boldsymbol{k}$，向量 $\boldsymbol{k}$ 称为键（key）. 对查询 $\boldsymbol{q}^1$ 和键 $\boldsymbol{k}^2$ 计算内积（inner-product），得到 $\alpha_{1,2}$. $\alpha_{1,2}$ 代表当查询是 $\boldsymbol{q}^1$ 提供的，而键是 $\boldsymbol{k}^2$ 提供的时候，$\boldsymbol{q}^1$ 和 $\boldsymbol{k}^2$ 之间的关联性. 关联性 α 也称为注意力分数. 计算 $\boldsymbol{q}^1$ 与 $\boldsymbol{k}^2$ 的内积也就是计算 $\boldsymbol{a}^1$ 与 $\boldsymbol{a}^2$ 的注意力分数. 在计算出 $\boldsymbol{a}^1$ 与 $\boldsymbol{a}^2$ 的关联性之后，还需要计算 $\boldsymbol{a}^1$ 与 $\boldsymbol{a}^3$、$\boldsymbol{a}^4$ 的关联性. 将 $\boldsymbol{a}^3$ 乘以 $\boldsymbol{W}^k$，得到键 $\boldsymbol{k}^3$；将 $\boldsymbol{a}^4$ 乘以 $\boldsymbol{W}^k$，得到键 $\boldsymbol{k}^4$；再对键 $\boldsymbol{k}^3$ 和查询 $\boldsymbol{q}^1$ 计算内积，得到 $\boldsymbol{a}^1$ 与 $\boldsymbol{a}^3$ 之间的关联性，即 $\boldsymbol{a}^1$ 和 $\boldsymbol{a}^3$ 的注意力分数. 对 $\boldsymbol{k}^4$ 和 $\boldsymbol{q}^1$ 计算内积，得到 $\alpha_{1,4}$，此为 $\boldsymbol{a}^1$ 和 $\boldsymbol{a}^4$ 之间的关联性.

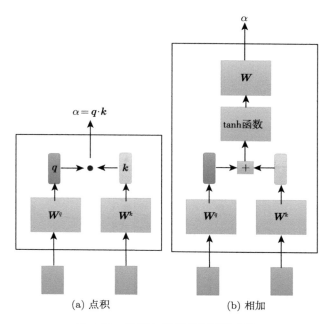

(a) 点积   (b) 相加

图 6.18 计算向量关联程度的方法

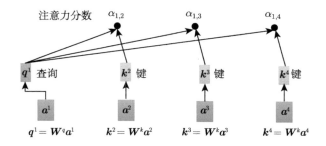

图 6.19 在自注意力机制中使用点积

如图 6.20 所示，一般在实践的时候，a^1 跟自身也有关联性. 将 a^1 乘以 W^k，得到 k^1，即可用 q^1 和 k^1 来计算 a^1 与自身的关联性. 在计算出 a^1 与每一个向量的关联性以后，对所有的关联性执行 softmax 操作，如式 (6.3) 所示. 对 α 全部取 e 的指数，再把指数的值全部加起来做归一化（normalize），得到 α'. 这里的 softmax 操作与分类任务中的 softmax 操作一模一样.

$$\alpha'_{1,i} = \frac{\exp(\alpha_{1,i})}{\sum_j \exp(\alpha_{1,j})} \tag{6.3}$$

本来有一组 α，通过 softmax 操作便得到一组 α'.

Q：为什么要用 softmax 函数？

A：不一定要用 softmax 函数，也可以用别的激活函数，比如 ReLU. 有人尝试使用 ReLU，发现结果比使用 softmax 函数还要好一点. 所以不一定要用 softmax 函数，我们可以尝试其他激活函数，看能不能得到比 softmax 函数更好的结果.

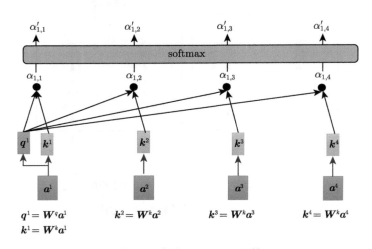

图 6.20　添加 softmax 函数

在得到 α' 以后，根据 α' 从序列里面抽取出重要的信息. 如图 6.21 所示，根据 α 可知哪些向量跟 $\boldsymbol{a}^1$ 最有关系，接下来即可根据关联性（即注意力分数）抽取重要的信息. 将向量 $\boldsymbol{a}^1 \sim \boldsymbol{a}^4$ 分别乘以 $\boldsymbol{W}^v$，得到新的向量 $\boldsymbol{v}^1$、$\boldsymbol{v}^2$、$\boldsymbol{v}^3$ 和 $\boldsymbol{v}^4$. 将其中的每一个向量分别乘以注意力分数 α'，再把结果加起来：

$$\boldsymbol{b}^1 = \sum_i \alpha'_{1,i} \boldsymbol{v}^i \tag{6.4}$$

如果 $\boldsymbol{a}^1$ 和 $\boldsymbol{a}^2$ 的关联性很强，即 $\alpha'_{1,2}$ 的值很大；那么在做加权和（weighted sum）以后，得到的 $\boldsymbol{b}^1$ 就可能会比较接近 $\boldsymbol{v}^2$，所以谁的注意力分数最大，谁的 $\boldsymbol{v}$ 就会主导（dominant）抽取结果. 同理，我们可以计算出 $\boldsymbol{b}^2 \sim \boldsymbol{b}^4$.

刚才讲了自注意力模型的运作过程，接下来从矩阵乘法的角度重新讲一次自注意力模型的运作过程，如图 6.22 所示. 现在已经知道 $\boldsymbol{a}^1 \sim \boldsymbol{a}^4$ 的每一个 $\boldsymbol{a}$ 都要分别产生 $\boldsymbol{q}$、$\boldsymbol{k}$ 和 $\boldsymbol{v}$，如 $\boldsymbol{a}^1$ 要产生 $\boldsymbol{q}^1$、$\boldsymbol{k}^1$、$\boldsymbol{v}^1$，$\boldsymbol{a}^2$ 要产生 $\boldsymbol{q}^2$、$\boldsymbol{k}^2$、$\boldsymbol{v}^2$，以此类推. 如果要用矩阵运算表示这个操作，则每一个 $\boldsymbol{a}^i$ 都需要乘以矩阵 $\boldsymbol{W}^q$ 以得到 $\boldsymbol{q}^i$，这些不同的 $\boldsymbol{a}$ 可以合起来当作一个矩阵. 什么意思呢？将 $\boldsymbol{a}^1$ 乘以 $\boldsymbol{W}^q$ 得到 $\boldsymbol{q}^1$，将 $\boldsymbol{a}^2$ 乘以 $\boldsymbol{W}^q$ 得到 $\boldsymbol{q}^2$，以此类推. 把 $\boldsymbol{a}^1 \sim \boldsymbol{a}^4$

拼起来，结果可以看作矩阵 $\boldsymbol{I}$，矩阵 $\boldsymbol{I}$ 有 4 列，其中的每一列就是自注意力模型的输入．把矩阵 $\boldsymbol{I}$ 乘以矩阵 $\boldsymbol{W}^q$，得到 $\boldsymbol{Q}$．$\boldsymbol{W}^q$ 是网络的参数，$\boldsymbol{Q}$ 中的 4 列则是 $\boldsymbol{q}^1 \sim \boldsymbol{q}^4$．

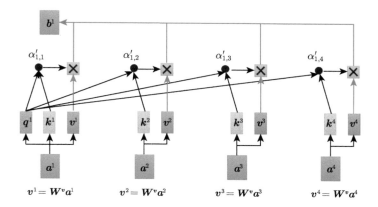

图 6.21　根据 α' 从序列中抽取出重要的信息

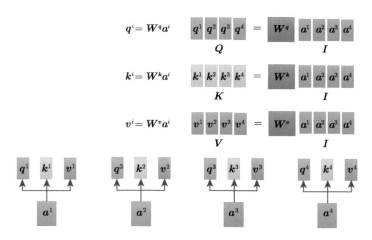

图 6.22　从矩阵乘法的角度理解自注意力模型的运作过程

产生 $\boldsymbol{k}$ 和 $\boldsymbol{v}$ 的操作跟 $\boldsymbol{q}$ 一模一样，将 $\boldsymbol{a}$ 乘以 $\boldsymbol{W}^k$ 就会得到键 $\boldsymbol{k}$．把 $\boldsymbol{I}$ 乘以矩阵 $\boldsymbol{W}^k$ 就会得到矩阵 $\boldsymbol{K}$．$\boldsymbol{K}$ 中的 4 列就是 4 个键 $\boldsymbol{k}^1 \sim \boldsymbol{k}^4$．将 $\boldsymbol{I}$ 乘以矩阵 $\boldsymbol{W}^v$ 就会得到矩阵 $\boldsymbol{V}$．矩阵 $\boldsymbol{V}$ 中的 4 列就是 4 个向量 $\boldsymbol{v}^1 \sim \boldsymbol{v}^4$．因此，把输入的向量序列分别乘以三个不同的矩阵，便可得到 $\boldsymbol{q}$、$\boldsymbol{k}$ 和 $\boldsymbol{v}$．

下一步是对每一个 $\boldsymbol{q}$ 和每一个 $\boldsymbol{k}$ 计算内积，得到注意力分数．如图 6.23 所示，先计算 $\boldsymbol{q}^1$ 的注意力分数．

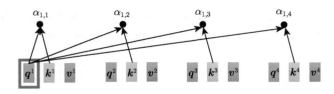

图 6.23　计算 $\boldsymbol{q}^1$ 的注意力分数

如图 6.24 所示，如果从矩阵操作的角度来看注意力分数计算这个操作，过程如下：求对 $\boldsymbol{q}^1$ 和 $\boldsymbol{k}^1$ 的内积，得到 $\alpha_{1,1}$，同理，$\alpha_{1,2}$ 是 $\boldsymbol{q}^1$ 和 $\boldsymbol{k}^2$ 的内积，$\alpha_{1,3}$ 是 $\boldsymbol{q}^1$ 和 $\boldsymbol{k}^3$ 的内积，$\alpha_{1,4}$ 是 $\boldsymbol{q}^1$ 和 $\boldsymbol{k}^4$ 的内积. 以上操作拼起来可以看作矩阵和向量相乘. 也就是说，$\boldsymbol{q}^1$ 乘 $\boldsymbol{k}^1$、$\boldsymbol{q}^1$ 乘 $\boldsymbol{k}^2$、$\boldsymbol{q}^1$ 乘 $\boldsymbol{k}^3$、$\boldsymbol{q}^1$ 乘 $\boldsymbol{k}^4$ 可以看作把 $(\boldsymbol{k}^1)^{\mathrm{T}} \sim (\boldsymbol{k}^4)^{\mathrm{T}}$ 拼起来当作一个矩阵的 4 行，再把这个矩阵乘以 $\boldsymbol{q}^1$，得到注意力分数矩阵，其中的每一行都是注意力分数，即 $\alpha_{1,1} \sim \alpha_{1,4}$.

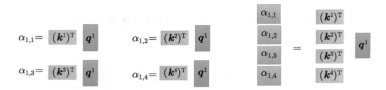

图 6.24　从矩阵操作的角度理解注意力分数的计算过程

如图 6.25 所示，不只 $\boldsymbol{q}^1$ 要对 $\boldsymbol{k}^1 \sim \boldsymbol{k}^4$ 计算注意力分数，$\boldsymbol{q}^2$ 也要对 $\boldsymbol{k}^1 \sim \boldsymbol{k}^4$ 计算注意力分数. 将 $\boldsymbol{q}^2$ 也乘以 $\boldsymbol{k}^1 \sim \boldsymbol{k}^4$，得到 $\alpha_{2,1} \sim \alpha_{2,4}$. 同理，将 $\boldsymbol{q}^3$ 乘以 $\boldsymbol{k}^1 \sim \boldsymbol{k}^4$，得到 $\alpha_{3,1} \sim \alpha_{3,4}$；将 $\boldsymbol{q}^4$ 乘以 $\boldsymbol{k}^1 \sim \boldsymbol{k}^4$，得到 $\alpha_{4,1} \sim \alpha_{4,4}$.

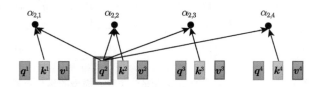

图 6.25　计算 $\boldsymbol{q}^2$ 的注意力分数

如图 6.26 所示，通过对两个矩阵进行相乘就可以得到注意力分数. 其中一个矩阵的行就是 $\boldsymbol{k}$，即 $\boldsymbol{k}^1 \sim \boldsymbol{k}^4$；另一个矩阵的列就是 $\boldsymbol{q}$，即 $\boldsymbol{q}^1 \sim \boldsymbol{q}^4$. 把 $\boldsymbol{k}$ 所形成的矩阵 $\boldsymbol{K}^{\mathrm{T}}$ 乘以 $\boldsymbol{q}$ 所形成的矩阵 $\boldsymbol{Q}$，就得到了注意力分数. 假设 $\boldsymbol{K}$ 中的列是 $\boldsymbol{k}^1 \sim \boldsymbol{k}^4$，在相乘的时候，对矩阵 $\boldsymbol{K}$ 做一下转置，得到 $\boldsymbol{K}^{\mathrm{T}}$，将 $\boldsymbol{K}^{\mathrm{T}}$ 乘以 $\boldsymbol{Q}$ 就得到矩阵 $\boldsymbol{A}$，$\boldsymbol{A}$ 里面就是 $\boldsymbol{Q}$ 和 $\boldsymbol{K}$ 之间的注意力分数. 对注意力分数做归一化（normalization），比如使用 softmax 函数，对 $\boldsymbol{A}$ 中

的每一列执行 softmax 操作，使每一列里的值相加结果为 1. softmax 函数不是唯一的选项，也可以选择其他的函数，比如 ReLU. 由于在对 α 执行 softmax 操作以后，得到的值不同于 α 的原始值，所以用 $\boldsymbol{A}'$ 来表示执行 softmax 操作后的结果.

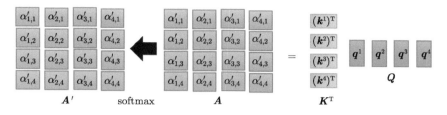

图 6.26 注意力分数的计算过程

如图 6.27 所示，计算出 $\boldsymbol{A}'$ 以后，需要把 $\boldsymbol{v}^1 \sim \boldsymbol{v}^4$ 乘以对应的 α，将结果相加以得到 $\boldsymbol{b}$. 具体操作如下：把 $\boldsymbol{v}^1 \sim \boldsymbol{v}^4$ 当成矩阵 $\boldsymbol{V}$ 的 4 个列拼起来，再把 $\boldsymbol{A}'$ 的第一列乘以 $\boldsymbol{V}$，就得到了 $\boldsymbol{b}^1$，把 $\boldsymbol{A}'$ 的第二列乘以 $\boldsymbol{V}$，就得到了 $\boldsymbol{b}^2$，以此类推. 把矩阵 $\boldsymbol{A}'$ 乘以矩阵 $\boldsymbol{V}$，得到矩阵 $\boldsymbol{O}$. 矩阵 $\boldsymbol{O}$ 里的每一列就是自注意力模型的输出 $\boldsymbol{b}^1 \sim \boldsymbol{b}^4$. 所以整个自注意力模型的运作过程如下：先产生 $\boldsymbol{q}$、$\boldsymbol{k}$ 和 $\boldsymbol{v}$，再根据 $\boldsymbol{q}$ 找出相关的位置，最后对 $\boldsymbol{v}$ 做加权和，这一系列操作就是一连串矩阵的乘法.

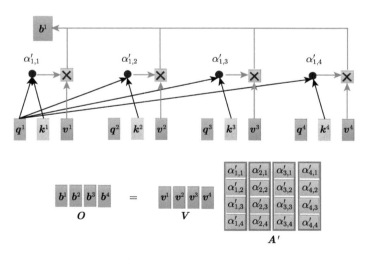

图 6.27 自注意力模型的输出 $\boldsymbol{b}_1 \sim \boldsymbol{b}_4$ 的计算过程

如图 6.28 所示，自注意力模型的输入是一组向量，将这组向量拼起来可以得到矩阵 $\boldsymbol{I}$. 将 $\boldsymbol{I}$ 分别乘以三个矩阵 $\boldsymbol{W}^q$、$\boldsymbol{W}^k$、$\boldsymbol{W}^v$，得到另外三个矩阵 $\boldsymbol{Q}$、$\boldsymbol{K}$、$\boldsymbol{V}$. 将 $\boldsymbol{Q}$ 乘以 $\boldsymbol{K}^{\mathrm{T}}$，得到矩阵 $\boldsymbol{A}$. 对 $\boldsymbol{A}$ 做一些处理，得到 $\boldsymbol{A}'$，$\boldsymbol{A}'$ 称为注意力矩阵（attention matrix）. 将 $\boldsymbol{A}'$

乘以 V，得到自注意力层的输出 O. 自注意力层的操作较为复杂，但自注意力层中需要学习的参数只有 W^q、W^k、W^v. W^q、W^k、W^v 是未知的，需要通过训练数据进行学习. 其他的操作都没有未知的参数，也就不需要通过训练数据进行学习.

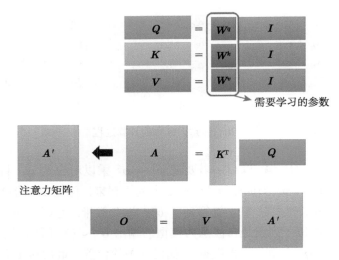

图 6.28　从矩阵乘法的角度理解注意力

6.3　多头自注意力

　　多头自注意力（multi-head self-attention）是自注意力的高级版本. 多头自注意力的应用是非常广泛的，一些任务，比如翻译、语音识别，用比较多的头可以得到比较好的结果. 至于需要用多少个头，则又是另外一个超参数. 为什么需要比较多的头呢？在使用自注意力计算相关性的时候，就是用 q 去找相关的 k. 但相关有很多种不同的形式，也许可以有多个 q，不同的 q 负责不同种类的相关性，这就是多头注意力. 如图 6.29 所示，先把 a 乘以一个矩阵，得到 q；再把 q 乘以另外两个矩阵，分别得到 q^1、q^2. $q^{i,1}$ 和 $q^{i,2}$ 代表有两个头，i 代表的是位置，1 和 2 代表这个位置的第几个 q，这里因为有两种不同的相关性，所以需要产生两种不同的头来找两种不同的相关性. 既然 q 有两个，k 也需要有两个，v 也需要有两个. 怎么从 q 得到 q^1、q^2，又怎么从 k 得到 k^1、k^2，以及怎么从 v 得到 v^1、v^2 呢？其实就是把 q、k、v 分别乘以两个矩阵，得到不同的头. 对另一个位置做同样的事情，另一个位置在输入 a 以后，也会得到两个 q、两个 k、两个 v.

　　接下来怎么实现自注意力呢？跟之前讲的操作一模一样，只是现在 1 所代表那一类的一起做，2 所代表那一类的一起做. 也就是说，q^1 在计算注意力分数的时候，就不要管 k^2 了，只管 k^1 就好. $q^{i,1}$ 在分别与 $k^{i,1}$、$k^{j,1}$ 计算注意力分数，做加权和的时候，也不要管 v^2

了,只管 $\boldsymbol{v}^{i,1}$ 和 $\boldsymbol{v}^{j,1}$ 就好,把注意力分数乘以 $\boldsymbol{v}^{i,1}$ 和 $\boldsymbol{v}^{j,1}$,再相加,得到 $\boldsymbol{b}^{i,1}$,这里只用了其中一个头.

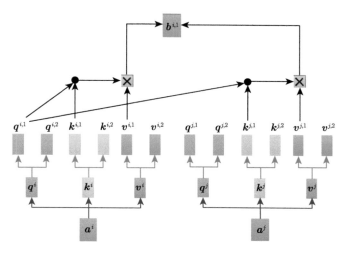

图 6.29　多头自注意力的计算过程

如图 6.30 所示,我们可以使用另一个头做相同的事情. $\boldsymbol{q}^2$ 只针对 $\boldsymbol{k}^2$ 计算注意力,在做加权和的时候,只对 $\boldsymbol{v}^2$ 做加权和,得到 $\boldsymbol{b}^{i,2}$. 如果有多个头,如 8 个头、16 个头,操作也是一样的.

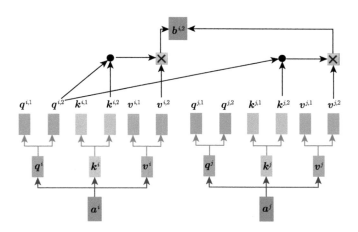

图 6.30　多头自注意力的另一个头的计算过程

如图 6.31 所示,得到 $\boldsymbol{b}^{i,1}$ 和 $\boldsymbol{b}^{i,2}$ 后,把 $\boldsymbol{b}^{i,1}$ 和 $\boldsymbol{b}^{i,2}$ 拼起来,先通过一个变换(即乘以一个矩阵,得到 $\boldsymbol{b}^i$),再送到下一层,这就是自注意力的变体——多头自注意力.

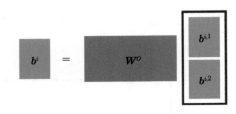

图 6.31　从矩阵乘法的角度来理解多头自注意力

6.4　位置编码

到目前为止，自注意力层少了一个也许很重要的信息，即位置信息. 对一个自注意力层而言，每一个输入是出现在序列的最前面还是最后面？这方面没有相关的信息. 有人可能会问，输入不是有位置 $1\sim4$ 吗？其实，$1\sim4$ 是作图的时候为了帮助大家理解才使用的编号. 对自注意力而言，位置 1、位置 2、位置 3 和位置 4 没有任何差别，这 4 个位置的操作一模一样. q^1 和 q^4 的距离并不是特别远，q^2 和 q^3 的距离也不是特别近，所有位置之间的距离都是一样的，没有谁在整个序列的最前面，也没有谁在整个序列的最后面. 于是出现一个问题，位置信息被忽略了，而有时候位置信息很重要. 举个例子，在做词性标注的时候，我们知道动词比较不容易出现在句首，如果某个词汇被放在句首，那么它是动词的可能性就比较小.

在实现自注意力的时候，如果觉得位置信息很重要，就要用到**位置编码（positional encoding）**. 如图 6.32 所示，位置编码为每一个位置设定一个向量，即位置向量（positional vector）. 位置向量用 e^i 来表示，上标 i 代表位置，不同的位置就有不同的向量，且都有一个专属的 e. 把 e 加到 a^i 上面就可以了，这相当于提供位置信息. 如果看到 a^i 被加上 e^i，就可以判定现在出现的位置应该是在 i 这个位置.

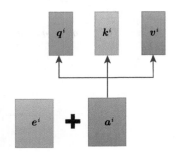

图 6.32　位置编码

最早的关于 Transformer 的论文 "Attention Is All You Need" [1] 中用的 e^i 如图 6.33 所示. 图 6.33 中的每一列就代表一个 e，第一个位置就是 e^1，第二个位置就是 e^2，第三个

位置就是 e^3，以此类推. 每一个位置的 a 都有一个专属的 e. 这个位置向量是人为设定的. 人为设定的向量有很多问题，比如在设定这个向量的时候向量长度只定到 128，但序列的长度是 129，怎么办呢？在 "Attention Is All You Need" 中，位置向量是通过正弦函数和余弦函数产生的，这避免了人为设定固定长度向量的尴尬.

Q：为什么要通过正弦函数和余弦函数产生位置向量，还有其他选择吗？
A：不一定要通过正弦函数和余弦函数来产生位置向量. 此外，也不一定人为设定位置向量. 位置编码仍然是一个尚待研究的问题，位置编码甚至可以通过数据学出来. 有关位置编码的更多信息可以参考论文 "Learning to Encode Position for Transformer with Continuous Dynamical Model"[2]，该论文不仅比较了不同的位置编码方法，还提出了新的位置编码方法.

每一列代表一个位置向量e^i

-1 ▬▬▬▬▬▬ 1

图 6.33　Transformer 中的自注意力

如图 6.34(a) 所示，最早的位置编码是用正弦函数生成的，图 6.34(a) 中的每一行代表一个位置向量. 如图 6.34(b) 所示，位置编码还可以使用循环神经网络来生成. 总之，位置

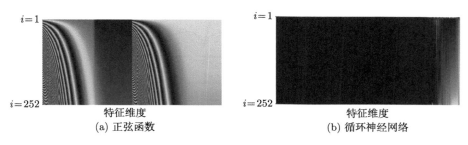

图 6.34　生成位置编码的两种方法

编码可通过各种不同的方法来生成. 目前还不知道哪一种方法最好, 这是一个尚待研究的问题. 不用纠结为什么正弦函数最好, 我们永远可以提出新的位置编码方法.

6.5 截断自注意力

自注意力的应用很广泛, 在**自然语言处理**（Natural Language Processing, NLP）领域, 除了 Transformer, BERT 也用到了自注意力, 所以大家对自注意力在自然语言处理领域的应用较为熟悉, 但自注意力并非只能用在自然语言处理问题上, 它还可以用在很多其他的问题上. 比如在做语音处理的时候, 也可以用自注意力, 并且在将自注意力用于语音处理时, 还可以对自注意力做一些小小的改动.

举个例子, 如果把一段声音信号表示成一组向量, 则这组向量可能会非常长. 因为其中的每一个向量只代表 10 毫秒的声音信号, 所以如果是 1 秒的声音信号, 就需要 100 个向量, 5 秒的声音信号就需要 500 个向量. 我们随便讲一句话, 就需要几千个向量. 一段声音信号在通过向量序列进行描述的时候, 这个向量序列将非常长. 在计算注意力矩阵的时候, 计算复杂度（complexity）是向量序列长度的平方. 假设向量序列长度为 L, 则计算注意力矩阵 A' 需要做 $L \times L$ 次内积, 如果 L 的值很大, 计算量就会很可观, 并且需要很大的内存才能把注意力矩阵存下来. 所以在做语音识别的时候, 我们讲一句话, 这句话产生的注意力矩阵可能会非常大, 大到不容易处理、不容易训练,

截断自注意力（truncated self-attention）可以处理向量序列过长的问题, 如图 6.35 所

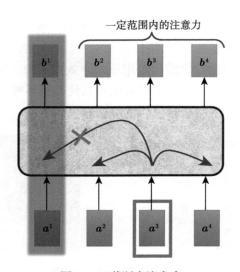

图 6.35 截断自注意力

示，截断自注意力在做自注意力的时候不会看一整句话，而是只看一个小的范围，这个范围是人为设定的. 在做语音识别的时候，如果要辨识某个位置有什么样的音标，以及这个位置有什么样的内容，那么只要看这句话及其前后一定范围内的信息，就可以做出判断. 在做自注意力的时候，也许没必要让自注意力考虑整个句子，以提高运算的速度. 这就是截断自注意力.

6.6 对比自注意力与卷积神经网络

自注意力还可以用在图像上. 到目前为止，在提到自注意力的时候，自注意力适用于输入是一组向量的情形. 一幅图像可以看作一个向量序列. 如图 6.36 所示，一幅分辨率为 5×10 的图像可以表示成一个大小为 $5 \times 10 \times 3$ 的张量，其中的 3 代表通道数，每一个位置的像素可看作一个三维的向量，整幅图像有 5×10 个向量. 换个角度看图像，图像其实也是一个向量序列，因此完全可以用自注意力来处理. 关于自注意力在图像上的应用，可以参考 "Self-Attention Generative Adversarial Networks"[3] 和 "End-to-End Object Detection with Transformers"[4] 这两篇论文.

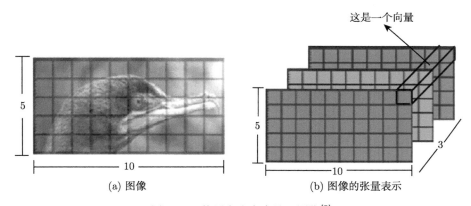

(a) 图像   (b) 图像的张量表示

图 6.36 使用自注意力处理图像[5]

自注意力跟卷积神经网络之间有什么样的差异或关联呢？如图 6.37(a) 所示，用自注意力来处理一幅图像，假设红框内的 "1" 是要考虑的像素，它会产生查询，其他像素产生键. 在做内积的时候，考虑的不是一个小的范围，而是整幅图像的信息. 如图 6.37(b) 所示，在做卷积神经网络的时候，卷积神经网络会 "画" 出一个感受野，只考虑感受野范围内的信息. 通过比较卷积神经网络和自注意力，我们发现，卷积神经网络可以看作一种简化版的自注意力，因为在做卷积神经网络的时候，只考虑感受野范围内的信息；而自注意力会考虑整幅图像的信息. 在卷积神经网络中，我们需要划定感受野. 每一个神经元只考虑感受野范围内的信息，而感受野的大小是由人决定的. 用自注意力找出相关的像素，就好像感受野是自动学出来的，网络自行决定感受野的大小. 网络决定了以哪些像素为中心，哪些像素是真正需要考虑的，而哪些像素是相关的. 关于自注意力跟卷积神经网络的关系，可以参考论文 "On the Relationship between Self-attention and Convolutional Layers"[6]，这篇论文用数学的方式严谨地告诉我们，卷积神经网络就是自注意力的特例.

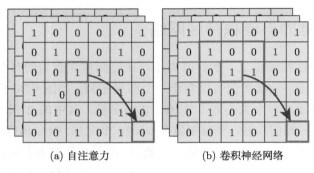

(a) 自注意力　　　　　　　(b) 卷积神经网络

图 6.37　自注意力和卷积神经网络的区别

只要设定合适的参数，自注意力就可以做到跟卷积神经网络一样的效果. 卷积神经网络的函数集（function set）与自注意力的函数集的关系如图 6.38 所示. 自注意力是更灵活的卷积神经网络，而卷积神经网络是受限制的自注意力.

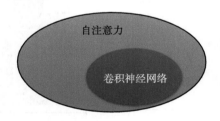

图 6.38　卷积神经网络的函数集与自注意力的函数集的关系

更灵活的模型需要更多的数据，如果数据不够，就有可能过拟合. 受限制的模型则适合在数据少的时候使用，并且可能不会过拟合. 如果限制设计得好，也许会有不错的结果. 谷歌的论文 "An Image is Worth 16×16 Words: Transformers for Image Recognition at Scale"[7] 把自注意力应用在了图像上，一幅图像被分割为 16×16 个图像块（patch），每一个图像块可以想象成一个字（word）. 因为自注意力通常用在自然语言处理上，所以我们可以想象每一个图像块就是一个字. 如图 6.39 所示，横轴是训练样本的数量，数据量比较小的设置有 1000 万幅图像，数据量比较大的设置有 3 亿幅图像. 在这个实验中，自注意力是浅蓝色线，卷积神经网络是深灰色线. 随着数据量越来越大，自注意力的结果越来越好. 最终在数据量最大的时候，自注意力可以超过卷积神经网络，但在数据量小的时候，卷积神经网络可以比自注意力得到更好的结果. 自注意力的弹性比较大，所以需要比较多的训练数据，训练数据少的时候就会过拟合. 而卷积神经网络的弹性比较小，在训练数据少的时候反而结果比较好. 当训练数据多的时候，卷积神经网络没有办法从更大量的训练数据中得到好处. 这就是自注意力和卷积神经网络的区别.

> Q：在自注意力和卷积神经网络之间应该选哪一个？
> A：事实上，它们可以一起用，比如 Conformer 就同时使用了自注意力和卷积神经网络.

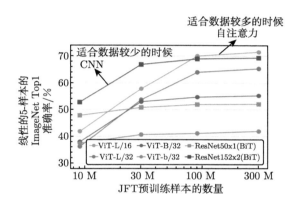

图 6.39　自注意力与卷积神经网络对比[7]

6.7　对比自注意力与循环神经网络

目前，循环神经网络的角色很大一部分可以用自注意力来取代. 但循环神经网络跟自注意力一样，也要处理输入是一个序列的情况. 如图 6.40(b) 所示，循环神经网络里有一个输入序列、一个隐向量、一个循环神经网络的块（block）. 循环神经网络的块接收记忆的向量，输出一个东西，这个东西被输入全连接网络以进行预测.

> 循环神经网络中的隐向量存储了历史信息，可以看作一种记忆（memory）.

接下来，当把第 2 个向量作为输入的时候，前一个时间点输出的结果也会输入循环神经网络，产生新的向量，再输入全连接网络. 当把第 3 个向量作为输入的时候，第 3 个向量和前一个时间点的输出一起被输入循环神经网络并产生新的输出. 当把第 4 个向量作为输入的时候，将第 4 个向量和前一个时间点产生的输出一并处理，得到新的输出并再次通过全连接网络，这就是循环神经网络.

　　循环神经网络的输入是一个向量序列. 如图 6.40(a) 所示，自注意力模型的输出也是一个向量序列，其中的每一个向量都考虑了整个输入序列，再输入全连接网络进行处理. 循环神经网络也输出一组向量，这组向量被输入全连接网络做进一步的处理.

　　自注意力和循环神经网络有一个显而易见的不同之处：自注意力的每一个向量都考虑了整个输入序列，而循环神经网络的每一个向量只考虑左边已经输入的向量，而没有考虑右边的向量. 但循环神经网络也可以是双向的，如果使用 Bi-RNN，则每一个隐状态的输出也可以看作考虑了整个输入序列.

　　对比自注意力模型的输出和循环神经网络的输出. 就算是双向循环神经网络，也还是与自注意力模型有一些差别的. 如图 6.40(b) 所示，对于循环神经网络，如果最右边黄色的向量要考虑最左边的输入，则必须把最左边的输入存到记忆里才能不被遗忘，并且直至带到最右边，才能够在最后一个时间点被考虑，但只要自注意力模型输出的查询和键匹配（match），自注意力模型就可以轻易地从整个序列上非常远的向量中抽取信息.

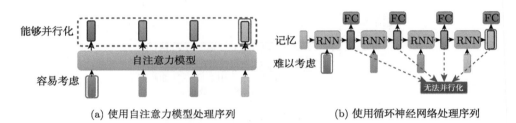

(a) 使用自注意力模型处理序列　　　　　(b) 使用循环神经网络处理序列

图 6.40　对比自注意力模型和循环神经网络

　　自注意力和循环神经网络还有另一个更主要的不同之处：循环神经网络在输入和输出均为序列的时候，是没有办法对它们进行并行化的. 比如计算第二个输出的向量，不仅需要第二个输入的向量，还需要前一个时间点的输出向量. 当输入是一组向量、输出是另一组向量的时候，循环神经网络无法并行处理所有的输出，但自注意力可以. 输入一组向量，自注意力模型输出的时候，每一个向量都是同时并行产生的，自注意力比循环神经网络的运算速度更快. 很多应用已经把循环神经网络的架构逐渐改成自注意力的架构了. 如果想要进一步了解循环神经网络和自注意力的关系，可以阅读论文 "Transformers are RNNs: Fast Autoregressive Transformers with Linear Attention" [8].

　　图也可以看作一组向量，既然是一组向量，也就可以用自注意力来处理. 但在把自注意力用在图上面时，有些地方会不一样. 图中的每一个节点（node）可以表示成一个向量. 但图中不仅有节点的信息，还有边（edge）的信息，用于表示某些节点间是有关联的. 之前在做自注意力的时候，所谓的关联性是网络自己找出来的. 现在既然有了图的信息，关联性就不需要机器自动找出来，图中的边已经暗示了节点和节点之间的关联性. 所以当把自注意力用在图上面的时候，我们可以在计算注意力矩阵的时候，只计算有边相连的节点.

举个例子，如图 6.41 所示，节点 1 只和节点 5、6、8 相连，因此只需要计算节点 1 和节点 5、节点 6、节点 8 之间的注意力分数；节点 2 只和节点 3 相连，因此只需要计算节点 2 和节点 3 之间的注意力分数，以此类推. 如果两个节点不相连，这两个节点之间就没有关系. 既然没有关系，也就不需要再计算注意力分数，直接将其设为 0 即可. 因为图往往是根据某些领域知识构建出来的，所以从领域知识可知这两个向量之间没有关联，于是也就没有必要再用机器去学习这件事情. 当把自注意力按照这种限制用在图上面的时候，其实使用的就是一种图神经网络.

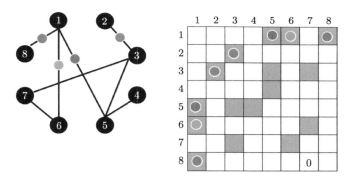

图 6.41　自注意力在图上的应用

自注意力有非常多的变体，论文 "Long Range Arena: A Benchmark for Efficient Transformers" [9] 比较了自注意力的各种不同的变体. 自注意力最大的问题是运算量非常大，如何减少自注意力的运算量是未来研究的重点方向. 自注意力最早被用在 Transformer 上，所以很多人在讲 Transformer 的时候，其实指的是自注意力. 有人认为广义的 Transformer 指的就是自注意力，所以后来自注意力的各种变体都以-former 结尾，比如 Linformer[10]、Performer[11]、Reformer[12] 等. 这些新的变体往往比原来的 Transformer 性能差一点，但速度比较快. 论文 "Efficient Transformers: A Survey" [13] 介绍了自注意力的各种变体.

参考资料

[1] VASWANI A, SHAZEER N, PARMAR N, et al. Attention is all you need[C]//Advances in Neural Information Processing Systems, 2017.

[2] LIU X, YU H F, DHILLON I S, et al. Learning to encode position for transformer with continuous dynamical model[J]. Proceedings of Machine Learning Research, 2020, 119: 6327-6335.

[3] ZHANG H, GOODFELLOW I, METAXAS D, et al. Self-attention generative adversarial networks[J]. Proceedings of Machine Learning Research, 2019, 97: 7354-7363.

[4] CARION N, MASSA F, SYNNAEVE G, et al. End-to-end object detection with transformers[C]//European Conference on Computer Vision. 2020: 213-229.

[5] SINGH B P. Imaging applications of charge coupled devices (CCDs) for cherenkov telescope[EB/OL]. ResearchGate: BARC/ApSD/1022.

[6] CORDONNIER J B, LOUKAS A, JAGGI M. On the relationship between self-attention and convolutional layers[EB/OL]. arXiv: 1911.03584.

[7] DOSOVITSKIY A, BEYER L, KOLESNIKOV A, et al. An image is worth 16×16 words: Transformers for image recognition at scale[EB/OL]. arXiv: 2010.11929.

[8] KATHAROPOULOS A, VYAS A, PAPPAS N, et al. Transformers are RNNs: Fast autoregressive transformers with linear attention[J]. Proceedings of Machine Learning Research, 2020, 119: 5156-5165.

[9] TAY Y, DEHGHANI M, ABNAR S, et al. Long range arena: A benchmark for efficient transformers[EB/OL]. arXiv: 2011.04006.

[10] WANG S, LI B Z, KHABSA M, et al. Linformer: Self-attention with linear complexity[EB/OL]. arXiv: 2006.04768.

[11] CHOROMANSKI K, LIKHOSHERSTOV V, DOHAN D, et al. Rethinking attention with performers[EB/OL]. arXiv: 2009.14794.

[12] KITAEV N, KAISER Ł, LEVSKAYA A. Reformer: The efficient transformer[EB/OL]. arXiv: 2001.04451.

[13] TAY Y, DEHGHANI M, BAHRI D, et al. Efficient transformers: A survey[J]. ACM Computing Surveys, 2022, 55(6): 1-28.

第**7**章 Transformer

Transformer 是基于自注意力的序列到序列模型，与基于循环神经网络的序列到序列模型不同，Transformer 支持并行计算. 本章将从两方面介绍 Transformer，一方面介绍 Transformer 的结构，即编码器和解码器以及编码器–解码器注意力；另一方面介绍 Transformer 的训练过程以及序列到序列模型的训练技巧.

7.1 序列到序列模型

序列到序列模型的输入和输出都是序列，输入序列与输出序列在长度上的关系分两种情况. 第一种情况是，输入序列和输出序列的长度一样；第二种情况是，机器决定输出序列的长度. 序列到序列模型有广泛的应用，我们通过这些应用可以更好地了解序列到序列模型.

7.1.1 语音识别、机器翻译与语音翻译

序列到序列模型的常见应用如图 7.1 所示.

- 语音识别：输入是一段声音信号，输出是语音识别的结果，即输入的这段声音信号所对应的文字. 我们用圆圈来代表文字，比如每个圆圈代表中文里的一个汉字. 输入和输出在长度上有一些关系，但没有绝对的关系. 输入的长度是 T，我们无法根据 T 得到输出的长度 N. 输出的长度其实可以由机器自己决定，机器听这段声音信号的内容，并决定输出的语音识别结果.
- 机器翻译：输入是一种语言的句子，输出是另一种语言的句子. 输入句子的长度是 N，输出句子的长度是 N'. 输入"机器学习"，输出是"machine learning". N 和 N' 之间的关系由机器决定.
- 语音翻译：对机器说一句话，比如"machine learning"，机器直接把听到的英文翻译成中文.

> Q: 既然把语音识别系统和机器翻译系统连接起来就能达到语音翻译的效果，为什么还要做语音翻译呢？
>
> A: 世界上的很多语言是没有文字的，无法做语音识别，因此需要对这些语言做语音翻译，直接把它们翻译成文字.

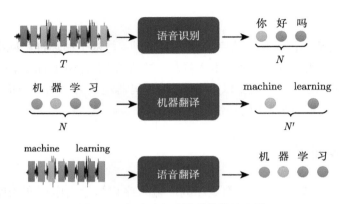

图 7.1　序列到序列模型的常见应用

以闽南话的语音识别为例，闽南话有很多方言词汇，写出来不一定能看懂. 对机器讲一句闽南话，我们希望机器直接输出同样意思的白话文. 我们可以训练一个神经网络，输入一种语言的声音信号，输出另一种语言的文字，该神经网络需要学习闽南话的声音信号和白话文之间的对应关系. YouTube 上有很多剧集使用了闽南话语音、白话文字幕，只要下载这些闽南话语音和白话文字幕，就可以找到闽南话的声音信号和白话文之间的对应关系，并训练一个模型来做闽南话的语音识别：输入闽南话，输出白话文. 这里有一些问题，比如剧集中有很多噪声、音乐，而且字幕不一定能跟声音对应起来. 可以忽略这些问题，直接训练一个模型，输入是声音信号，输出是白话文，如此训练就有可能做出一个闽南话语音识别系统.

7.1.2　语音合成

输入文字，输出声音信号，这是一种语音合成（Text-To-Speech，TTS）技术. 以闽南话的语音合成为例，所使用的模型先把白话文转成闽南话的拼音，再把闽南话的拼音转成声音信号. 将闽南话的拼音转成声音信号是通过序列到序列模型来实现的.

7.1.3　聊天机器人

除了语音，文本也广泛地使用了序列到序列模型，比如用序列到序列模型训练一个聊天机器人. 因为聊天机器人的输入和输出都是文字，而文字是一个向量序列，所以可以用序列到序列模型训练一个聊天机器人. 我们可以收集大量人的对话（如电视剧、电影的台词）. 如图 7.2 所示，假设在这些对话里出现了一个人说"Hi."，另一个人说"Hello! How are you today?"，我们就可以教机器，当看到输入是"Hi."时，输出就要跟"Hello! How are you today?"越接近越好.

图 7.2　聊天机器人的例子

7.1.4　问答任务

序列到序列模型在自然语言处理领域的应用很广泛，而很多自然语言处理任务都可以看成问答（Question Answering，QA）任务，举例如下.

- 翻译. 机器读的是一个英文句子，问题是这个英文句子的德文翻译是什么，输出的答案是德文.
- 自动做摘要. 给机器读一篇很长的文章，让它把文章的重点找出来，即给机器一段文字，问题是这段文字的摘要是什么.
- 情感分析. 机器要自动判断一个句子背后的情绪是正面的还是负面的. 如果把情感分析看成问答任务，则问题是给定的句子背后的情绪是正面还是负面的，我们希望机器给出答案.

因此，各式各样的自然语言处理问题往往可以看作问答题，而问答题可以用序列到序列模型来解. 序列到序列模型的输入是一篇文章和一个问题，输出则是问题的答案. 问题加文章合起来是一段很长的文字，答案是一段文字. 只要输入是一个序列，输出也是一个序列，序列到序列模型就可以解. 虽然各式各样的自然语言处理问题都能用序列到序列模型来解，但是对大多数自然语言处理任务或语音相关任务而言，往往为这些任务定制模型会得到更好的结果. 序列到序列模型就像瑞士刀, 瑞士刀可以解决各式各样的问题, 削苹果可以用瑞士刀, 切菜也可以用瑞士刀, 尽管瑞士刀不一定是最好用的. 因此, 针对各种不同任务定制的模型往往比只用序列到序列模型的效果好. 谷歌 Pixel 4 手机用于语音识别的模型就不是序列到序列模型, 而是 RNN-Transducer 模型, 该模型是专为语音的某些特性而设计的, 表现更好.

7.1.5　句法分析

很多问题都可以用序列到序列模型来解, 以句法分析 (syntactic parsing) 为例, 如图 7.3 所示, 输入一段文字, 比如 "deep learning is very powerful", 机器将产生句法的分析树, 即句法树 (syntactic tree). 句法树告诉我们, deep 和 learning 合起来是一个名词短语 (NP), very 加 powerful 合起来是一个形容词短语 (ADJV), 形容词短语和 is 合起来是一个动词短语 (VP), 动词短语加名词短语合起来是一个句子 (S).

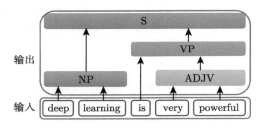

图 7.3　句法分析示例

在句法分析任务中, 输入是一段文字, 输出是一个树状的结构, 而一个树状的结构可以看成一个序列, 如图 7.4 所示. 在把树状的结构转成一个序列以后, 我们就可以用序列到序

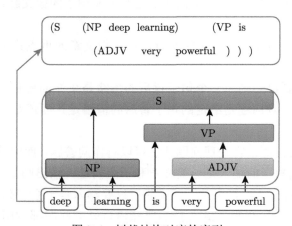

图 7.4　树状结构对应的序列

列模型来做句法分析, 具体可参考论文 "Grammar as a Foreign Language" [1]. 这篇论文的发表时间是 2015 年年底, 彼时序列到序列模型还不流行, 主要被用在翻译上. 正因为如此, 这篇论文把句法分析看成一个翻译问题, 而把语法当作另一种语言直接套用.

7.1.6　多标签分类

多标签分类 (multi-label classification) 问题也可以用序列到序列模型来解. 多分类与多标签分类是不一样的. 如图 7.5 所示, 在做文章分类的时候, 同一篇文章可能属于多个类, 比如文章 1 属于类 1 和类 3, 文章 3 属于类 3、类 9 和类 17.

> 多分类 (multi-class classification) 是指分类的类数大于 2, 而多标签分类是指同一个东西可以属于多个类.

图 7.5　多标签分类的例子

多标签分类问题不能直接当作多分类问题来解. 比如把这些文章输入一个分类器, 分类器只会输出分数最高的答案, 也可以设定一个阈值 (threshold), 输出分数排在前几名的答案. 对于多标签分类, 这种方法是不可行的, 因为每篇文章对应的类别的数量根本不一样, 因此需要使用序列到序列模型, 如图 7.6 所示, 输入一篇文章, 输出就是类别, 机器决定输出类别的数量. 这种看起来跟序列到序列模型无关的问题也可以用序列到序列模型来解, 比如目标检测问题就可以用序列到序列模型来解, 详见论文 "End-to-End Object Detection with Transformers" [2].

图 7.6　使用序列到序列模型来解多标签分类问题

7.2　Transformer 结构

一般的序列到序列模型可以分解成编码器和解码器, 如图 7.7 所示. 编码器负责处理输入序列, 再把处理好的结果输入解码器, 由解码器决定输出序列.

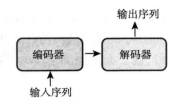

图 7.7　序列到序列模型的结构

序列到序列模型的起源其实非常早，早在 2014 年 9 月，就有一篇有关将序列到序列模型用在翻译上的论文，名为 "Sequence to Sequence Learning with Neural Networks" [3]. 序列到序列模型的典型代表就是 Transformer，如图 7.8 所示.

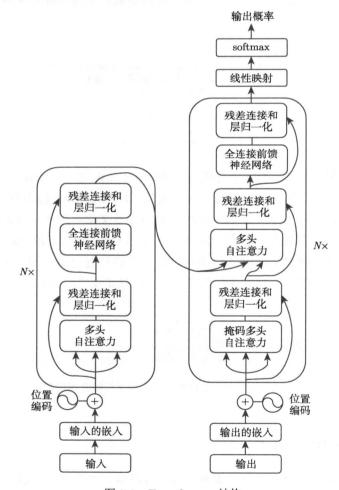

图 7.8　Transformer 结构

7.3 Transformer 编码器

如图 7.9 所示，为编码器输入一排向量，编码器将输出另一排向量. 自注意力、循环神经网络、卷积神经网络都能输入一排向量，输出另一排向量. Transformer 编码器使用的是自注意力，输入一组向量，输出另一组数量相同的向量.

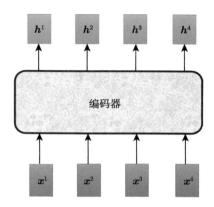

图 7.9 Transformer 编码器的功能

如图 7.10 所示，编码器内部有很多的块（block），每一个块都能输入一组向量，输出另一组向量. 输入一组向量到第一个块，第一个块输出另一组向量，以此类推，最后一个块输出最终的向量序列.

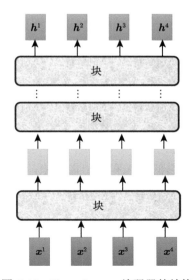

图 7.10 Transformer 编码器的结构

Transformer 编码器的每个块并不是神经网络的一层. 块的结构如图 7.11 所示. 在每个块里面，输入一组向量后做自注意力，考虑整个序列的信息，输出另一组向量. 接下来这组向量会被输入全连接网络，输出另一组向量，这一组向量就是块的输出.

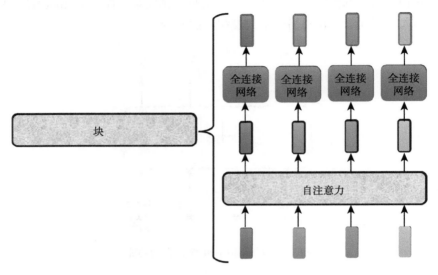

图 7.11　Transformer 编码器中块的结构

Transformer 加入了**残差连接（residual connection）**的设计，如图 7.12 所示，将最左边的向量 b 输入自注意力层，得到向量 a，再将输出向量 a 加上输入向量 b，得到新的输出. 得到残差结果以后，再做层归一化（layer normalization）. 层归一化不需要考虑批量的信息，而批量归一化需要考虑批量的信息. 层归一化能输入一个向量，输出另一个向量. 层归一化会计算输入向量的均值和标准差.

批量归一化是对不同样本、不同特征的同一个维度计算均值和标准差，而层归一化是对同一个特征、同一个样本里面不同的维度计算均值和标准差，接着做归一化. 将输入向量 x 里面的每一个维度减掉均值 m，再除以标准差 σ，得到的 x' 就是层归一化的输出，如式 (7.1) 所示. 得到层归一化的输出以后，将其作为全连接网络的输入. 输入全连接网络的还有一个残差连接，把全连接网络的输入和输出加起来，得到新的输出. 对残差的结果再做一次层归一化，得到的输出才是 Transformer 编码器里面一个块的输出.

$$x'_i = \frac{x_i - m}{\sigma} \tag{7.1}$$

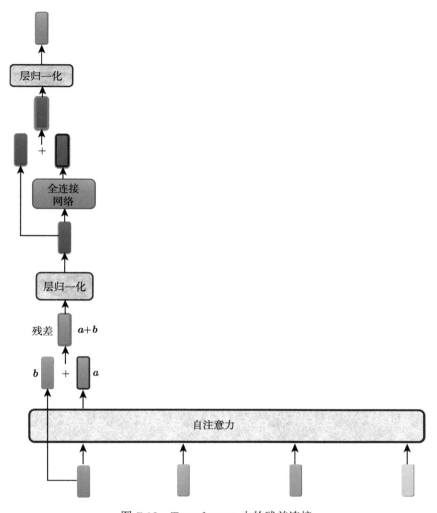

图 7.12　Transformer 中的残差连接

　　图 7.13 给出了 Transformer 编码器的详细结构，其中的"$N\times$"表示共执行 N 次. 首先，在输入的地方需要加上位置编码. 因为只用自注意力，没有位置信息，所以需要加上位置编码. 多头自注意力就是自注意力的块. 经过自注意力后，还要加上残差连接和层归一化. 接下来经过全连接前馈神经网络，并做一次残差连接和层归一化，才能得到一个块的输出，这个块会重复 N 次. Transformer 编码器其实不一定非得这样设计，论文"On Layer Normalization in the Transformer Architecture"[4] 提出了另一种设计，结果比原来的设计要好. 原始的 Transformer 结构并不是最优设计，我们可以思考一下，看看有没有更好的设计.

Q: 为什么 Transformer 使用层归一化，而不使用批量归一化？

A: 论文 "PowerNorm: Rethinking Batch Normalization in Transformers"[5] 解释了在 Transformers 里面使用批量归一化不如使用层归一化的原因，并提出了能量归一化（power normalization）. 能量归一化跟层归一化性能差不多，甚至还要好一点.

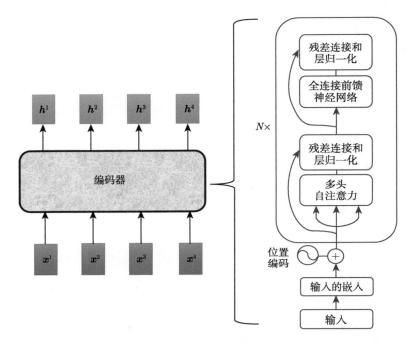

图 7.13　Transformer 编码器的详细结构

7.4　Transformer 解码器

比较常见的 Transformer 解码器是自回归（autoregressive）解码器.

7.4.1　自回归解码器

以语音识别为例，输入一段声音，输出一串文字. 如图 7.14 所示，把一段声音（"机器学习"）输入编码器，输出是一排向量，接下来解码器产生语音识别的结果. 解码器把编码器的输出先"读"进去，要让解码器产生输出，就得给它一个代表开始的特殊符号 <BOS>，这是一个特殊的词元（token）. 在机器学习里面（假设要处理的是中文），每一个词元都可以用一个独热向量来表示. 独热向量的其中一维是 1, 其他维都是 0. <BOS> 作为词元也用独热向量来表示. 接下来解码器会输出一个向量, 该向量的长度跟词表的大小是一样的. 在产生这个向量之前, 与做分类一样, 也是先执行 softmax 操作. 这个向量里面的分数遵从一个分布, 全部加起来是 1. 这个向量会给每个汉字一个分数, 分数最高的汉字就是最终的输出. "机"的分数最高, 所以"机"是解码器的第一个输出.

> Q: 解码器输出的单位是什么?
> A: 假设做的是中文语音识别, 则解码器输出的是中文. 词表的大小可能就是中文里常用汉字的数量 (普通人可能认得四五千个汉字), 而解码器能够输出最常用的两三千个汉字就已经很好了, 将它们列在词表中即可. 不同的语言输出的单位也不一样, 这取决于对语言的理解. 比如英语, 字母作为单位可能太小了, 有人可能会选择输出英文单词, 英文单词是用空白进行间隔的. 但如果将英文单词当作输出又太多了, 有些方法可以把英语中的词根、词缀切出来, 将词根、词缀当作单位. 中文将汉字当作单位, 向量的长度等于机器可以输出的汉字的数量. 每个汉字都对应向量中的一个数值.

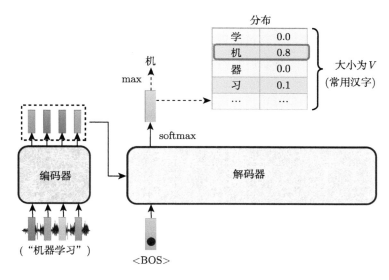

图 7.14 解码器的运作过程

如图 7.15 所示, 接下来把"机"作为解码器新的输入. 现在有了两个输入——特殊符号 <BOS> 和"机", 解码器输出一个蓝色的向量. 在这个蓝色的向量里, 每个汉字都有一个分数, 假设"器"的分数最高, "器"就是输出. 解码器接下来将"器"作为输入, 因为看到了 <BOS>、"机"和"器", 于是可能输出"学". 解码器看到 <BOS>、"机""器""学",

继续输出一个向量. 这个向量里面"习"的分数最高, 所以输出"习". 这个过程将反复地持续下去.

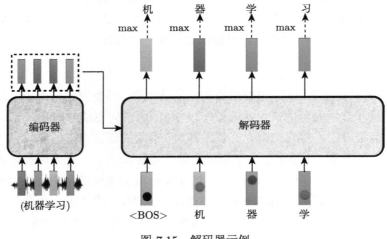

图 7.15　解码器示例

解码器的输入是它在前一个时间点的输出, 它会把自己的输出作为接下来的输入, 因此当解码器产生一个句子的时候, 它有可能看到错误的内容. 如图 7.16 所示, 如果解码器有语音识别错误, 比如把机器的"器"识别成天气的"气", 那么接下来解码器就会根据错误

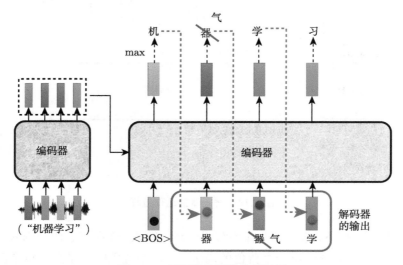

图 7.16　解码器的误差传播问题

的识别结果产生输出，造成误差传播（error propagation）问题，一步错步步错，从而可能无法再产生正确的结果.

Transformer 解码器的详细结构如图 7.17 所示. 类似于编码器，解码器也有多头注意力、残差连接和层归一化，以及全连接前馈神经网络. 解码器在最后会执行 softmax 操作，以使其输出变成概率. 此外，解码器还使用了掩码多头自注意力，掩码多头自注意力可以通过一个**掩码（mask）**来阻止每个位置选择其后面的输入信息.

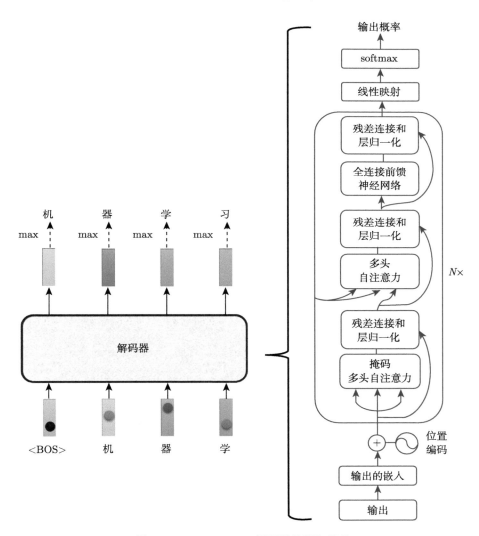

图 7.17 Transformer 解码器的详细结构

如图 7.18 所示, 一般的自注意力能输入一排向量, 输出另一排向量, 这一排向量中的每个向量都要看过完整的输入后才能决定. 例如, 必须根据 $a^1 \sim a^4$ 的所有信息来输出 b^1. 掩码多头自注意力则不再看右边的部分, 如图 7.19 所示, 在产生 b^1 的时候, 只考虑 a^1 的信息, 不再考虑 a^2、a^3、a^4 的信息. 在产生 b^2 的时候, 只考虑 a^1、a^2 的信息, 不再考虑 a^3、a^4 的信息. 在产生 b^3 的时候, 只考虑 a^1、a^2、a^3 的信息, 不再考虑 a^4 的信息. 只有在产生 b^4 的时候, 才考虑整个输入序列的信息.

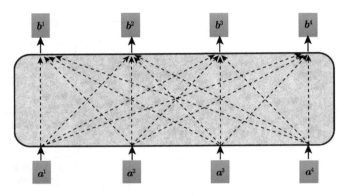

图 7.18　一般的自注意力

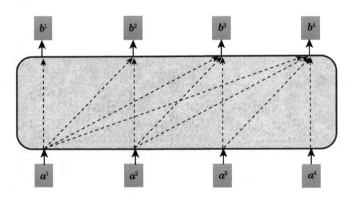

图 7.19　掩码多头自注意力

一般的自注意力产生 b^2 的过程如图 7.20 所示. 掩码多头自注意力产生 b^2 的过程如图 7.21 所示, 我们只拿 q^2 和 k^1、k^2 计算注意力, 最后只计算 v^1 和 v^2 的加权和. 不管 a^2 右边的部分, 只考虑 a^1、a^2、q^1、q^2、k^1、k^2. 在输出 b^2 的时候, 只考虑 a^1 和 a^2, 不考虑 a^3 和 a^4.

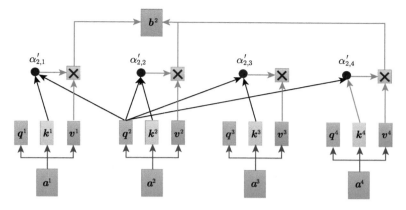

图 7.20　一般的自注意力产生 b^2 的过程

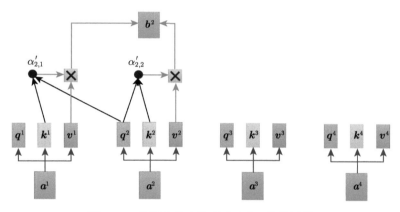

图 7.21　掩码多头自注意力产生 b^2 的过程

Q: 为什么要在自注意力中添加掩码?

A: 一开始,解码器的输出是一个一个产生的,所以先有 a^1,再有 a^2,接下来是 a^3,最后是 a^4. 这跟原来的自注意力不一样,在原来的自注意力中,$a^1 \sim a^4$ 被一次性输入模型,编码器也一次性把 $a^1 \sim a^4$ 读进去. 但是对于解码器而言,先有 a^1,才有 a^2,后面才有 a^3 和 a^4. 所以实际上当我们有 a^2 想要计算 b^2 的时候,a^3 和 a^4 是没有的,所以无法考虑 a^3 和 a^4. 解码器的输出是一个一个产生的,只能考虑左边已有的部分,而没有办法考虑右边的部分.

　　了解完解码器的运作方式,接下来还有一个非常关键的问题:在实际应用中,输入长度和输出长度的关系是非常复杂的,我们无法从输入序列的长度知道输出序列的长度,因此解码器必须决定输出序列的长度. 给定一个输入序列, 机器可以自己学到输出序列的长度. 但在目前的解码器运作机制下, 机器不知道什么时候应该停下来. 如图 7.22 所示, 机器在输出"习"以后, 仍继续重复一模一样的过程, 把"习"当作输入, 解码器可能就会输出"惯", 一直持续下去, 停不下来.

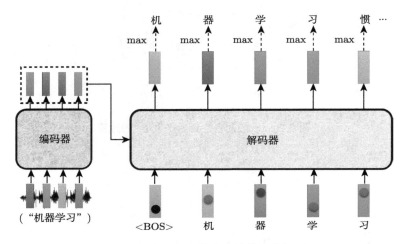

图 7.22　解码器运作中无法停止的问题

如图 7.23 所示, 要让解码器停止运作, 就需要特别准备一个词元 <EOS>. 输出"习"以

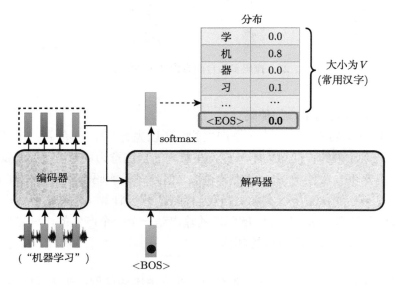

图 7.23　添加 <EOS> 词元

后，把"习"当作解码器的输入，解码器看到 <BOS>、"机""器""学""习"以后，所产生向量里面 <EOS> 的概率最大，于是输出 <EOS>，整个解码器产生序列的过程结束.

7.4.2 非自回归解码器

如图 7.24 所示，对于自回归解码器先输入 <BOS>，输出 w_1，再把 w_1 当作输入，输出 w_2，直到输出 <EOS> 为止. 假设产生的是中文句子，非自回归解码器不是一次产生一个汉字，而是一次把整个句子都产生出来. 非自回归解码器可能接收一整组 <BOS> 词元，一次产生一组词元. 比如输入 4 个 <BOS> 词元给非自回归解码器，将产生 4 个中文汉字. 因为输出的长度是未知的，所以输入非自回归解码器的 <BOS> 的数量也是未知的，怎么办呢？

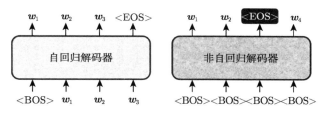

图 7.24　自回归解码器与非自回归解码器对比

可以用分类器来解决这个问题. 用分类器接收编码器的输入，输出一个数字，该数字代表解码器应该输出的长度. 比如分类器输出 4，非自回归解码器就会接收 4 个 <BOS> 词元，产生 4 个汉字.

也可以给编码器输入一组 <BOS> 词元. 假设输出的句子长度有上限，如绝对不会超过 300 个汉字. 给编码器输入 300 个 <BOS>，于是就会输出 300 个汉字，<EOS> 右边的输出可以忽略.

非自回归解码器有很多优点. 其中一个优点是平行化. 自回归解码器在输出句子的时候是一个汉字一个汉字产生的，假设要输出长度为 100 个汉字的句子，就需要做 100 次解码. 但是非自回归解码器不管句子的长度如何，都是一次性产生完整的句子. 所以非自回归解码器在速度上比自回归解码器快. 非自回归解码器的想法是在有了 Transformer 以后，基于这种自注意力的解码器产生的. 以前如果用 LSTM 或 RNN，给它一排 <BOS>，则无法同时产生全部的输出，输出也是一个一个产生的.

非自回归解码器的另一个优点是能够控制输出的长度. 在语音合成领域，非自回归解码器十分常用. 非自回归解码器可以用一个分类器决定输出的长度. 在做语音合成的时候，如果想让系统讲话速度快一点，就把分类器输出的长度除以 2，系统讲话速度就会提高一倍.

如果想要讲话放慢速度，就把分类器输出的长度乘以 2，系统讲话速度就会减慢 50%. 因此，非自回归解码器可以控制解码器输出的长度，做出种种变化.

平行化是非自回归解码器最大的优势，但非自回归解码器的性能往往不如自回归解码器. 有很多研究试图让非自回归解码器的性能越来越好，去逼近自回归解码器. 要让非自回归解码器的性能像自回归解码器一样好，就必须使用非常多的技巧.

7.5　编码器–解码器注意力

编码器和解码器通过编码器–解码器注意力（encoder-decoder attention）传递信息，编码器–解码器注意力是连接编码器和解码器的桥梁. 如图 7.25 所示，解码器中编码器–解码器注意力的键和值来自编码器的输出，查询来自解码器中前一个层的输出.

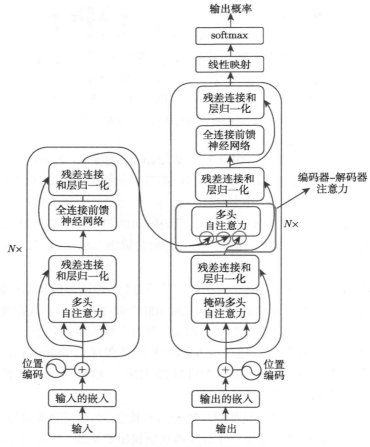

图 7.25　编码器–解码器注意力

下面介绍编码器–解码器注意力实际的运作过程. 如图 7.26 所示, 编码器能输入一排向量, 输出另一排向量 a^1、a^2、a^3. 解码器会先读取到 <BOS>, 经由掩码多头自注意力得到一个向量. 然后将这个向量乘以一个矩阵, 再做一个变换 (transform), 得到一个查询 q. a^1、a^2、a^3 也相应地产生键 k^1、k^2、k^3. 用 q 和 k^1、k^2、k^3 去计算注意力分数, 得到 α_1、α_2、α_3. 接下来执行 softmax 操作, 得到 α_1'、α_2'、α_3'. 通过式 (7.2), 可得加权和 v.

$$v = \alpha_1' \times v^1 + \alpha_2' \times v^2 + \alpha_3' \times v^3 \tag{7.2}$$

接下来 v 被输入全连接网络, 这个步骤的 q 来自解码器, k 和 v 来自编码器, 这一步就叫编码器–解码器注意力, 所以解码器就是凭借着产生一个 q, 去编码器中将信息抽取出来, 当作接下来的解码器的全连接网络的输入.

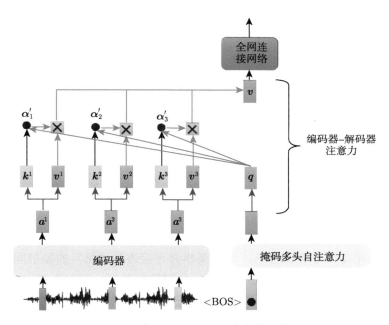

图 7.26 编码器–解码器注意力的运作过程

如图 7.27 所示, 假设产生 "机", 输入 <BOS> 和 "机", 产生一个向量. 对这个向量进行线性变换, 得到一个查询 q'. 用 q' 和 k^1、k^2、k^3 去计算注意力分数. 接着用注意力分数与 v^1、v^2、v^3 求加权和, 得到 v', 最后交给全连接网络处理.

编码器和解码器都有很多层, 在原始论文中, 解码器拿编码器最后一层的输出作为输入. 但不一定非要这样做, 详见论文 "Rethinking and Improving Natural Language Generation with Layer-Wise Multi-View Decoding" [6].

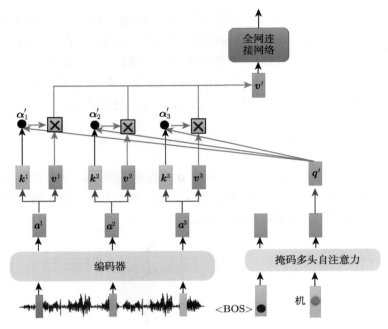

图 7.27　编码器–解码器注意力运作过程示例

7.6　Transformer 的训练过程

　　如图 7.28 所示，Transformer 应该能针对输入的"机器学习"声音信号输出"机器学习"这 4 个字. 当把 <BOS> 输入编码器的时候，编码器的第一个输出应该和"机"越接近越好；解码器的输出是一个概率分布，这个概率分布应该和"机"的独热向量越接近越好. 为此，计算**标准答案（ground truth）**和分布之间的交叉熵，我们希望该交叉熵的值越小越好. 每次解码器在产生一个字的时候，就相当于做了一次分类. 假设要考虑的中文汉字有 4000 个，则需要解决 4000 个类别的分类问题.

　　如图 7.29 所示，在实际训练的时候，输出应该是"机器学习". 编码器第 1 ~ 4 次的输出应该分别是"机""器""学""习"这 4 个中文汉字的独热向量，答案和这 4 个汉字的独热向量越接近越好. 每一个输出和对应的标准答案都有一个交叉熵. 图 7.29 涉及 4 次分类，希望这些分类问题的交叉熵总和越小越好. 解码器输出的并非只有"机器学习"这 4 个字，还有 <EOS>. 所以解码器的最终第 5 个位置输出的向量跟 <EOS> 的独热向量的交叉熵越小越好. 把标准答案提供给解码器，我们希望解码器的输出跟标准答案越接近越好. 在训练时告诉解码器，在已经有 <BOS>、"机"的情况下输出"器"，在已经有

<BOS>、"机""器"的情况下输出"学",在已经有 <BOS>、"机""器""学"的情况下输出

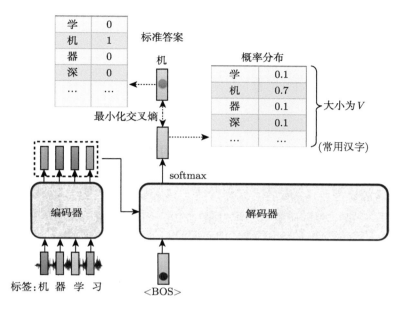

图 7.28 Transformer 的训练过程

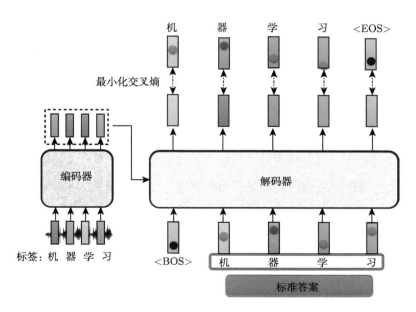

图 7.29 教师强制

"习"，在已经有 <BOS> 、"机""器""学""习"的情况下输出 <EOS>. 这种在训练解码器的情况下在输入时就提供标准答案的做法称为教师强制（teacher forcing）.

7.7　序列到序列模型训练常用技巧

本节介绍训练序列到序列模型的一些技巧.

7.7.1　复制机制

第一个技巧是复制机制（copy mechanism）. 对很多任务而言，解码器没有必要自己创造输出，而是可以从输入中复制一些东西. 以聊天机器人为例，用户对机器说："你好，我是库洛洛." 机器应该回答："库洛洛你好，很高兴认识你." 机器其实没有必要创造"库洛洛"这个词，"库洛洛"对机器来说一定会是一个非常怪异的词，它可能很难在训练数据里面出现，所以不太可能正确地产生输出. 但是假设机器在学习的时候，学到的并不是如何产生"库洛洛"，而是在看到输入的时候说"我是 ×××"，于是就直接把"×××"复制出来，说"××× 你好". 这种训练比较容易，显然也比较有可能得到正确的结果，所以复制对于对话任务可能是一种有用的技术. 机器只需要复述自己听不懂的话，而不需要重新创造这段文字，机器要学的是如何从用户的输入中复制一些词汇当作输出.

对于摘要任务，我们可能更需要复制的技巧. 做摘要需要收集大量的文章，每篇文章都有摘要. 为了训练机器产生合理的句子，通常需要准备几百万篇文章. 我们在做摘要的时候，很多词就是直接从原来的文章里面复制过来的，所以对摘要任务而言，从文章里面直接复制一些信息出来是一项很关键的能力，最早拥有从输入中复制东西这种能力的模型是指针网络（pointer network），后来出现了复制网络（copy network）. 复制网络是指针网络的变体.

7.7.2　引导注意力

序列到序列模型有时候会产生莫名其妙的结果. 以语音合成为例，让机器念 4 次"发财"可能没有问题；但如果让机器只念一次"发财"，机器就有可能把"发"省略掉而只念"财". 也许在训练数据里面，这种非常短的句子很少，所以机器无法处理这种非常短的句子. 语音识别、语音合成这类任务最适合使用引导注意力. 引导注意力要求机器在计算注意力时遵循固定的模式. 对于语音合成或语音识别，我们想象中的注意力应该由左至右. 如图 7.30 所示，红色的曲线代表注意力分数，分数越高代表注意力越大. 以语音合成为例，输入是一串文字，在合成声音的时候，显然是从左念到右. 所以机器应该先看最左边输入的词产生声音，再看中间的词产生声音，最后看右边的词产生声音. 如果机器先看最右边，再看最左边，最后随机看整个句子，那么，这样的注意力显然是有问题的，没有办法合成好的结果. 如果对问题本身就已经有一定的理解，知道对于像语音合成这样的问题，注意力的位置都应该由左至右，不如就直接把这个限制放在训练里面.

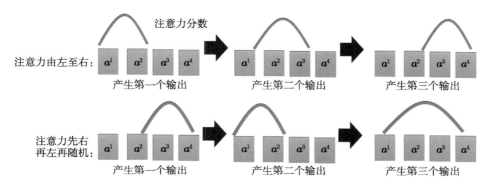

图 7.30 引导注意力

7.7.3 束搜索

如图 7.31 所示，假设解码器只能产生两个字母 A 和 B，词表 $\mathcal{V} = \{A, B\}$，解码器需要从 A、B 中选择. 解码器每次都是选分数最高的那个. 假设 A 的分数是 0.6，B 的分数是 0.4，解码器就会输出 A. 接下来假设 B 的分数是 0.6，A 的分数是 0.4，解码器就会输出 B. 把 B 当作输入，现在输入是 A、B，接下来 A 的分数是 0.4，B 的分数是 0.6，解码器就会输出 B. 因此最终的输出就是 A 、B 、B. 这种每次都找分数最高的词元当作输出的方法称为**贪心搜索（greedy search）**，又称**贪心解码（greedy decoding）**. 图 7.31 中的红色路径就是通过贪心解码得到的.

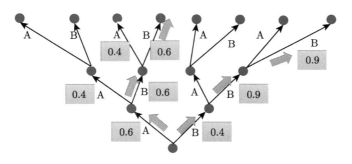

图 7.31 解码器搜索示例

但贪心搜索不一定是最好的方法，第一步可以先稍微舍弃一点东西，第一步时虽然 B 是 0.4，但先选 B. 选了 B，第二步时 B 的可能性就大增，变成 0.9. 到第三步时，B 的可能性也是 0.9. 图 7.31 中的绿色路径虽然第一步选了一个较差的输出，但接下来的结果是好的. 比较红色路径与绿色路径，红色路径一开始比较好，但最终结果比较差；绿色路径一开始比较差，但最终结果其实比较好.

如何找到最好的结果是一个值得考虑的问题. 穷举搜索（exhaustive search）是最容易想到的方法，但实际上我们没有办法穷举所有可能的路径，因为每一个转折点的选择太多了. 对中文而言，中文有几千个常用汉字，所以树结构的每一个分叉都有几千条可能的路径，走两三步以后，就无法穷举了.

接下来介绍**束搜索（beam search）**，束搜索经常也称为集束搜索或柱搜索. 束搜索的思想是用一种比较有效的方法来找近似解，但在某些情况下效果不好，详见论文"The Curious Case Of Neural Text Degeneration"[7]. 假设要做的事情是完成句子，也就是机器先读一个句子，再把这个句子的后半段补全. 如果用束搜索，就会发现机器在不断地讲重复的话. 如果不用束搜索，增加一些随机性，虽然结果不一定完全好，但看起来至少是比较正常的句子. 有时候对解码器来说，没有找出分数最高的路径，反而结果是比较好的，这要看任务本身的特性. 假设任务的答案非常明确，比如语音识别，对于一句话，识别的结果就只有一种可能. 对这种任务而言，通常束搜索就会比较有帮助. 但如果任务需要机器发挥一点创造力，束搜索就不适合了.

7.7.4　加入噪声

在做语音合成的时候，给解码器添加噪声是完全违背正常的机器学习的做法. 在训练的时候加入噪声，是为了让机器看到更多不同的可能性，从而使得模型比较健壮，并能够对抗它在测试的时候没有遇到过的状况. 但在测试的时候居然还要加入一些噪声，这会不会把测试弄得更加困难、结果更差？语音合成神奇的地方是，模型训练好以后，在测试的时候要加入一些噪声，这样合成出来的声音才会好. 用正常的解码方法产生的声音听不太出来是人声，产生比较好的声音是需要一些随机性的. 对于语音合成或完成句子的任务，解码器找出的最好结果不一定是人类觉得最好的结果，反而可能是一些奇怪的结果. 加入一些随机性会使结果比较好.

7.7.5　使用强化学习训练

接下来还有另外一个问题，评估标准用的是 BLEU（代表 BiLingual Evaluation Understudy）分数. BLEU 虽然最先用于评估机器翻译的结果，但现在已经被广泛用于评估许多应用输出序列的质量. 解码器先产生一个完整的句子，再拿它跟正确的句子做比较，算出 BLEU 分数. 在训练的时候，每个词都是分开考虑的，最小化的是交叉熵，最小化交叉熵不一定可以最大化 BLEU 分数. 但在做验证的时候，并不是挑交叉熵最小的模型，而是挑 BLEU

分数最高的模型. 一种可能的想法是, 将训练损失设置成 BLEU 分数乘以一个负号, 最小化损失等价于最大化 BLEU 分数. 但 BLEU 分数很复杂, 若计算两个句子之间的 BLEU 分数, 则损失根本无法做微分. 我们之所以采用交叉熵, 并且将每个汉字分开来算, 是因为这样才有办法处理. 遇到优化无法解决的问题时, 可以使用强化学习训练. 具体来讲, 当遇到无法优化的损失函数时, 就把损失函数当成强化学习的奖励, 而把解码器当成智能体, 详见论文 "Sequence Level Training with Recurrent Neural Networks" [8].

7.7.6 计划采样

如图 7.32 所示, 在测试的时候, 解码器看到的是自身的输出, 因此它会看到一些错的东西. 但在训练的时候, 解码器看到的是完全正确的东西, 这种不一致现象叫作曝光偏置（exposure bias）.

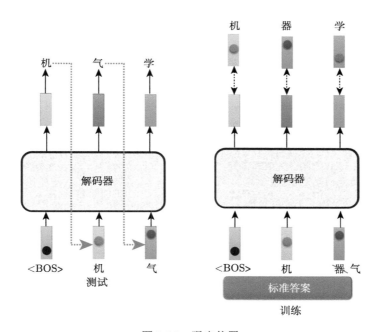

图 7.32 曝光偏置

假设解码器在训练的时候永远只看过正确的东西, 在测试的时候, 只要有一步错, 就会步步错. 解码器从来没有看过错的东西, 它看到错的东西会非常惊奇, 接下来产生的结果可能都是错的. 一个可以思考的方向是, 给解码器的输入加入一些错的东西, 它反而学得更好, 这一技巧被称为**计划采样（scheduled sampling）**[9]. 计划采样不是学习率调整. 计划采样很早就有了. 在还没有 Transformer 而只有 LSTM 的时候, 就已经有计划采样了. 但是计划采样会损害 Transformer 的平行化能力，因此 Transformer 的计划采样另有招数，详见论文"Scheduled Sampling for Transformers"[10] 和"Parallel Scheduled Sampling"[11].

参考资料

[1] VINYALS O, KAISER Ł, KOO T, et al. Grammar as a foreign language[C]//Advances in Neural Information Processing Systems, 2015.

[2] CARION N, MASSA F, SYNNAEVE G, et al. End-to-end object detection with transformers[C]//European Conference on Computer Vision. 2020: 213-229.

[3] SUTSKEVER I, VINYALS O, LE Q V. Sequence to sequence learning with neural networks[C]//Advances in Neural Information Processing Systems, 2014.

[4] XIONG R, YANG Y, HE D, et al. On layer normalization in the transformer architecture[J]. Proceedings of Machine Learning Research, 2020, 119: 10524-10533.

[5] SHEN S, YAO Z, GHOLAMI A, et al. Powernorm: Rethinking batch normalization in transformers[J]. Proceedings of Machine Learning Research, 2020, 119: 8741-8751.

[6] LIU F, REN X, ZHAO G, et al. Rethinking and improving natural language generation with layerwise multi-view decoding[EB/OL]. arXiv: 2005.08081.

[7] HOLTZMAN A, BUYS J, DU L, et al. The curious case of neural text degeneration[EB/OL]. arXiv: 1904.09751.

[8] RANZATO M A, CHOPRA S, AULI M, et al. Sequence level training with recurrent neural networks[EB/OL]. arXiv: 1511.06732.

[9] BENGIO S, VINYALS O, JAITLY N, et al. Scheduled sampling for sequence prediction with recurrent neural networks[C]//Advances in Neural Information Processing Systems, 2015.

[10] MIHAYLOVA T, MARTINS A F. Scheduled sampling for transformers[EB/OL]. arXiv: 1906.07651.

[11] DUCKWORTH D, NEELAKANTAN A, GOODRICH B, et al. Parallel scheduled sampling[EB/OL]. arXiv: 1906.04331.

第8章 生成模型

越来越多的生成式软件在极大程度上改变了我们的生活. 例如, 我们可以通过一张照片, 让软件自动生成一段音乐, 或是让软件自动生成一段视频. 本章具体介绍它们背后的基础模型——**生成模型**（generative model）.

8.1 生成对抗网络

到目前为止, 我们学习到的网络在本质上都是一个函数, 即提供一个输入, 网络就可以输出一个结果. 此外, 前几章已经介绍了各种各样的网络, 它们可以应对不同类型的输入和输出. 例如, 当输入是一张图片时, 可以使用卷积神经网络等模型进行处理; 当输入是序列数据时, 可以使用基于循环神经网络架构的模型进行处理, 其中输出既可以是数值、类别, 也可以是一个序列. 这些网络已经可以解决我们日常会遇到的大多数问题.

8.1.1 生成器

与先前介绍的模型所不同的是, 生成模型中的网络会被作为一个**生成器**（generator）使用. 具体来说, 在输入时会将一个随机变量 z 与原始输入 x 一并输入模型, 这个变量是从随机分布中采样得到的. 输入时可以采用向量拼接的方式将 x 和 z 一并输入, 或在 x 和 z 长度一样时, 将它们的和作为输入. 变量 z 的特别之处在于其非固定性, 即每一次我们使用网络时, 都会从一个随机分布中采样得到一个新的 z. 通常, 我们对该随机分布的要求是, 它必须足够简单, 可以较为容易地进行采样, 或者可以直接写出该随机分布的函数, 如**高斯分布**（Gaussian distribution）、**均匀分布**（uniform distribution）等. 所以每次在输入 x 的同时, 我们都从随机分布中采样得到 z, 得到最终的输出 y. 随着采样得到的 z 的不同, 我们得到的输出 y 也会不一样. 同理, 对于网络来说, 其输出也不再固定, 而变成一个复杂的分布. 我们将这种可以输出一个复杂分布的网络称为生成器, 如图 8.1 所示.

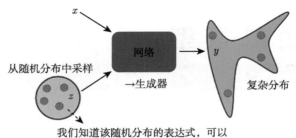

图 8.1　生成器示意图

如何训练这个生成器呢？思考一下，我们为什么训练生成器，又为什么需要输出一个分布呢？下面介绍一个视频预测的例子，给模型一个视频短片，让它预测接下来发生的事情. 视频环境是《吃豆人》游戏，预测下一帧的游戏画面，如图 8.2 所示.

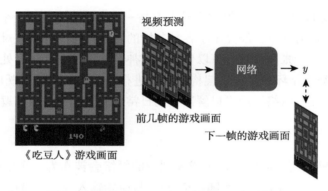

图 8.2　视频预测——以《吃豆人》游戏为例

为了预测下一帧的游戏画面，我们只需要给网络输入前几帧的游戏画面. 而要得到这样的训练数据，只需要在玩《吃豆人》游戏的同时进行录制. 训练网络，让网络的输出 y 与真实图像越接近越好. 当然在实践中，为了保证训练高效，我们会将每一帧的游戏画面分割为很多块作为输入，并行地分别进行预测. 接下来为了简化，假设网络是一次性输入整个游戏画面的. 如果使用前几章介绍的基于监督学习的训练方法，则得到的结果可能会十分模糊，游戏中的角色甚至可能消失或出现残影，如图 8.3 所示.

造成该问题的原因是，监督学习中的训练数据对于同样的转角同时存储了角色向左转和角色向右转两种输出. 在训练的时候，对于一条向左转的训练数据，网络得到的指示就是要学会代表游戏角色向左转的输出. 同理，对于一条向右转的训练数据，网络得到的指示就是学会代表游戏角色向右转的输出. 但实际上这两种数据可能会被同时训练，网络"两面讨好", 就会得到一个错误的结果——向左转是对的, 向右转也是对的.

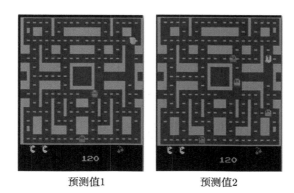

预测值1　　　　　　　预测值2

图 8.3　基于监督学习的《吃豆人》游戏的预测值

应该如何解决这个问题呢? 答案是让网络有概率地输出一切可能的结果, 或者说输出一个概率分布, 而不是进行原来的单一输出, 如图 8.4 所示. 当给网络一个随机分布时, 网络的输入会加上一个 z, 这时输出就变成了一个非固定的分布, 其中包含了向左转和向右转的可能. 举例来说, 假设选择的 z 服从一个二项分布, 即只能取 0 或 1 并且两种可能各占 50%. 网络就可以在 z 采样到 1 的时候就向左转, 采样到 0 的时候就向右转, 这样问题就解决了.

回到生成器的讨论中, 我们什么时候需要这类生成模型呢? 答案是当我们的任务需要"创造性"的输出, 或者我们想知道一个可以输出多种可能性的模型, 且这些输出都是对的模型的时候. 这可以类比为让很多人一起处理一个开放式的问题, 或是头脑风暴, 大家的回答五花八门, 但都是正确的. 所以也可以理解为生成模型让模型有了创造力. 再举两个更具体的例子. 对于画图, 假设画一个红眼睛的角色, 每个人可能画出来的或者心中想的都不一样. 对于聊天机器人, 它也需要有创造力. 比如我们问聊天机器人: "你知道有哪些童话故事吗?" 聊天机器人会回答《安徒生童话》《格林童话》等, 没有标准的答案. 所以对于生成模型来说, 它需要能够输出一个分布, 或者说多个答案. 在生成模型中, 非常知名的就是**生成对抗网络** (Generative Adversarial Network, GAN).

下面我们通过让机器生成动画人物的面部来形象地介绍 GAN. **无限制生成** (**unconditional generation**) 不需要原始输入 x, 与无限制生成相对的就是需要原始输入 x 的**条件型生成** (**conditional generation**). 如图 8.5 所示, 对于无限制的 GAN, 它的唯一输入就是 z, 这里假设 z 为采样自正态分布的向量. 它通常是一个低维的向量, 例如 50 维或 100 维.

173

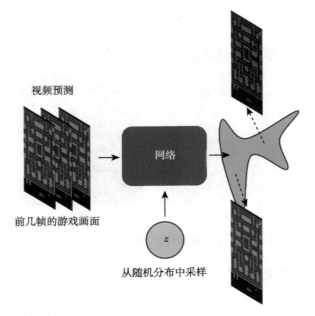

图 8.4　基于生成模型的《吃豆人》游戏的预测结果

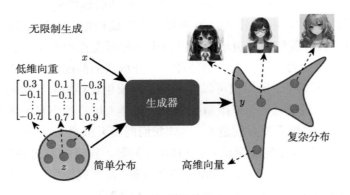

图 8.5　基于无限制生成的 GAN

　　首先从正态分布中采样得到向量 z，将其输入生成器，生成器会给出一个对应的输出——动漫人物的脸. 我们聚焦一下生成器输出一个动漫人物的脸的过程. 其实很简单，一张图片就是一个高维的向量，所以生成器实际上做的事情就是输出一个高维的向量，比如一张 64×64 像素的图片（如果是彩色的，那么输出就是一张 64×64 像素 3 通道的图片）. 当输入的向量 z 不同时，生成器的输出就会跟着改变，所以我们从正态分布中采样出不同的 z，得到的输出 y 也会不同，动漫人脸的照片也将不同. 当然，我们也可以选择其他的分布，但是根据经验，分布之间的差异可能并不是非常大. 大家可以查找一些文献，并且尝试去探讨不同分布之间的差异. 这里选择正态分布是因为这种分布简单且常见，而且生成器自己会想方设法把这种简单的分布对应到另一种更复杂的分布. 后续讨论都以正态分布为前提.

8.1.2　判别器

在 GAN 中，除了训练生成器以外，还需要训练**判别器**（**discriminator**），它通常也是一个神经网络. 判别器能输入一张图片，输出一个标量，这个标量越大，就代表现在输入的图片越接近真实动漫人物的脸，如图 8.6 所示. 对于图 8.6 中的动漫人物头像，输出就是 1. 这里假设 1 是最大的值，画得很好的动漫图像输出就是 1，不知道在画什么就输出 0.5，再差一些就输出 0.1，等等. 判别器可以用卷积神经网络，也可以用 Transformer，只要能够产生我们想要的输出即可. 当然对于这个例子，因为输入是一张图片，所以选择卷积神经网络，因为卷积神经网络在处理图像上有非常大的优势.

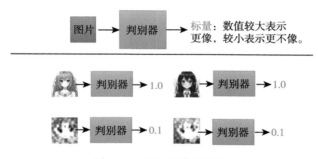

图 8.6　GAN 中的判别器

回到动漫人物图片的例子，生成器学习画出动漫人物的过程如图 8.7 所示. 首先，第一代生成器的参数几乎是完全随机的，所以它根本就不知道要怎么画动漫人物，生成器画出来的东西就是一些莫名其妙的噪声. 判别器学习的目标是成功分辨生成器输出的动漫图片，图 8.7 展示了这个过程. 例如，第一代判别器判断一张图片是不是真实图片的依据是看图片中有没有眼睛，则第二代生成器就需要输出有眼睛的图片，尝试骗过第一代判别器. 同时，判别器也会进化，它会试图分辨新的生成图片与真实图片之间的差异. 假设第二代判别器通过有没有嘴巴来识别真假，那么第三代生成器会想办法骗过第二代判别器，把嘴巴加上去. 当然，判别器也会逐渐进步，越来越严苛，"逼迫"生成器产生的图片越来越像动漫人物. 生成器和判别器彼此之间是一种互动、促进关系. 最终，生成器会学会画出动漫人物，而判别器也会学会分辨真假图片，这就是 GAN 的训练过程.

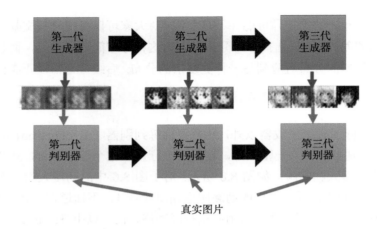

真实图片

图 8.7　GAN 的训练过程

GAN 的概念最早出现在 2014 年的一篇文章中，这篇文章的作者把生成器和判别器当作敌我双方，认为生成器和判别器之间存在对抗的关系，所以就用了"对抗"(adversarial)这个词，这只是一种拟人的说法而已. 但其实我们也可以把它们想象为亦敌亦友的关系，毕竟它们一直在更新，旨在提升自身，超越对方.

8.2　生成器与判别器的训练过程

下面我们从算法角度解释生成器和判别器是如何运作的，如图 8.8 所示. 生成器和判别器是两个网络，在训练前需要分别进行参数的初始化. 训练的第一步是固定生成器，只训练判别器. 因为生成器的初始参数是随机初始化的，所以它什么都没有学习到，输入一系列采样得到的向量给它，它的输出肯定是些随机、混乱的图片，与真实的动漫人物头像完全不同. 我们有一个包含很多动漫人物头像的图像数据库，可通过网络爬取等方法得到. 从这个图像数据库中采样一些动漫人物头像出来，与生成器产生的结果进行对比，从而训练判别器. 判别器的训练目标是要分辨真正的动漫人物与生成器产生的动漫人物. 对于判别器来说，这就是一个分类或回归问题. 如果当作分类问题，就把真正的图片当作类 1，而把生成器产生的图片当作类 2，然后训练一个分类器. 如果当作回归问题，判别器看到真实图片就要输出 1，看到生成器生成的图片就要输出 0，并且为每一个图片进行 0～1 的打分. 总之，判别器需要学着分辨真实图片和生成器产生的图片.

训练完判别器以后，固定判别器，训练生成器，如图 8.9 所示. 训练生成器的目的就是让生成器想办法骗过判别器，因为在前一步中，判别器已经学会了分辨图片. 生成器如果可以骗过判别器，那么生成器产生的图片就可以以假乱真. 具体操作如下：首先为生成器输入一个向量，它可以从我们之前介绍的高斯分布中采样，并产生一张图片. 接下来将这张图片输入判别器，判别器会对这张图片打分. 这里的判别器是固定的，它只需要给更"真"的图片打出更高的分数即可. 训练生成器的目标就是让图片更加真实，也就是提高分数.

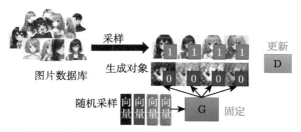

辨别器学习给真实对象分配高分，给生成的对象分配低分。

图 8.8 GAN 算法的第一步

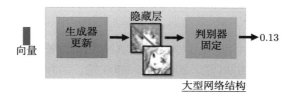

图 8.9 GAN 算法的第二步

真实场景中的生成器和判别器都是有很多层的神经网络，我们通常将两者一起当作一个比较大的网络来看待，但是不会调整判别器部分的模型参数. 因为如果可以调整它，那么我们完全可以直接调整最后的输出层，将偏差设为很大的值，但这达不到我们想要的效果. 我们只能训练生成的部分，训练方法与前几章介绍的网络训练方法基本一致，只是我们希望优化目标越大越好，这与我们之前希望损失越小越好不同. 当然，我们也可以直接在优化目标前加负号，将其当作损失看待，这样就变成了以让损失变小为目标. 另一种方法是，我们可以使用梯度上升进行优化，取代之前的梯度下降优化算法.

我们总结一下 GAN 算法的两个关键步骤：固定生成器，训练判别器；固定判别器，训练生成器. 接下来就是重复以上的训练，训练完判别器，就固定判别器，训练生成器；训练完生成器，就用生成器产生更多的新图片，给判别器做训练用；训练完判别器，再训练生成器，就这样重复下去. 当其中一个进行训练的时候，另一个就固定住，期待它们都可以在自己的目标处达到最优，如图 8.10 所示.

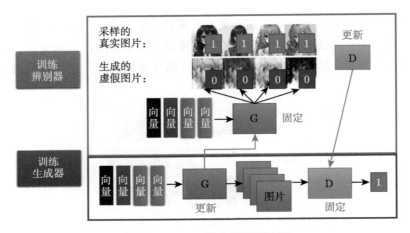

图 8.10　GAN 的完整训练过程

8.3　GAN 的应用案例

下面介绍 GAN 的一些应用案例. 首先介绍 GAN 生成动漫人物人脸的例子,如图 8.11所示,这些分别是训练 100 轮、1000 轮、2000 轮、5000 轮、10 000 轮、20 000 轮和 50 000 轮的结果. 可以看到,训练到 100 轮时,生成的图片还比较模糊;训练到 1000 轮时,出现了眼睛;训练到 2000 轮时,嘴巴生成出来了;训练到 5000 轮时,已经开始有一点人脸的轮廓了,并且机器学到了动漫人物大眼睛的特征;训练到 10 000 轮时,外部轮廓已经可以明显感觉到了,只是还有些模糊;训练 20 000 轮后生成的图片完全可以以假乱真,训练 50 000轮后生成的图片已经十分逼真.

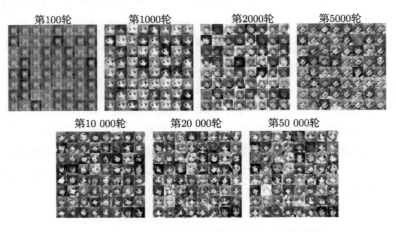

图 8.11　GAN 生成动漫人物人脸的可视化效果

除了产生动漫人物的人脸以外，当然也可以产生真实的人脸，如图 8.12 所示. 产生高清人脸的技术叫作**渐进式 GAN（progressive GAN）**，图 8.12 是由机器产生的人脸.

图 8.12　渐进式 GAN 生成人脸的效果

我们可以使用 GAN 产生我们从来没有看过的人脸，如图 8.13 所示. 举例来说，先前我们介绍的 GAN 中的生成器，就是输入一个向量，输出一张图片. 此外，我们还可以对输入

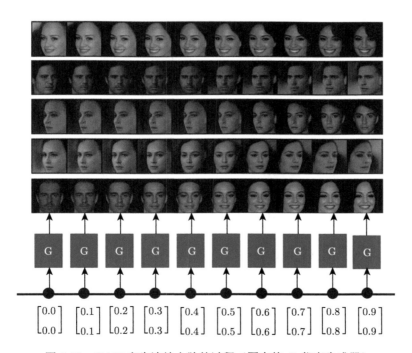

图 8.13　GAN 产生连续人脸的过程（图中的 G 代表生成器）

的向量做内差, 在输出部分, 我们会看到两张图片之间连续的变化. 比如输入一个向量, 通过 GAN 产生一个表情看起来非常严肃的男人; 同时输入另一个向量, 通过 GAN 产生一个微笑着的女人. 输入介于这两个向量之间的数值向量, 我们就可以看到这个男人逐渐笑了起来. 再比如, 输入一个向量, 产生一个往左看的人; 同时输入另一个向量, 产生一个往右看的人, 在这两个向量之间做内差, 机器并不会傻傻地将两张图片重叠在一起, 而是生成一张正面的人脸. 神奇的是, 我们在训练的时候其实并没有输入正面的人脸, 但机器可以自己学到, 只要对这两张图片做内差, 就可以得到一张正面的人脸.

不过, 如果我们不加约束, GAN 就会产生一些很奇怪的图片. 比如, 使用 BigGAN 算法 [1] 会产生一个左右不对称的玻璃杯子, 甚至产生一个网球狗, 如图 8.14 所示.

图 8.14　GAN 产生不符合常理的可视化例子

8.4　GAN 的理论介绍

本节将从理论层面介绍 GAN, 说明为什么生成器与判别器的交互可以产生人脸图片. 首先, 我们需要了解训练的目标是什么. 在训练网络时, 我们需要确定一个损失函数, 然后使用梯度下降策略来调整网络参数, 并使设定的损失函数的值最小或最大. 生成器的输入是一系列从分布中采样得到的向量, 生成器的输出是一个比较复杂的分布, 如图 8.15 所示, 我们称之为 P_G. 我们还有一些原始数据, 这些原始数据本身会形成另一个分布, 我们称之为 P_{data}. 训练的目标是使 P_G 和 P_{data} 尽可能相似.

我们再举一个一维的简单例子来说明 P_G 和 P_{data}. 假设生成器的输入是一维向量, 见图 8.15 中的橙色曲线; 生成器的输出也是一维向量, 见图 8.15 中的绿色曲线; 真正的数据同样是一维向量, 见图 8.15 中的蓝色曲线. 若每次输入 5 个点, 则每一个点的位置会随着训练次数而改变, 从而产生一个新的分布. 可能本来所有的点都集中在中间, 但是通过生成器, 在经过很复杂的训练后, 这些点就分散在两边. P_{data} 就是真正数据的分布, 在实际应用中，真正数据的分布可能更极端，比如左边的数据比较多，右边的数据比较少. 我们希望 P_G 和 P_{data} 越接近越好. 图 8.15 中的公式表达的是这两个分布之间的差异，它可以视为这两个分布之间的某种距离，距离越大，就代表这两个分布越不像；距离越小，则代表这两个分布越接近. 差异是衡量两个分布之间相似度的一个指标. 我们现在的目标就是训练一组生成器模型中的网络参数，使得生成的 P_G 和 P_{data} 之间的差异越小越好，这个最优生成器名为 G^*.

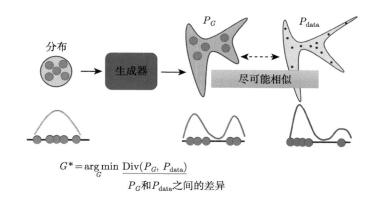

$$G^* = \arg\min_{G} \mathrm{Div}(P_G,\ P_{\text{data}})$$

P_G 和 P_{data} 之间的差异

图 8.15 GAN 的训练目标

训练生成器的过程与训练卷积神经网络等简单网络的过程非常像，相较于之前的找一组参数来最小化损失函数，我们现在其实也定义了生成器的损失函数，即 P_G 和 P_{data} 之间的差异. 对于一般的神经网络，损失函数是可以计算的，但是对于生成器的差异，我们应该怎么处理呢？计算连续的差异（如 KL 散度和 JS 散度）是很复杂的，在实际离散的数据中，我们或许无法计算对应的积分.

对于 GAN，只要我们知道怎样从 P_G 和 P_{data} 中采样，就可以计算得到差异，而不需要知道实际的公式. 例如，在对图库进行随机采样时，就会得到 P_{data}. 对于生成器，则需要使我们之前从正态分布中采样出来的向量通过生成器生成一系列的图片，这些图片就是 P_G 采样出来的结果. 我们既可以从 P_G 中采样，也可以从 P_{data} 中采样. 接下来，我们将介绍如何在只做以上采样的前提下（也就是在不知道 P_G 和 P_{data} 的定义及公式的情况下），估算差异. 这需要依靠判别器的力量.

回顾判别器的训练方式. 首先，我们有一系列的真实数据，也就是从 P_{data} 采样得到的数据. 同时，我们还有一系列的生成数据，也就是从 P_G 采样得到的数据. 根据真实数据和生成数据，我们训练一个判别器，训练目标是使机器看到真实数据就给出比较高的分数，而看到生成数据就给出比较低的分数. 我们可以把这当成一个优化问题，具体来说，我们需要训练一个判别器，它可以最大化一个目标函数，这个目标函数如图 8.16 所示，其中一些 y 是从 P_{data} 中采样得到的，也就是真实数据，将真实数据输入判别器，得到一个分数. 另一方面，还有一些 y 来自生成器，是从 P_G 中采样得到的，将这些生成数据输入判别器，同样得到一个分数，我们可以由此计算 $\log(1 - D(Y))$.

我们希望目标函数 V 越大越好，其中 y 如果是从 P_{data} 采样得到的真实数据，它就要越大越好；而如果 y 是从 P_G 采样得到的生成数据，它就要越小越好. GAN 提出之初，将这个过程写成这样其实还有一个理由，就是为了让判别器和二分类产生联系，因为这个目标函数本身就是一个交叉熵乘以一个负号. 训练分类器时的操作就是最小化交叉熵，所以当我们最大化目标函数的时候，其实等同于最小化交叉熵，也就等同于训练一个分类器. 实际要做的事情就是把图 8.16 中的蓝色的星星——从 P_{data} 采样得到的真实数据当作类 1，而把从 P_G 采样得到的生成数据当作类 2. 有两个类别的数据后，训练一个二分类的分类器，就等同于解了这个优化问题，而图 8.16 中红框里面的数值本身就和 JS 散度有关. 或许原始的 GAN 论文是从二分类出发的，一开始就把判别器写成了二分类的分类器，然后才有了这样的目标函数，经过一番推导后，发现这个目标函数的最大值和 JS 散度是相关的.

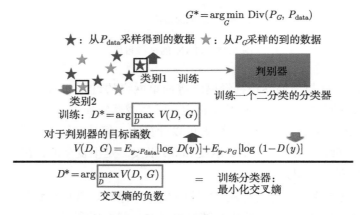

图 8.16　判别器的目标函数和优化过程

当然，我们还是需要直观地理解一下为什么目标函数的值会和散度有关. 假设 P_G 和 P_{data} 的差距很小，如图 8.16 所示，蓝色的星星和红色的星星混在一起. 在这里，判别器就是在训练一个 0/1 分类的分类器，因为这两组数据的差距很小，所以在解决这个优化问题时，很难让目标函数 V 达到最大值. 但是当两组数据的差距很大时，也就是蓝色的星星和红色的星星并没有混在一起，就可以很轻易地把它们分开. 当判别器可以轻易地把它们分开的时候，目标函数就可以变得很大. 所以当两组数据的差距很大时，目标函数的最大值就可以很大. 当然这里面有很多的假设，例如假设判别器的分类能力为无限强.

我们再来看看计算生成器 + 判别器的过程，我们的目标是要找到一个生成器来最小化两个分布 P_G 和 P_{data} 之间的差异. 这个差异可以通过使用训练好的判别器来最大化它的目标函数来实现. 同时进行最小化和最大化的过程（称为 MinMax 操作）就像生成器和判别器进行互动和相互"欺骗"的过程. 注意，这里的差异函数不一定使用 KL 或 JS 函数，而是可以尝试不同的函数来得到不同的差异衡量指标.

8.5　WGAN 算法

因为要执行 MinMax 操作，所以 GAN 很不好训练. 我们接下来介绍一个 GAN 训练的小技巧，它就是著名的**Wasserstein GAN（WGAN）**[2]. 在介绍 WGAN 之前，我们先来分析一下 JS 散度有什么问题. JS 散度的两个输入 P_G 和 P_{data} 之间的重叠部分往往非常小. 这其实也是可以预料到的，从不同的角度来看，图片其实是高维空间里低维的流形，因为在高维空间中随便采样一个点，通常没有办法构成一个人物的头像，所以人物头像的分布，在高维空间中其实是非常狭窄的. 换个角度解释，以二维空间为例，图片的分布可能就是二维空间里的一条线. 也就是说，P_G 和 P_{data} 是二维空间中的两条直线. 而除非二维空间中的两条直线刚好重合，否则它们相交的范围几乎可以忽略. 再换个角度解释，我们从来都不知道 P_G 和 P_{data} 的具体分布，因为它们源于采样，所以也许它们有非常小的重叠分布范围. 如果采样的点不够多，就算这两个分布实际上很相似，它们也很难有任何重叠的部分.

JS 散度的局限性会对 JS 散度造成以下问题. 首先，对于两个没有重叠的分布，JS 散度的值都为 $\log 2$，与具体的分布无关. 就算两个分布都是直线，但它们的距离不一样，得到的 JS 散度就都会是 $\log 2$，如图 8.17 所示. 所以 JS 散度并不能很好地反映两个分布之间的差异. 其次，对于两个有重叠的分布，JS 散度也不一定能够很好地反映这两个分布之间的差异. 因为 JS 散度的值是有上限的，所以当两个分布的重叠部分很大时，JS 散度无法区分不同分布之间的差异. 既然从 JS 散度中看不出来分布之间的差异，那么在训练的时候，我们就很难知道生成器有没有进步，从而也就很难知道判别器有没有进步. 我们需要一个更

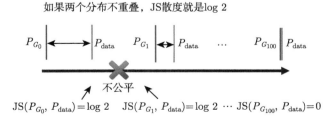

图 8.17　JS 散度的局限性

好的指标来衡量两个分布之间的差异.

　　当使用 JS 散度训练一个二分类的分类器, 以分辨真实图片和生成的虚假图片时, 就会发现实际上准确率都是 100%. 原因在于采样的图片根本就没有几张, 对于判别器来说, 采样的 256 张真实图片和 256 张虚假图片可以直接用 “死记硬背” 的方法区分开. 所以实际上如果用二分类的分类器训练判别器, 识别准确率都会是 100%. 过去, 尤其在还没有 WGAN 这样的技术时, 训练 GAN 就像拆盲盒——每更新几次生成器后, 就把图片打印出来看看. 我们大可一边吃饭, 一边看图片生成结果, 内存报错了就重新再来, 过去训练 GAN 非常辛苦. 这也不像我们在训练普通神经网络的时候, 有损失函数会随着训练慢慢变小, 当我们看到损失慢慢变小时, 就可以放心地认为网络仍在训练. 但是对于 GAN 而言, 我们根本就没有这样的指标. 所以我们需要一个更好的指标来衡量两个分布之间的差异, 否则就得用人眼看, 一旦发现结果不好, 就重新用一组超参数调整网络.

　　既然是 JS 散度的问题, 换一种衡量两个分布之间的相似度的方式, 不就可以解决这个问题了吗? 于是就有了使用 Wasserstein 距离的想法. Wasserstein 距离背后的思想如下, 假设两个分布分别为 P 和 Q, 我们想要知道这两个分布之间的差异. 想象我们有一台推土机, 它可以把 P 这边的土堆挪到 Q 这边, 那么推土机平均走的距离就是 Wasserstein 距离. 在这个例子中, 我们假设 P 集中在一个点, Q 集中在另一个点, 对推土机而言, 假设它要把 P 这边的土堆挪到 Q 这边, 那么它要走的平均距离就是 d, P 和 Q 的 Wasserstein 距离就是 d. 但如果 P 和 Q 不是集中在一个点, 而是分布在一个区域内, 则需要考虑所有的可能性, 也就是所有的走法, 然后看走的平均距离是多少, 走的这个平均距离就是 Wasserstein 距离. Wasserstein 距离也称为推土机距离 (Earth Mover's Distance, EMD). Wasserstein 距离的定义如图 8.18 所示.

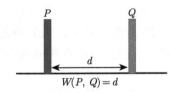

图 8.18　Wasserstein 距离的定义

　　对于更复杂的分布, 算 Wasserstein 距离就有点困难了. 如图 8.19 所示, 假设两个分布分别是 P 和 Q, 我们要把 P 变成 Q, 怎么做呢? 我们可以把 P 这边的土堆挪到 Q 这边, 也可以反过来把 Q 这边的土堆挪到 P 这边. 所以当我们考虑比较复杂的分布时, 计算距离就有很多不同的方法, 即不同的 “移动” 方式, 从中计算出来的距离 (即推土机平均走的距离) 也就不一样. 在图 8.19 中, 对于左边这个例子, 推土机平均走的距离比较短；右边这个例子因为"舍近求远"，所以推土机平均走的距离比较长. 分布 P 和 Q 的 Wasserstein 距离会有很多不同的值吗？这样有很多不同的值，我们就不知道到底要将其中的哪个值当作 Wasserstein 距离了. 为了让 Wasserstein 距离只有一个值，我们将距离定义为穷举所有的"移动"方式，然后看哪一种方式可以让平均距离最小，那个最小的平均距离才是 Wasserstein 距离. 所以其实计算 Wasserstein 距离挺麻烦的，因为还要解一个优化问题.

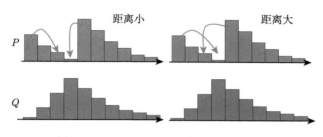

图 8.19 Wasserstein 距离的可视化理解

我们这里先避开这个问题，看看使用 Wasserstein 距离有什么好处. 如图 8.20 所示，假设两个分布 P_G 和 P_{data} 之间的距离是 d_0，那么在这个例子中，Wasserstein 距离算出来就是 d_0. 同样，假设两个分布 P_{G_1} 和 P_{data} 之间的距离是 d_1，那么在这个例子中，Wasserstein 距离就是 d_1. 假设 d_1 小于 d_0，则 d_1 的 Wasserstein 距离就会小于 d_0 的 Wasserstein 距离，所以 Wasserstein 距离可以很好地反映两个分布之间的差异. 在图 8.20 中，从左到右，生成器越来越进步，但是如果同时观察判别器，就会发现观察不到任何规律. 因为对于判别器而言，几乎每一个例子算出来的 JS 散度都是 $\log 2$，判别器根本就看不出来这边的分布有没有变好. 但是如果换成 Wasserstein 距离，从左到右，生成器越来越好. 所以 Wasserstein 距

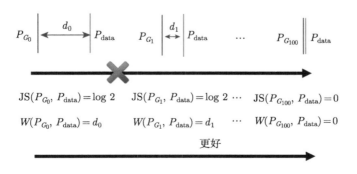

图 8.20 Wasserstein 距离与 JS 距离的对比

离越小，对应的生成器就越好. 这就是我们使用 Wasserstein 距离的原因. 换一种计算差异的方式，就可以避免 JS 距离有可能带来的问题.

下面再举一个演化的例子——人类眼睛的形成. 人类的眼睛是非常复杂的，由其他原始的眼睛演化而来. 比如，一些细胞具有感光的能力，它们可以看作最原始的眼睛. 这些最原始的眼睛是怎么变成了最复杂的眼睛呢？一般认为，感光细胞在皮肤上经过一系列的突变后，会产生更多的感光细胞，中间有很多连续的步骤. 举例来说，感光细胞可能会出现在一个比较凹陷的地方，皮肤凹陷下去，然后慢慢地把凹陷的地方保护住并在里面存放一些液体，最后就变成了人类的眼睛. 这是一个连续的过程，也是一个从简单到复杂的过程. 当使用 Wasserstein 距离来衡量分布之间的差异时，其实就制造了类似的效果. 本来两个分布 P_{G_0} 和 P_{data} 之间距离非常遥远，想要一步从开头就直接跳到结尾是非常困难的. 但如果使用 Wasserstein 距离，就可以让 P_{G_0} 和 P_{data} 慢慢挪近到一起，使它们之间的距离变小一点，再变小一点，最后对齐. 这就是我们使用 Wasserstein 距离的原因，因为它可以让我们的生成器一步一步地变好，而不是一下子就变好.

WGAN 实际上就是用 Wasserstein 距离取代 JS 距离. 接下来的问题是，Wasserstein 距离如何计算呢？Wasserstein 距离的计算是一个最优化的问题，如图 8.21 所示. 这里简化过程，直接给出解决方案，也就是解图 8.21 中最大化问题的解，解出来以后，得到的值就是 P_{G_0} 和 P_{data} 的 Wasserstein 距离. 观察图 8.21 中的公式，我们要找一个函数 D，函数 D 可以想象成一个神经网络，这个神经网络的输入是 x，输出是 $D(x)$. 如果 x 是从 P_{data} 采样得到的，则计算它的期望 $E_{x \sim P_{\text{data}}}$；如果 x 是从 P_G 采样得到的，则计算它的期望 $E_{x \sim P_G}$，然后加上一个负号. 如果 x 是从 P_{data} 采样得到的，则判别器的输出越大越好；如果 x 是从 P_G 采样得到的，那么从生成器采样得到的输出应该越小越好.

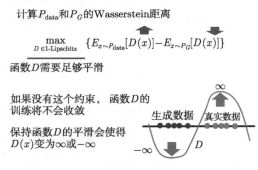

图 8.21 Wasserstein 距离的计算

此外，还有另外一个限制. 函数 D 必须是一个 1-Lipschitz 的函数. 可以想象，如果一个函数的斜率有上限（足够平滑，变化不剧烈），则这个函数就是 1-Lipschitz 的函数. 如果没有这个限制，只看花括号里面的值，显然左边的值越大越好，右边的值越小越好．当蓝色的点和绿色的点（也就是真实图像和生成的虚假图像）没有重叠的时候，我们可以让左边的值无限大，而让右边的值无限小，这样目标函数就可以无限大．此时，整个训练过程根本没有办法收敛．所以我们必须加上这个限制，让这个函数是一个 1-Lipschitz 的函数，这样左边的值无法无限大，右边的值无法无限小，目标函数就可以收敛了．当判别器足够平滑的时候，假设真实数据和生成数据的分布之间距离比较近，那就没有办法让真实数据的期望非常大，同时生成的值非常小了．因为如果让真实数据的期望非常大，同时生成的值非常小，它们之间的差距很大，判别器的更新变化就会很剧烈，它也就不平滑了，也就不是 1-Lipschitz 的函数了．

接下来的问题就是，如何确保判别器一定符合 1-Lipschitz 函数的限制呢？其实 WGAN 刚提出的时候，也没有什么好的想法．最早的一篇关于 WGAN 的文章做了一个比较粗糙的处理，就是在训练网络时，把判别器的参数限制在一个范围内，如果超出这个范围，就把梯度下降更新后的权重设为这个范围的边界值．其实这种方法并不一定真的能够让判别器变成 1-Lipschitz 的函数．虽然可以让判别器变得平滑，但是它并没有真的去解这个优化问题，也没有真的让判别器符合这个限制．

于是后来就有了一些其他的方法，比如 Improved WGAN[3]，它使用了**梯度惩罚（gradient penalty）**，从而让判别器变成了 1-Lipschitz 的函数．具体来说，如图 8.22 所示，假设蓝色区域是真实数据的分布，橙色区域是生成数据的分布，在真实数据这边采样一个数据点，在生成数据这边采样另一个数据点，然后在这两个数据点之间采样第三个数据点，计算第三个数据点的梯度，使之接近 1．这相当于在判别器的目标函数里加上一个惩罚项——用判别器的梯度的范数减去 1 的平方，这个惩罚项的系数是一个超参数，这个超参数可以让判别器变得平滑．此外，也可以将判别器的参数限制在一个范围内，使其变成 1-Lipschitz 的函数，这叫作谱归一化．总之，这些方法都可以让判别器变成 1-Lipschitz 的函数，但这些方法都有一个问题，就是它们都在判别器的目标函数里加了一个惩罚项，而这个惩罚项的系数是一个超参数．

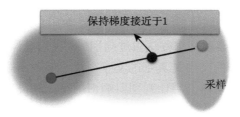

图 8.22　Improved WGAN 的梯度惩罚

8.6　GAN 训练的难点与技巧

GAN 以很难训练而闻名，本节介绍其中的一些原因和训练 GAN 的小技巧. 首先，我们回顾一下判别器和生成器都在做些什么. 判别器旨在分辨真实图片与生成器产生的虚假图片，而生成器要做的事情就是产生虚假图片来骗过判别器. 事实上，生成器和判别器互相砥砺才能共同成长，如图 8.23 所示. 因为如果判别器太强了，生成器就很难骗过它，从而很难产生逼真的图片；而如果生成器太强了，判别器就很难分辨出真实图片和虚假图片. 只要其中一方发生问题停止训练，另一方就会跟着停止训练. 假设在训练判别器的时候一下子没有训练好，则判别器没有办法分辨真实图片与虚假图片之间的差异，同时生成器也就失去了前进的目标，没有办法再进步. 于是判别器也会跟着停下来. 这也是 GAN 很难训练的原因，生成器和判别器必须同时训练，而且必须同时训练到一个比较好的状态.

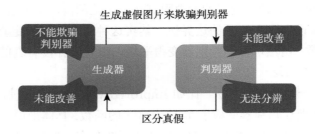

图 8.23　GAN 训练的难点

GAN 的训练不是一件容易的事情，有一些训练 GAN 的小技巧，如 Soumith、DCGAN[4]、BigGAN 等. 读者可以查阅相关文献进行尝试.

训练 GAN 生成文字十分困难. 如果要生成一段文字，则需要一个序列到序列模型，其中的解码器会产生一段文字，如图 8.24 所示. 这个序列到序列模型就是我们的生成器. 著名的 Transformer 是一个解码器，它在 GAN 中也扮演生成器的角色，负责产生我们想要的内容，比如一段文字. 这个序列生成 GAN 和原来的用在图像中的 GAN 有什么不同呢？从最高层次来看，就算法来讲，它们并没有太大的不同. 因为本质上都是训练一个判别器，判别器把这段文字读进去，并判断这段文字是真正的文字还是机器产生出来的文字. 解码器就是想办法骗过判别器，生成器就是想办法骗过判别器. 我们要调整生成器的参数，想办法让判别器觉得生成器产生出来的文字是真正的文字. 对于序列到序列模型，真正的难点在于，如果要用梯度下降去训练解码器，想让判别器输出的得分越高越好，就会发现这很难做到. 思考一下，假设我们改变了解码器的参数，当这个生成器（也就是解码器）的参数有一点小小的变化时，到底对判别器的输出会有什么样的影响呢？如果解码器的参数有一点小小的变化，那么输出的分布也会有一点小小的变化，但这个变化很小，对输出的词元不会有很大的影响.

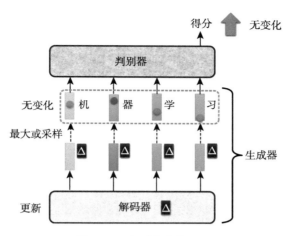

图 8.24 序列生成的 GAN

词元就是产生这个序列的单位. 假设在产生一个中文句子的时候, 我们每次产生一个汉字, 那么汉字就是词元. 在处理英文句子的时候, 每次产生一个英文字母, 英文字母就是词元. 这个单位由我们自己定义. 假设一次产生一个英文单词, 英文单词之间是用空格分开的, 那么英文单词就是此时的词元.

回到刚才的讨论, 假设输出的分布只有一点小小的变化, 并且在取最大值的时候, 或者说在找得分最高的那个词元的时候, 你会发现得分最高的那个词元没有发生改变. 输出的分布只有一点小小的变化, 所以得分最高的那个词元还是同一个词元. 对于判别器来说, 输出的得分没有改变, 判别器的输出也不会改变, 所以根本没有办法算微分, 也就根本没有办法做梯度下降. 当然, 就算不能做梯度下降, 我们也还是可以用强化学习的方法来训练生成器, 但是强化学习本身以难以训练而闻名, GAN 也以难以训练而闻名, 合在一起就更加难以训练了. 所以要用 GAN 产生一段文字, 在过去一直被认为是一个非常大的难题. 有很长一段时间, 没有人能够成功地把生成器训练起来产生文字.

直到 ScratchGAN 出现, 情况才有所好转. ScratchGAN 不需要**预训练(pre-training)**, 可以直接从随机的初始化参数开始, 训练生成器, 然后让生成器产生文字. 方法是调节超参数, 并且加上一些训练技巧, 就可以从零开始训练生成器. 其间, 我们需要使用 SeqGAN-step 技术, 并且将训练批大小设置得很大, 然后要用强化学习的方法, 调整一下强化学习的参数, 同时加一些正则化等技巧, 这样就可以真的把 GAN 训练起来, 让它产生文字.

此外, 生成模型不仅有 GAN, 还有 VAE、流模型等, 这些模型都有各自的优缺点. 当然, 训练一个生成器, 让机器生成一些东西的方法有很多, 可以用 GAN, 也可以 VAE, 还可以用流模型. 但是, 如果想要产生一些图片, 最好用 GAN, 因为 GAN 是目前相对比较好的生成模型, 它可以产生比较好的图片. 如果想要产生一些文字, 则建议使用 VAE 或流模型，因为 GAN 在产生文字的时候存在一些问题. 从训练角度，你可能觉得 GAN 看起来有判别器和生成器，它们需要互动. 而流模型和 VAE 比较像，它们都直接训练一个普通的模型，有着很明确的目标. 不过，实际训练时，它们也没有那么容易就能成功地训练起来，因为它们的分类里面有很多项，损失函数里面也有很多项，要把每一项都平衡才能有好的结果，想要达成平衡也非常困难.

为什么我们要用生成模型来做输出新图片这件事情呢？如果我们的目标就是输入一个高斯分布的变量，然后使用采样出来的向量，直接输出一张图片，能不能直接用监督学习的方式来实现呢？比如有一组图片，为每一张图片分配一个向量，这个向量采样自高斯分布，然后就可以用监督学习的方式训练一个网络，这个网络的输入是这个向量，输出是一张图片. 确实可以这么做，也的确有这样的生成模型. 但难点在于，如果纯粹放入随机的向量，训练起来结果会很差. 所以需要使用一些特殊的方法，如生成式潜在优化等.

8.7　GAN 的性能评估方法

本节介绍 GAN 的性能评估方法，也就是判断生成器好还是不好. 要判断一个生成器的好坏，最直接的做法也许是找人来看生成器产生的图片到底像不像真实图片. 所以其实很长一段时间，尤其是刚开始研究生成式技术的时候，并没有好的评估方法. 那时候，要判断生成器的好坏，都靠人眼看，直接在论文的最后放几张图片，然后指出生成器产生的图片是否逼真. GAN 的早期论文中没有量化的结果，也没有准确度等衡量指标，而只有一些图片. 这显然是不行的，并且存在很多的问题，比如不客观、不稳定等. 有没有比较客观且自动的方法来度量一个生成器的好坏呢？

针对特定的一些任务，是有办法设计一些特定方法的. 比如，要产生一些动漫人物的头像，则可以设计一个专门用于识别动漫人物面部的系统，然后看看生成器产生的图片里面，有没有可以被识别的动漫人物的人脸图片. 如果有，就代表生成器产生的图片比较好. 但是这种方法只适用于特定的任务，如果我们要产生的东西不是动漫人物的头像，而是别的东西，这种方法就行不通了. 如果是更一般的案例，比如不一定产生动漫人物，而专门产生猫、狗、斑马的图片等，怎么才能知道生成器做得好不好呢？

其实有一个方法，就是训练一个图像分类系统，然后把 GAN 产生的图片输入这个图像分类系统，看看会产生什么样的结果，如图 8.25 所示. 这个图像分类系统的输入是一张图片，输出是一个概率分布，这个概率分布代表这张图片中是猫、狗、斑马等的概率. 概率分布越集中，就代表产生的图片越好. 如果产生的图片是一个四不像，这个图像分类系统就会非常困惑，它产生的这个概率分布就会非常平均.

图 8.25 评估 GAN 生成的图片的质量

靠图像分类系统来判断产生的图片好不好是一种可行的做法，但这还不够. 这种做法会遇到称为**模式崩塌（mode collapse）**的问题. 模式崩塌是在训练 GAN 的过程中有可能出现的一种状况. 在图 8.26 中，蓝色的星星是真实数据的分布，红色的星星是生成数据的分布. 我们发现，生成模型输出的图片总与某一固定的真实图片十分接近，可能单拿一张出来好像还不错，但是多产生几张就会露出马脚，这就是"模式崩塌".

★ ：真实数据

★ ：生成数据

图 8.26 模式崩塌问题

发生模式崩塌的原因，可以理解成这个地方是判别器的一个盲点，当生成器学会产生这种图片以后，它就永远可以骗过判别器，判别器没办法看出图片的真假. 对于如何避免模式坍塌，直到现在也没有一个非常好的解决方法. 可以在训练生成器的时候，将训练的节点保存下来，在模式坍塌之前把训练停下来，只训练到模式崩塌前，然后把之前的模型拿出来用. 不过对于模型崩塌的问题，我们至少知道有这个问题，它能够看得出来，当生成器总是产生同一张图片的时候，它肯定不是什么好的生成器.

除此之外，还有一个问题很难评判，即生成器产生的图片是不是真的具有多样性. 这个问题叫作"模式丢失"，指 GAN 虽然能够很好地生成训练集中的数据，但它难以生成非训练集中的数据，"缺乏想象力". 单纯看产生出来的数据，你可能觉得还不错，而且分布的多样性也足够，但你不知道真实数据的多样性其实更强. 事实上，一些非常好的 GAN，如 BGAN、ProgressGAN[5] 等，可以产生非常逼真的人脸图片，但这些 GAN 多多少少还是有模式丢失的问题，因此看多了 GAN 产生的人脸图片之后，就会隐约发现，这些人脸图片好像是由计算机产生的. 直到今天，模式丢失问题也还没有得到本质上的解决.

虽然存在模式坍塌、模式丢失等问题，但是我们仍然需要度量生成器产生的图片多样性够不够. 一种做法是，借助之前介绍的图像分类系统，把一系列图片输入图像分类系统，看看它们都被判断成哪一个类别，如图 8.27 所示．每张图片都会给我们一个分布，将所有的分布平均起来，看看平均后的分布是什么样子．如果平均后的分布非常集中，就代表多样性不够；如果平均后的分布非常平坦，就代表多样性够了．具体来讲，如果不论将什么图片输入图像分类系统后的输出都是同一种类别，则代表每一张图片也许都很像，也就代表输出的多样性不够；而如果将不同图片输入以后，输出分布都不一样，则代表多样性足够，并且求平均以后，结果非常平坦．

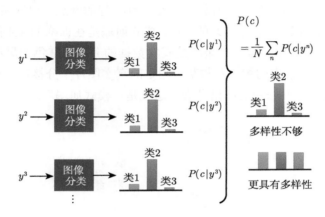

图 8.27　GAN 生成结果的多样性问题

当使用图像分类系统做评估的时候，结果的多样性和质量好像是互斥的．因为分布越集中代表质量越高，多样性的分布越平均．但如果分布越平均，质量就会越低（因为分布平均，似乎代表图片什么都不太像，所以质量就会更低）．这里强调一下，质量和多样性的评估范围不一样，评估质量只看一张图片，当把一张图片输入图像分类系统里的时候，看的是分布有没有非常集中，而评估多样性看的是图片的分布是否平均，图像分类系统输出的分布越平均，就代表输出越具有多样性．

过去常用 Inception 分数来度量质量和多样性．如果质量高并且多样性强，Inception 分数就会比较高．目前研究人员通常评估另一个分数，称为 Fréchet Inception Distance（FID）．具体来讲，就是先把生成器产生的人脸图片输入 Inception 网络，让 Inception 网络输出图片的类别．这里需要的不是最终的类别，而是进入 softmax 函数之前的隐藏层的输出向量，这个向量达到了上千维，代表一张人脸图片．如图 8.28 所示，图中所有的红色点代表在把真实图片丢到 Inception 网络以后，得到的一个向量．这个向量的维数其实非常高，甚至达到上千维，我们把它降维后，画在了二维的平面上．蓝色点是 GAN 产生的图片在被输入 Inception 网络以后，进入 softmax 函数之前的向量．接下来，假设真实图片和虚假图片都服从高斯分布，然后计算这两个分布之间的 FID．这两个分布之间的 FID 越小，代表这两张图片越接近，也就是虚假图片的品质越高．这里还有两个细节之需要注意．首先，要考虑做出真实图片和虚假图片都服从高斯分布的假设是否合理，其次，如果想要准确地得到网络的分布，则需要产生大量的采样样本，这需要一点运算量．

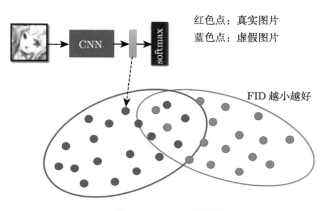

图 8.28　FID 的计算

　　FID 是目前比较常用的一种度量．论文 "Are GANs Created Equal? A Large-Scale Study"[6] 尝试了不同的 GAN．对于每一个 GAN，训练的分类和损失都有点不太一样，并且每一个 GAN 都用不同的随机种子运行很多次以后，才取结果的平均值．所有的 GAN 表现都差不多，那么所有与 GAN 有关的研究不都白忙一场吗？事实上未必如此．在这篇论文中，不同 GAN 用的网络架构是同一个，只是在调参而已，比如调随机种子和学习率．不同的 GAN 会不会在不同的网络架构上表现比较稳定？这些都有待研究．

　　此外，还有一种状况．假设 GAN 产生的图片跟真实图片一模一样，此时 FID 为 0，因为分布也一模一样．如果不知道真实数据是什么样子，仅看生成器的输出，你可能觉得太棒了，FID 算出来也一定非常小．但如果 GAN 产生的图片都跟数据库里的训练数据一模一样的话，干脆直接从训练数据里面采样一些图像出来不是更好，也就不需要训练生成器了．我们训练生成器其实是希望生成器产生新的图片，也就是数据库里没有的人脸图片．

　　这不是使用普通的度量标准可以衡量的．怎么解决呢？其实有一些方法，例如，可以用一个分类器，这个分类器用来判断这张图片是不是真实图片，以及是不是来自训练数据．这个分类器的输入是一张图片，输出是一个概率，这个概率代表这张图片是不是来自训练数据．如果这个概率是 1，就代表这张图片来自训练数据；如果这个概率是 0，就代表这张图片不来自训练数据．但是还有另外一个问题，假设生成器学到的是把所有训练数据里的图片都左右反转，那么生成器其实几乎什么事都没有做，但这不能通过分类结果或相似度体现出来．所以 GAN 的性能评估是一件非常困难的事情，就连评估生成器做得好不好都是一个可以研究的课题.

8.8　条件型生成

本节介绍**条件型生成（conditional generation）**. 我们之前讲的 GAN 中的生成器没有输入任何条件，而只是输入一个随机的分布，然后产生一张图片. 我们现在想要更进一步地操控生成器的输出，给定条件 x，让生成器根据条件 x 和输入 z 产生输出 y. 这样的条件型生成器有什么样的应用呢？比如可以做文字对图片的生成，这其实是一个监督学习的问题. 我们需要一些有标签的数据，比如一些人脸图片，然后这些人脸图片都要有文字描述. 比如一个样本是红眼睛、黑头发，另一个样本是黄头发、有黑眼圈，等等，如此才能够训练这种条件型生成器. 所以在文生图这样的任务中，条件 x 就是一段文字. 我们希望输入一段文字，然后生成器就可以生成一张图片，这张图片就是这段文字所描述的内容. 一段文字怎么输入生成器呢？这其实依赖于我们自己. 以前我们是用 RNN 把一段文字读过去，然后得到一个向量，再把这个向量输入生成器. 也许也可以把一段文字输入 Transformer 的编码器，得到一个向量，再把这个向量输入生成器. 总之，只要能够让生成器读一段文字就可以. 我们期待为模型输入"红眼睛"，然后机器就可以画一个红眼睛的角色，而且每次画出来的角色都不一样. 画出来什么样的角色取决于采样到什么样的 z. 采样到不一样的 z，就会画出不一样的角色，但它们都是红眼睛的.

条件型 GAN 具体怎么做呢？我们现在的生成器有两个输入，一个采样自正态分布的 z，另一个是条件 x（也就是一段文字）. 然后生成器会产生一个 y，也就是一张图片. 与此同时，我们需要一个判别器. 根据前面介绍的知识，判别器使用一张图片作为输入，输出一个数值，这个数值代表输入的图片与真实图片有多像. 训练这个判别器的方法就是，如果看到真实图片就输出 1，如果看到生成的图片就输出 0. 这样就可以训练判别器，然后对判别器和生成器反复进行训练.

但是这样的方法没能真正解决条件型 GAN 的问题，因为如果我们只训练判别器，只将 y 当作输入的话，生成器学到的知识就是，只要产生的图片 y 品质高就可以了，跟输入没有任何关系，因为对生成器来说，只要产生清晰的图片就可以骗过判别器，不必管输入的文字是什么. 所以生成器直接就无视条件 x，产生一张图片骗过判别器就结束了. 这显然不是我们想要的，所以在条件型 GAN 中，就要做些不一样的设计，让判别器不仅接收图片 y，还要接收条件 x. 判别器输出的分数也不只要看 y 好不好，还要看 y 和 x 配不配得上. 如果 y 和 x 配不上，那就要给一个很低的分数；如果 y 和 x 配上了，那就可以给一个很高的分数. 我们需要成对的文字和图像数据来训练判别器，所以条件型 GAN 的训练需要这种成对的标注数据. 当看到文字叙述是红色眼睛且图片真的是红色眼睛的角色，就给它 1 分；当看到文字叙述是红色眼睛但图片并非如此，就给它 0 分.

在实际操作中，只拿这样的负样本对和正样本对训练判别器，得到的结果往往不够好. 还需要加上一种不好的状况：已经产生了好的图片，但是和文字叙述匹配不上. 所以我们通常把训练数据拿出来，然后故意把文字和图片打乱匹配，或者故意配一些错的文字，告诉判别器看到这种状况也要输出"不匹配". 只有用这样的数据，才有办法把判别器训练好，如图 8.29 所示. 然后对生成器和判别器反复进行训练，最后才会得到好的结果，这就是条件型 GAN.

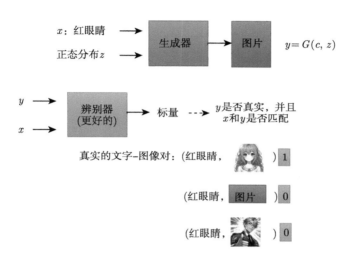

图 8.29　条件型 GAN

条件型 GAN 的应用不只是用一段文字产生图片，也可以是用一张图片产生其他图片. 比如，给 GAN 房屋的设计图，让生成器直接把房屋画出来；给 GAN 黑白图片，让它为其着色；给 GAN 素描的图，让它把图变成实景；给 GAN 白天的图片，让它变成晚上的图片；给 GAN 起雾的图片，让它变成没有起雾的图片，等等. 像这样的应用叫作图像翻译，也叫作 pix2pix. 这跟刚才讲的从文字产生图像并没有什么不同，只是把文字的部分用图像取代而已. 所以中间同样要使用生成器生成图片；还要使用判别器，输出一个数值. 可以用监督学习的方法，训练一个图片生成图片的生成器，但是生成的结果图片可能非常模糊，原因在于同样的输入可能对应不一样的输出. 生成器学到的就是把不同的可能平均起来，变成一个模糊的结果. 判别器的输入是一张图片和条件，我们要看看图片和条件有没有匹配，从而决定判别器的输出. 另外，GAN 的创造力、想象力过于丰富，将产生一些输入中没有的东西. 所以如果要做到最好，往往需要同时使用 GAN 和监督学习，也就是说，生成器生成的图片不只要骗过判别器，还要和标准答案越像越好.

条件型 GAN 还有很多应用, 如给 GAN 听一段声音, 让它生成一张对应的图片, 比如给 GAN 听一段狗叫声, 它就可以画出一只狗. 这些应用的原理跟刚才讲的文字变图像是一样的, 只是输入的条件变成声音而已. 对于声音和图像成对的数据, 也并不难搜集, 因为从网络上可以爬取到大量的影片, 影片里面有画面也有声音, 并且每一帧都是一一对应的, 所以可以用这样的数据来训练. 另外, 条件型 GAN 还可以生成会动的图片, 比如给 GAN 一张蒙娜丽莎的画像, 然后就可以让蒙娜丽莎"开口讲话", 等等.

8.9　CycleGAN

本节介绍 GAN 的另一个有趣应用, 就是把 GAN 用在无监督学习中. 到目前为止, 我们介绍的都是监督学习, 即训练一个网络, 输入是 x, 输出是 y, 并且我们需要成对的数据才有办法训练这个网络. 但我们可能会遇到的一种状况是, 我们有一系列的输入和输出, 而 x 和 y 之间并没有成对的关系, 也就是说, 没有成对的数据. 举个例子, 假设我们要训练一个深度学习网络, 它要做的事情是把 x 域的真人照片, 转换为 y 域的动漫人物的头像. 在这个例子中, 我们没有任何的成对数据, 因为我们有一组真人照片, 但是没有这些真人的动漫头像. 除非我们将动漫头像先自己画出来, 否则没有办法训练网络, 不过这样的做法显然太昂贵了. 那么在这种状况下, 还有没有办法训练一个网络呢? 这时候 GAN 就派上用场了, GAN 可以在这种完全没有成对数据的情况下进行学习.

图 8.30 展示了我们之前在介绍无条件生成的时候使用的生成器架构, 输入是一个高斯分布, 输出则可能是一个更复杂的分布. 现在稍微转换一下我们的想法, 输入不是高斯分布, 而是来自 x 域的图片, 输出则是来自 y 域的图片. 我们完全可以套用原来的想法, 在原来的 GAN 中, 从高斯分布中采样一个向量并输入生成器, 之前输入是来自 x 域的图片, 只要改成从 x 域中采样就可以了. 其实不一定要从高斯分布中采样, 只要是一个分布, 就可以从这个分布中采样一个向量并输入生成器. 采样过程可以理解为从真实的人脸照片里面随便挑一张照片出来, 然后把这张照片输入生成器, 让它产生另外一张图片. 这时候我们的判别器就要改一下, 不再只输入来自 y 域的图片, 而是同时输入来自 x 域的图片和来自 y 域的图片, 然后输出一个数值, 这个数值代表这两张图片是不是一对的.

整个过程与之前的 GAN 没有什么区别, 但是仔细想想, 仅仅套用原来的 GAN 训练, 好像是不够的. 我们要做的事情是让生成器输出一张来自 y 域的图片, 但是这张图片一定要与输入有关系吗? 此处我们没有做任何限制, 所以生成器也许就把这张图片当成了一个符合高斯分布的噪声, 然后不管输入什么, 都无视它, 只要判别器觉得自己做得很好就可以了. 所以如果我们完全只套用一般 GAN 的做法, 只训练一个生成器, 这个生成器输入的分布从高斯分布变成来自 x 域的图片, 然后训练一个判别器, 则显然是不够的, 因为训练出来的生成器可以产生的动漫头像跟输入的真实照片之间并没有什么特别的关系.

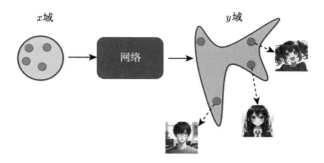

图 8.30　在完成没有成对数据的情况下进行学习的 GAN

　　怎么解决这个问题呢？怎么强化输入与输出的关系呢？我们在介绍条件型 GAN 的时候，曾假设判别器只看 y，所以判别器可能会无视生成器的输入，产生的结果也不是我们想要的. 要让判别器看 x 和 y，才能让生成器学到 x 和 y 之间的关系. 但是，如果只从不成对的数据中学习，就没有办法直接套用条件型 GAN 的想法，因为在条件型 GAN 中是有成对数据的，可以用这些成对的数据来训练判别器. 目前我们没有成对的数据来训练判别器，什么样的 x 和 y 组合才是对的呢？为了解决这个问题，我们可以使用**循环生成对抗网络（CycleGAN）**[7].

　　具体来说，在 CycleGAN 中，我们会训练两个生成器. 第一个生成器会把 x 域的图片变成 y 域的图片，第二个生成器在看到一张 y 域的图片后，就把它还原为 x 域的图片. 在训练的时候，我们会增加一个额外的目标，就是希望输入一张图片，在将其从 x 域转成 y 域以后，还要从 y 域转回与原来一模一样的 x 域的图片. 就这样经过两次转换以后，输入跟输出越接近越好，或者说两张图片对应的两个向量之间的距离越小越好. 从 x 域到 y 域，再从 y 域回到 x 域，是一个循环（cycle），所以这个方案称为 CycleGAN. CycleGAN 中有三个网络——两个生成器和一个判别器，第一个生成器的工作是把 x 转成 y，第二个生成器的工作是把 y 还原回 x，判别器的工作是看第一个生成器的输出像不像 y 域的图片，如图 8.31 所示.

　　在加入了第二个生成器以后，对于第一个生成器来说，就不能随便产生与输入没有关系的人脸图片了. 因为如果它产生的人脸图片跟输入的人脸图片没有关系，第二个生成器就无法把它还原回原来的 x 域的图片. 所以对第一个生成器来说，为了让第二个生成器能够成功还原输入的图片，它产生的图片就不能跟输入差太多，然后第二个生成器才能还原之前的输入.

　　还有一个问题，我们需要保证第一个生成器的输出和输入有一定的关系，但是我们怎么才能知道这个关系是我们所需要的呢？机器自己有没有可能学到很奇怪的转换方式并且满足 CycleGAN 的一致性呢？一个很极端的例子，假设第一个生成器学到的是把图片左右翻转，那么只要第二个生成器学会把图片再次左右翻转就可以了. 这样的话，第一个生成器学到的内容跟输入的图片完全没有关系，但第二个生成器还是可以还原输入的图片. 对于这个问题，目前确实没有什么特别好的解决方法，但实际上在使用 CycleGAN 的时候，这种状况没有那么容易出现，输入和输出往往真的看起来非常像，甚至实际应用时，不用 CycleGAN 而使用一般的 GAN 替代，对于这种图片风格转换任务，效果往往也很好. 因为网络其实非常"懒惰"，输入一张图片，它往往倾向于输出与输入很像的东西，而不太会对输入的图片进行太复杂的转换. 所以在实际应用中，CycleGAN 的效果往往非常好，而且输入和输出往往真的看起来非常像，或许只是改变了风格而已.

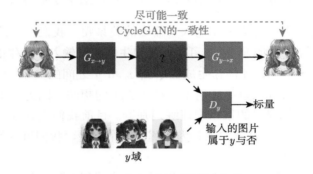

图 8.31　CycleGAN 的基本架构

　　换个角度，CycleGAN 也可以是双向的，如图 8.32 所示. 此前的生成器输入 y 域的图片，输出 x 域的图片，其实是先把 x 域的图片转成 y 域的图片，再把 y 域的图片转回 x 域的图片. 在训练 CycleGAN 的时候，其实可以同时进行另外一个方向的训练，也就是给橙色的生成器输入 y 域的图片，让它产生 x 域的图片. 然后让蓝色的生成器把 x 域的图片还原为原来 y 域的图片. 同时，我们依然希望输入和输出越接近越好，所以还要训练一个判别器，这个判别器是 x 域的判别器，记作 D_x，旨在判断橙色生成器输出的图片像不像真实人脸的图片. 橙色的生成器需要能够骗过判别器 D_x. 这合起来就是双向的 CycleGAN.

　　除了 CycleGAN 以外，还有很多其他的可以做风格转换的 GAN，比如 DiscoGAN、DualGAN 等. 这些 GAN 的架构都是类似的，背后的思想也一样. 此外，还有另外一个更进级的可以做图像风格转换的 GAN，叫作 StarGAN[8]. CycleGAN 只能在两种风格间做转换，而 StarGAN 可以在多种风格间做转换.

　　GAN 的应用并不仅限于图像风格的转换，也可以做文字风格的转换. 比如，把一句负面的句子转成正面的句子，只是输入变成了文字，输出也变成了文字而已. 由于输入是一个序列，输出也是一个序列，因此可以使用 Transformer 架构来处理文字风格转换的问题.

具体怎么做文字的风格转换呢？其实和 CycleGAN 一模一样. 首先要有训练数据，不妨收集一些负面的句子和一些正面的句子，它们可以从网络上直接爬取得到. 接下来完全套用 CycleGAN 的方法，假设要将负面的句子转为正面的句子，那么判别器就要看现在生成器的输出像不像真正的正面的句子. 然后还要有另外一个生成器，它要学会把句子转回去，以符合 CycleGAN 的一致性. 负面的句子在转成正面的句子以后，还可以再转回负面的句子. 两个句子的相似度也可以编码为向量来计算.

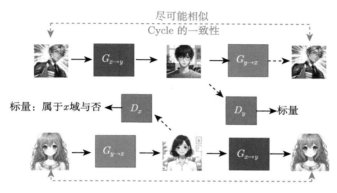

图 8.32　CycleGAN 的双向架构

其实像这种文字风格转换还有很多其他的应用. 举例来说，有很多长的文章想让机器学习文字风格的转换，让机器学会把长的文章变成简短的摘要. 同样的想法也可以做无监督的翻译，例如收集一组英文句子，同时收集一组中文句子，没有任何成对的数据，使用 CycleGAN，机器就可以学会把中文翻译成英文了. 另外，还有无监督的语音识别，也就是让机器听一些声音，然后学会把声音转成文字. 这也可以用 CycleGAN 来做，只是输入变成了声音，输出变成了文字而已. 当然，还有很多其他有趣的应用等着大家去探索.

有关 GAN 的内容到此就介绍完了，本章主要向大家介绍了生成模型、GAN 的理论、GAN 的训练小技巧、GAN 的性能评估方法、条件型 GAN，以及 CycleGAN 这种不需要成对数据的 GAN. 如果大家想继续深入研究 GAN 的理论和应用，建议多看一些综述性的文章和最新的论文.

参考资料

[1] BROCK A, DONAHUE J, SIMONYAN K. Large scale GAN training for high fidelity natural image synthesis[EB/OL]. arXiv: 1809.11096.

[2] ARJOVSKY M, CHINTALA S, BOTTOU L. Wasserstein GAN[EB/OL]. arXiv: 1701.07875.

[3] GULRAJANI I, AHMED F, ARJOVSKY M, et al. Improved training of Wasserstein GANs[C]//Advances in Neural Information Processing Systems, 2017.

[4] RADFORD, A., METZ, L., CHINTALA, S. Unsupervised representation learning with deep convolutional generative adversarial networks[EB/OL]. arXiv: 1701.07875.

[5] KARRAS T, AILA T, LAINE S, et al. Progressive growing of GANs for improved quality, stability, and variation[EB/OL]. arXiv: 1710.10196.

[6] LUCIC M, KURACH K, MICHALSKI M, et al. Are GANs created equal? A large-scale study[C]//Advances in Neural Information Processing Systems, 2018.

[7] ZHU J Y, PARK T, ISOLA P, et al. Unpaired image-to-image translation using cycle-consistent adversarial networks[C]//Proceedings of the IEEE International Conference on Computer Vision. 2017: 2223-2232.

[8] CHOI Y, CHOI M, KIM M, et al. StarGAN: Unified generative adversarial networks for multi-domain image-to-image translation[C]//Proceedings of the IEEE Conference on Computer Vision and Pattern Recognition. 2018: 8789-8797.

第**9**章 扩散模型

扩散模型（diffusion model）是一种运用了物理热力学扩散思想的生成模型. 扩散模型有很多不同的变体，本章主要介绍最知名的去噪扩散概率模型（Denoising Diffusion Probabilistic Model，DDPM）. 如今比较成功的一些图像生成系统，如 OpenAI 的 DALL-E、谷歌的 Imagen 以及 Stable Diffusion 等，就使用了扩散模型.

9.1 扩散模型生成图片的过程

本节介绍扩散模型是怎么生成一张图片的.

如图 9.1 所示，生成图片的第一步，就是采样一张满是噪声的图片，也就是从高斯分布中采样得到一个向量. 这个向量保存了一些数字，且这个向量的维度与所要生成图片的大小一模一样. 假设要生成一张 256×256 像素的图片，从正态分布中采样得到的向量的维度就是 256×256 像素，把采样得到的 256×256 像素的向量排成一张图片.

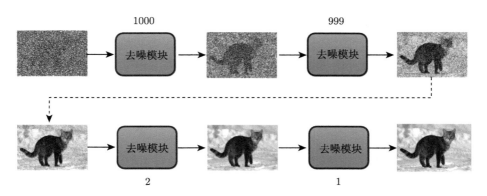

图 9.1 扩散模型生成图片的过程

接下来是去噪模块. 输入一张满是噪声的图片，去噪模块会把噪声过滤掉一些，你可能看到有一个猫的形状，继续去噪，猫的形状逐渐显现出来. 去噪做得越多，最终看到的猫就越清晰，去噪的次数是事先设定好的. 通常会给每个去噪步骤设置一个编号，产生最终图片的那个编号比较小. 从满是噪声的输入开始，去噪的编号最大，从 1000 一直排到 1，这个从噪声到图片的过程称为逆过程（reverse process）. 在概念上，这其实就像米开朗琪罗说的，"塑像就在石头里，我只是把不需要的部分去掉"，扩散模型做的是同样的事情.

9.2　去噪模块

图 9.1 中的扩散模型反复使用了同一个去噪模块，对于每一种状况，输入的图片差异非常大. 比如在某状况下输入的是纯噪声；而在另一种状况下输入的数据中噪声非常少，已经非常接近完整的图. 如果用同一个模型，它可能不一定做得很好. 所以去噪模块除了接收想要去噪的那张图片以外，还会多接收一个输入，该输入代表现在噪声的严重程度. 如图 9.2 所示，1000 代表刚开始去噪的时候，噪声很多；1 代表去噪的步骤快结束了，显然噪声很少. 我们希望去噪模块可以根据输入的信息做出不同的回应.

图 9.2　扩散模型在对图片进行去噪时需要结合具体的步骤

去噪模块内部做了什么事情呢？如图 9.3 所示，去噪模块内部有一个噪声预测器（noise predictor），用于预测图片里面的噪声. 噪声预测器接收这张想要去噪的图片，并接收一个噪声的严重程度（现在进行的去噪步骤的编号），输出一张含有噪声的图. 也就是预测这张图片里的噪声是什么样子，再用要被去噪的图片减去预测的噪声，产生去噪以后的结果. 所以去噪模块并不是输入一张含有噪声的图片，输出就直接是去噪后的图片，而是先产生输入图片的噪声，再把噪声过滤掉以达到去噪的效果.

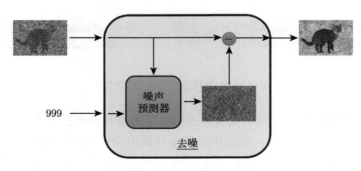

图 9.3　去噪模块的内部结构

Q：为什么不直接使用一个端到端的模型，使得输入是要被去噪的图片，输出就直接是去噪的结果呢？

A：的确可以这么做. 不过建议还是选择使用一个噪声预测器，因为产生图片和产生噪声的难度是不一样的. 如果去噪模块可以产生一只带噪声的猫的图片，那就几乎可以说它已经学会画一只猫了. 直接使用一个噪声预测器是比较简单的，使用一个端到端的模型直接产生去噪的结果则是比较困难的.

9.3 训练噪声预测器

怎么训练噪声预测器呢？去噪模块根据一张带有噪声的图片和代表去噪步数的 ID 来产生去噪的结果. 去噪模块里的噪声预测器会接收这张图片和 ID，产生一个预测出来的噪声. 但要产生一个预测出来的噪声，就需要有标准答案. 在训练网络的时候，需要有成对的数据. 只有告诉噪声预测器这张图片里的噪声是什么样子，它才能够学习怎么把噪声输出. 噪声预测器的训练数据是人为创造的. 怎么创造呢？如图 9.4 所示，从数据集里拿一张图片出来，随机地从高斯分布中采样一组噪声并加上去，从而产生有点噪声的图片. 再采样一次，就可以得到噪声更多的图片，以此类推，最后整张图片已经看不出原来是什么样子. 加噪声的过程称为前向过程，也称为扩散过程. 做完扩散过程以后，就有了噪声预测器的训练数据. 噪声预测器的训练数据就是一张加完噪声的图片以及现在是第几步加噪声，而加入的噪声就是网络的输出，这是网络输出的标准答案.

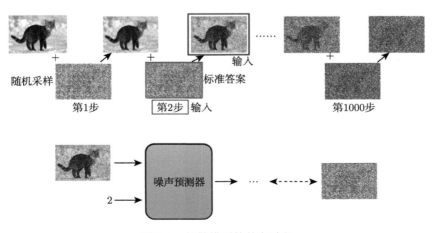

图 9.4 扩散模型的前向过程

接下来就是跟训练普通模型一样训练了. 但我们想要的不只是生成图片. 刚才只是从一个噪声里面产生出图, 还没有考虑文字. 如果要训练一个图像生成模型, 则需要输入文字并产生图片, 如图 9.5 所示. 其实还是需要图片和文字成对的数据. ImageNet 共有超过 1000 万张图片, 每张图片都有一个类别标记. Midjourney、Stable Diffusion 或 DALL-E 的数据往往来自 LAION, LAION 有 58.5 亿个图像–文本对, 难怪这些模型可以产生这么好的结果. LAION 有一个搜索平台, 里面内容很全面, 比如猫的图片, 不是只有猫的图片和对应的英文文字, 还有对应的中文文字. 这个图像生成模型不仅看得懂英文, 还看得懂中文, 因为它的训练数据里有中文. 此外, 平台中还有很多名人的照片. Midjourney 能画出很多名人, 就是因为它知道名人的模样.

图 9.5　文生图示例

接下来如图 9.6 所示, 把文字输入去噪模块就结束了. 去噪模块并非仅看输入的图片来去噪, 而是根据输入的图片加上一段文字描述来把噪声去掉, 所以在每一步, 去噪模块都会有一个额外的输入. 这个额外的输入就是一段描述要产生什么样的图片的文字. 去噪模块里的噪声预测器要怎么改呢? 直接把这段文字描述输入噪声预测器就可以了, 如图 9.7 所示.

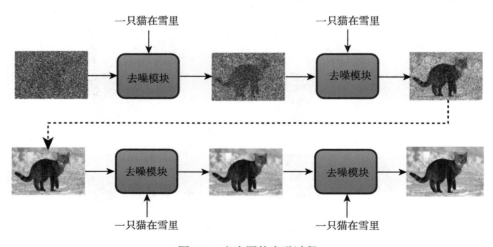

图 9.6　文生图的去噪过程

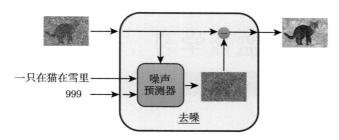

图 9.7　去噪模块加文字描述

　　训练的部分要怎么改呢？如图 9.8 所示，每一张图片都有一段文字描述，所以在对一张图片做完扩散过程以后，在训练的时候，不仅要给噪声预测器加入噪声后的图片，还有代表去噪步数的 ID，以及一段文字描述. 噪声预测器据此产生适当的噪声.

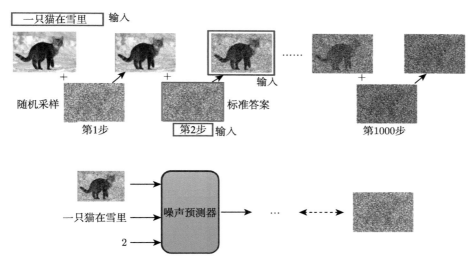

图 9.8　加入了文字描述的前向过程

第10章 自监督学习

自监督学习（**Self-Supervised Learning,SSL**）是一种无标注的学习方式，Yann LeCun 早在 2019 年 4 月，就在 Facebook（后改名为 Meta）上的一篇帖子中提出了"自监督学习"的概念. 监督学习与无监督学习是两种常见的学习方式，如果在模型训练期间使用标注的数据，则称为监督学习；如果没有使用标注的数据，则称为无监督学习. 如图 10.1 所示，监督学习中只有一个模型，模型的输入是 x，输出是 $\hat{y}$，标签是 y. 对于情感分析，监督学习就是让机器读一篇文章，机器需要对文章是正面的还是负面的进行分类. 我们需要有标注的数据，先找到很多文章并对所有文章进行标注，根据文章的含义将其标注为正面或负面，正面或负面就是标签.

我们需要有标注的文章数据来训练监督模型，而自监督学习是一种无标注的学习方式. 如图 10.1(b) 所示，假设我们有未标注的文章数据，则可将一篇文章 x 分为两部分：模型的输入 x' 和模型的标签 x''. 将 x' 输入模型并输出 $\hat{y}$，我们想让 $\hat{y}$ 尽可能地接近标签 x''（学习目标），这就是自监督学习.

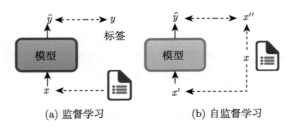

(a) 监督学习   (b) 自监督学习

图 10.1 监督学习和自监督学习

自监督学习不使用标注的数据，可以看作一种无监督学习方法. 为什么不直接称其为无监督学习呢？因为无监督学习是一个比较大的家族，里面有很多不同的学习方法，自监督学习只是其中之一. 为了使定义更清晰，我们称其为自监督学习.

自监督学习模型大多是以电视节目《芝麻街》中的角色命名的，以下是几个例子.

- **ELMo**：来自语言模型的嵌入（**Embeddings from Language Modeling**），名称来自《芝麻街》中的红色小怪兽 Elmo，ELMo 是最早的自监督学习模型.
- **BERT**：来自 **Transformer** 的双向编码器表示（**Bidirectional Encoder Repre-**

sentation from Transformers），名称来自《芝麻街》中的另一个角色 Bert.

- BERT 被提出后，马上就出现了两个不同的模型，它们都叫 ERNIE，其中一个是**知识增强的语义表示模型（Enhanced Representation through Knowledge Integration）**，另一个是**具有信息实体的增强语言表示（Enhanced Language Representation with Informative Entities）**，名称来自《芝麻街》中 Bert 最好的朋友 Ernie.

- **Big Bird：较长序列的 Transformer（Transformers for longer sequences）**，名称来自《芝麻街》中的黄色大鸟 Big Bird.

如表 10.1 所示，自监督学习模型的参数量都很大. Megatron 的参数量是 GPT-2 的 8 倍左右. GPT-3 的参数量是 Turing NLG 的 10 倍. 谷歌的 Switch Transformer 的参数量是 GPT-3 的 9 倍多.

表 10.1　自监督模型的参数量

模型	参数量/百万
ELMo	94
BERT	340
GPT-2	1542
Megatron	8000
T5	11 000
Turing NLG	17 000
GPT-3	175 000
Switch Transformer	1 600 000

本章主要介绍两种典型的自监督学习模型——BERT 和 GPT.

10.1　BERT

BERT 是自监督学习的经典模型. 如图 10.2 所示，BERT 是一个 Transformer 编码器，BERT 的架构与 Transformer 编码器完全相同，里面有很多自注意力、残差连接、归一化等. BERT 可以输入一行向量，输出另一行向量. 输出向量的长度与输入向量的长度相同.

BERT 一般用在自然语言处理或文本场景中，所以它的输入一般是一个文本序列，也就是一个数据序列. 不仅文本是一种序列，语音也可以看作一种序列，甚至图像也可以看作一组向量. 因此 BERT 不仅可以用在自然语言处理中，也可以用在文本中，还可以用在语音和视频中. 因为 BERT 最早被用在文本中，所以这里都以文本为例（语音或图像也是一样的）. BERT 的输入是一段文字. 接下来需要随机掩码一些输入的文字，被掩码的部分是随机决定的. 例如，输入 100 个词元. 词元是处理一段文本时的基本单位，词元的大小由我们自己决定. 在中文文本中，通常将一个汉字当成一个词元. 当输入一个中文句子时，里面的一些汉字会被随机掩码. 哪些部分需要掩码是随机决定的.

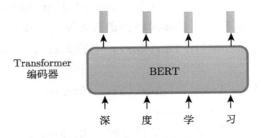

图 10.2　BERT 的架构

有两种方法可以实现掩码，如图 10.3 所示. 一种方法是用特殊符号替换句子中的汉字，使用"MASK"词元来表示特殊符号，它可以看成一个新的汉字，不在字典中，作用是掩码原文. 掩码的目的是对向量中的某些值进行掩盖，避免无关位置的数值对运算造成影响. 另一种方法是用另一个字随机替换一个字. 本来是"度"字，可以随机选择另一个汉字来替换它，比如改成"一""天""大""小"等.

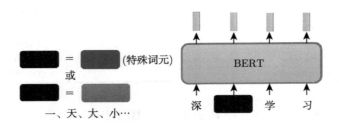

图 10.3　掩码的两种方法

这两种方法都可以使用，具体使用哪一种方法也是随机确定的. 所以在训练 BERT 的时候，应给 BERT 输入一个句子. 先随机决定要掩码哪些汉字，再决定如何进行掩码. 掩码部分是要被特殊符号"MASK"代替还是只被另一个汉字代替？这两种方法都可以使用.

如图 10.4 所示，掩码后，向 BERT 输入一个序列，BERT 的相应输出就是另一个序列. 接下来，查看输入序列中掩码部分的对应输出，仍然在掩码部分输入汉字，可能是"MASK"词元或随机的一个汉字. 仍然输出一个向量，对这个向量使用线性变换（线性变换是指对输入向量乘以一个矩阵）. 然后执行 softmax 操作并输出一个分布. 输出是一个很长的向量，其中包含要处理的每一个汉字. 每个汉字对应一个分数，它们是通过 softmax 函数生成的分布.

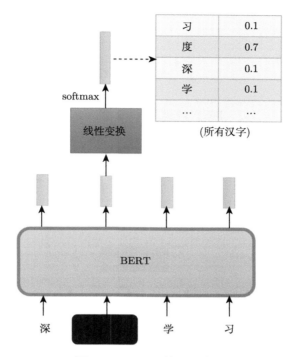

图 10.4　BERT 的预测过程

　　如何训练 BERT? 如图 10.5 所示, 我们知道被掩码的字符是"度", 而 BERT 不知道. 因此, 训练的目标是输出一个尽可能接近真实答案的字符, 即字符"度". 独热编码可以用来表示字符, 并最小化输出和独热向量之间的交叉熵损失. 这个问题可以看成一个分类问题, 只是类的数量和汉字的数量一样多. 若我们要考虑的汉字的数量为 4000, 则该问题就是一个 4000 类的分类问题. BERT 要做的就是成功预测掩码的地方属于的类, 在这个例子中, 就是"度". 在训练过程中, 在 BERT 之后添加一个线性模型并将它们一起训练. 所以, BERT 的内部是一个 Transformer 编码器, 它有一些参数. 线性模型是一个矩阵, 它也有一些参数, 尽管与 BERT 相比要少得多. 我们需要联合训练 BERT 和线性模型并尝试预测被掩码的字符.

　　事实上, 在训练 BERT 时, 除了掩码之外, 还有另一种方法——**下一句预测 (next sentence prediction)**. 我们可以通过在互联网上使用爬虫来获得大量的句子并构建数据库, 然后从数据库中拿出两个句子. 如图 10.6 所示, 在这两个句子的中间加入一个特殊的词元 [SEP] 来代表它们之间的分隔. 这样 BERT 就可以知道这两个句子是不同的句子了, 因为这两个句子之间有一个分隔符号. 我们还将在整个序列的最前面加入一个特殊词元分类符号 [CLS].

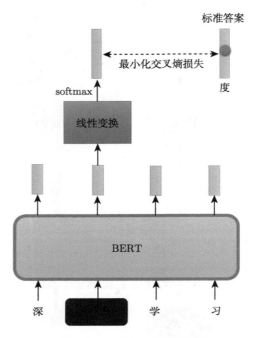

图 10.5　BERT 的训练过程

现在给定一个很长的序列, 其中包括两个句子, 中间有一个 [SEP] 词元, 最前面有一个 [CLS] 词元. 如果将这个很长的序列输入 BERT, 则应该输出另外一个序列, 这是编码器可以做的事情. 而 BERT 就是一个 Transformer 编码器, 所以 BERT 可以做这件事. 我们只取与 [CLS] 对应的输出, 忽略其他输出, 并将 [CLS] 的输出乘以线性变换. 这是一个二元分类问题, 它有两个可能的输出: 是或否. 下一句预测的任务是预测第二句是不是第一句的后一句 (预测这两个句子是不是相接的). 如果确实是 (这两个句子是相接的), 就要训练 BERT 输出 "是"; 如果不是 (这两个句子不是相接的), BERT 需要输出 "否" 作为预测结果.

但后来的研究发现, 下一句预测对 BERT 将要完成的任务并没有什么真正的帮助. 论文 "RoBERTa: Robustly Optimized BERT Approach"[1] 明确指出, 使用下一句预测几乎没有帮助, 这种观点正以某种方式成为主流. 下一句预测没用的可能原因之一是, 下一句预测这个任务太简单了, 预测两个句子是否相接并不是一项特别困难的任务. 完成此项任务的方法通常是首先随机选择一个句子, 然后从数据库中随机选择将要连接到前一个句子的句子. 通常在随机选择一个句子时, 这个句子很可能与之前的句子有很大的不同. 对于 BERT 来说, 预测两个句子是否相接并不难. 因此, 在训练 BERT 完成下一句预测任务时, BERT 并没有学到太多有用的东西.

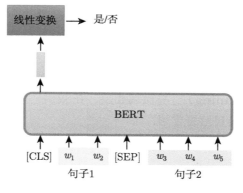

图 10.6 下一句预测

还有一种类似于下一句预测的方法——句序预测（Sentence Order Prediction，SOP），它在文献上似乎更有用. 这种方法的主要思想是，最初选择的两个句子本来就连接在一起，具体则有两种可能：要么句子 1 连接在句子 2 的后面，要么句子 2 连接在句子 1 的后面. BERT 需要回答是哪一种可能性. 或许是因为这个任务难度更大，所以句序预测似乎更有效. 它被用在名为 ALBERT 的模型中，ALBERT 是 BERT 的进阶版本.

10.1.1 BERT 的使用方式

如何使用 BERT？在训练时，让 BERT 完成以下两个任务.
- 把一些字符掩盖起来，让它做填空题，补充被掩码的字符.
- 预测两个句子是否有顺序关系（两个句子是否应该接在一起）.

通过这两个任务，BERT 学会了如何填空. BERT 也可以用于完成其他任务. 如图 10.7 所示，这些任务不一定与填空有关. 尽管如此，BERT 仍然可以用于完成这些任务. 这些都是真正使用 BERT 的任务，称为**下游任务（downstream task）**. 下游任务是我们实际关心的任务. 当 BERT 学习完成这些任务时，仍然需要一些标注的数据.

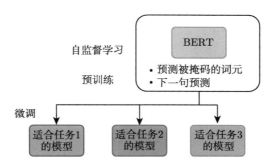

图 10.7 使用 BERT 解决下游任务

总之，BERT 不仅学会了填空，它也可以用来完成各种下游任务. 这就像胚胎中的干细胞，可以分化成各种不同的器官，比如心脏、五官等. BERT 的能力还没有发挥出来，它具有各种无限的潜力.

给 BERT 一些有标注的数据，它就可以学习完成各种任务. 将 BERT 分化并用于完成各种任务称为**微调（fine-tuning）**. 与微调相反，在微调之前产生 BERT 的过程称为预训练. 产生 BERT 的过程就是自监督学习.

在谈如何对 BERT 进行微调之前，我们先看看它的能力. 自监督学习模型的能力通常是在多个任务上测试的. BERT 就像一个胚胎干细胞，通常不会只测试它在单个任务上的能力. 可以让 BERT 分化做各种任务，查看它在每个任务上的准确率，再取平均值. 对模型进行测试的不同任务的这种集合，称为任务集. 任务集中最著名的标杆（基准测试）称为**通用语言理解评估（General Language Understanding Evaluation，GLUE）**.

GLUE 里面一共有 9 个任务：语言可接受性语料库（the Corpus of Linguistic Acceptability，CoLA）、斯坦福情感树库（the Stanford Sentiment Treebank，SST-2）、微软研究院释义语料库（the Microsoft Research Paraphrase Corpus，MRPC）、语义文本相似性基准测试（the Semantic Textual Similarity Benchmark，STSB）、Quora 问题对（the Quora Question Pairs，QQP）、多类型自然语言推理数据库（the Multi-genre Natural Language Inference corpus，MNLI）、问答自然语言推断（Qusetion-answering NLI，QNLI）、识别文本蕴含数据集（the Recognizing Textual Entailment datasets，RTE）和 Winograd 自然语言推断（Winograd NLI，WNLI）.

如果想知道像 BERT 这样的模型是否训练得很好，可以针对这 9 个单独的任务对模型进行微调. 因此，我们实际上会为 9 个单独的任务获得 9 个模型. 这 9 个任务的平均准确率代表自监督学习模型的性能. 自从有了 BERT，GLUE 分数（9 个任务的平均分）确实逐年增加.

如图 10.8 所示，横轴表示不同的模型，除了 ELMo 和 GPT，还有各种 BERT. 黑线表示人类在此任务上得到的准确率，可以视为 1. 图 10.8 中的每个点代表一个任务. 为什么要与人类的准确率进行比较呢？人类的准确率是 1. 如果它们比人类好，这些点的值会大于 1；如果它们比人类差，这些点的值会小于 1. 用于每个任务的评估指标是不同的，不一定是准确率.

直接比较这些点的值没什么意义，所以要看模型跟人类之间的差距. 在最初的时候，9 个任务中只有 1 个任务，机器比人类做得更好. 随着越来越多的技术被提出，在越来越多的其他任务上，机器可以比人类做得更好. 对于那些机器做得远不如人类的任务，机器的性能也在慢慢追赶. 蓝色曲线表示机器的 GLUE 分数的平均值. 最近的一些强模型，如 XLNet，甚至超过了人类，但这并不意味着机器真正超越人类. XLNet 在这些数据集中超越了人类，这意味着这些数据集还不够难. 继 GLUE 之后，有人制作了 Super GLUE，旨在让机器完成更难的自然语言处理任务.

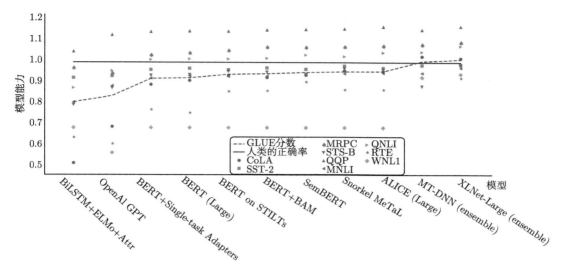

图 10.8　BERT 的训练过程

BERT 究竟是如何使用的？接下来介绍 4 种使用 BERT 的情况.

情况 1：情感分析

假设下游任务是输入一个序列并输出一个类别. 这是一个分类问题，只不过输入是一个序列. 输入一个序列并输出一个类别是一种什么样的任务？以情感分析为例，给机器一个句子，并告诉它判断句子是正面的还是负面的. BERT 是如何解决情感分析问题的？如图 10.9 所示，给它一个句子，并把 [CLS] 词元放在这个句子的最前面. 4 个输入 [CLS]、w_1、w_2、w_3 对应 4 个输出. 接下来对 [CLS] 所对应的向量应用线性变换，将其乘以一个矩阵. 这里省略了 softmax，以及通过 softmax 来确定输出类别是正面的还是负面的，等等. 但是，我们必须有下游任务的标注数据.

BERT 没有办法从头开始解决情感分析问题，我们仍然需要一些标注数据，并且需要提供很多句子以及它们的正面或负面标签来训练 BERT. 在训练过程中，将 BERT 与这种线性变换放在一起，称为完整的情感分析模型. 线性变换和 BERT 都利用梯度下降来更新参数. 线性变换的参数是随机初始化的，而 BERT 的初始参数是从学会了做填空题的 BERT 得来的. 在训练模型时，随机初始化参数，接着利用梯度下降更新这些参数，最小化损失.

但在 BERT 中不必随机初始化所有参数，需要随机初始化的参数只是线性变换的参数. BERT 的骨干（backbone）是一个巨大的 Transformer 编码器，它的参数不是随机初始化的. 这里直接将已经学会填空的 BERT 的参数当作初始化参数, 最直观和最简单的原因是, 这比随机初始化参数的网络表现更好. 把学会填空的 BERT 放在这里, 它会获得比随机初始化的 BERT 更好的性能.

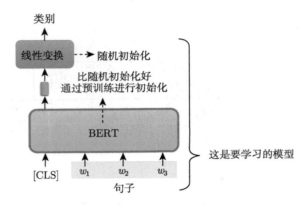

图 10.9　用 BERT 做情感分析

如图 10.10 所示, 横轴是训练的回合数, 纵轴是训练损失. 随着训练的进行, 损失会越来越小. 图 10.10 中包含各种各样的任务, 任务的细节不需要关心. "微调" 意味着模型有预训练. 网络的 BERT 部分 (即网络的编码器) 的参数是由学会做填空的 BERT 的参数来做初始化的. 从头开始训练 (scratch) 意味着整个模型都是随机初始化的. 虚线代表从头开始训练, 如果从头开始训练, 在训练网络时, 与使用会做填空的 BERT 进行初始化的模型相比, 损失下降的速度相对较慢. 随机初始化参数的网络损失仍然高于使用填空题来初始化 BERT 的网络. 这就是 BERT 带来的好处.

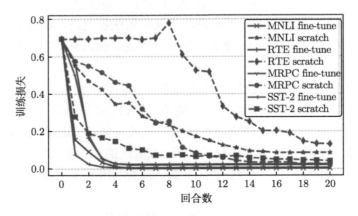

图 10.10　预训练模型的初始化结果对比

Q：BERT 的训练方法是半监督的还是无监督的？
A：在学习填空时，BERT 是无监督的. 但在使用 BERT 执行下游任务时，下游任务需要有标注的数据. 自监督学习会使用大量未标注的数据，但下游任务有少量有标注的数据，所以合起来是半监督的，即有大量未标注的数据和少量有标注的数据，这种情况称为半监督. 所以使用 BERT 的整个过程就是进行预训练和微调，BERT 可以视为一种半监督的模型.

情况 2：词性标注

第 2 种情况是输入一个序列，然后输出另一个序列，但输入序列和输出序列的长度是一样的. 什么样的任务要求输入和输出长度相同呢？以**词性标注（Part-Of-Speech tagging, POS tagging）**为例，词性标注是指给机器一个句子，机器可以知道这个句子中每个词的词性. 即使是相同的词，也可能有不同的词性.

BERT 是如何处理词性标注任务的呢？如图 10.11 所示，只需要向 BERT 输入一个句子，对于这个句子中的每个词元，如果是中文句子，词元就是汉字，每个汉字都有一个对应的向量. 使这些向量依次通过线性变换和 softmax 层. 最后，网络预测给定词所属的类别. 任务不同，对应的类别也不同. 接下来和情况 1 完全一样. 换句话说，我们需要有一些带标签的数据. 这仍然是一个典型的分类问题. 唯一不同的是，BERT 部分的参数不是随机初始化的，BERT 已经在预训练过程中找到了一组比较好的初始化参数.

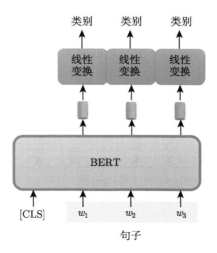

图 10.11　用 BERT 做词性标注

情况 3：自然语言推理

第 3 种情况是，模型输入两个句子并输出一个类别. 这里的例子都是自然语言处理的例子，但我们可以将这些例子更改为其他任务，例如语音任务或计算机视觉任务. 语音、文本和图像可以表示为一行向量，因此该技术并不仅限于处理文本，还可以用于其他任务. 以两个句子作为输入，输出一个类别. 什么样的任务需要这样的输入和输出呢？

最常见的一种是**自然语言推理（Natural Language Inference, NLI）**. 给机器两个输入语句：前提（premise）和假设（hypothesis）. 机器要做的是判断是否可以从前提中推断出假设，即判断前提与假设是否矛盾. 例如，如图 10.12 所示，前提是"骑马的人跳过一架坏掉的飞机"（A person on a horse jumps over a broken down airplane），这是基准语料库中的一个例子；而假设是"人在餐馆里"（A person is at a diner）. 机器要做的就是将两个句子作为输入，并输出这两个句子之间的关系. 这种任务很常见，比如立场分析. 给定一篇文章，要判断留言是赞成这篇文章还是反对这篇文章，只需要将文章和留言一起输入模型，模型要预测的是赞成还是反对.

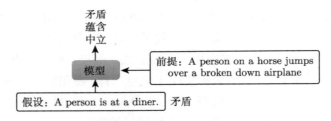

图 10.12 自然语言推理

BERT 如何解决这个问题呢？如图 10.13 所示，给定两个句子，这两个句子之间有一个特殊的分隔词元 [SEP]，把词元 [CLS] 放在最前面的位置. 这个序列是 BERT 的输入，然

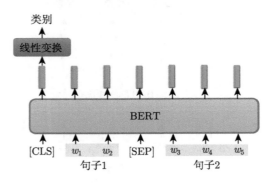

图 10.13 使用 BERT 进行自然语言推理

后 BERT 将输出另一个与输入序列长度相同的序列，但只将词元 [CLS] 作为线性变换的输入，然后决定输入这两个句子，输出应该是什么类别. 对于 NLI, 为了输出这两个句子是否矛盾，仍然需要一些标注数据来训练这个模型. BERT 的这部分不再是随机初始化的，而是使用预训练的权重进行初始化.

情况 4：基于提取的问答

第 4 种情况是问答系统. 给机器读一篇文章，问它一个问题，它将给出一个答案. 但这里的问题和答案是有限制的——假设答案必须出现在文章里面，且答案一定是文章中的一个片段，这是**基于提取的问答（extraction-based question answering）**. 在此项任务中，输入序列包含一篇文章和一个问题. 文章 D 和问题 Q 都是序列：

$$
\begin{aligned}
D &= \{d_1, d_2, \cdots, d_N\} \\
Q &= \{q_1, q_2, \cdots, q_M\}
\end{aligned}
\tag{10.1}
$$

对于中文，式 (10.1) 中的每个 d 代表一个汉字，每个 q 也代表一个汉字.

如图 10.14 所示，将 D 和 Q 输入问答模型，问答模型输出两个正整数 s 和 e. 根据 s 和 e, 我们可以直接从文章中截取一段作为答案，文章中第 s 个单词到第 e 个单词的片段就是正确答案. 这是一种非常标准的方法.

图 10.14　问答模型

例如，如图 10.15 所示，这里有一个问题和一篇文章，正确答案为"gravity"（重力）. 机器如何输出正确答案？问答模型应该输出 $s = 17$, $e = 17$ 来表示重力. 因为 gravity 是整篇文章的第 17 个单词，所以 $s = 17$, $e = 17$ 表示输出第 17 个单词作为答案. 再举个例子，假设正确答案为"within a cloud"（云中），这是文章中的第 46~48 个单词，模型要做的就是输出两个正整数 46 和 48, 文章中第 46 个单词到第 48 个单词的片段就是正确答案.

当然，我们不会从头开始训练问答模型，而会使用 BERT 预训练模型. 如何用预先训练好的 BERT 解决这种问答题呢？如图 10.16 所示，给 BERT 看一个问题和一篇文章. 问题和文章之间有一个特殊词元 [SEP]. 然后在序列的开头放了一个 [CLS] 词元，这与自然语言推理的情况相同. 在自然语言推理中，一个句子是前提，另一个句子是结论；而在这里，一个是文章，另一个是问题. 在此项任务中，需要从头开始训练的只有两个向量（"从头开始训练"是指随机初始化），我们使用橙色向量和蓝色向量来表示它们，这两个向量与 BERT 的输出向量在长度上是相同的.

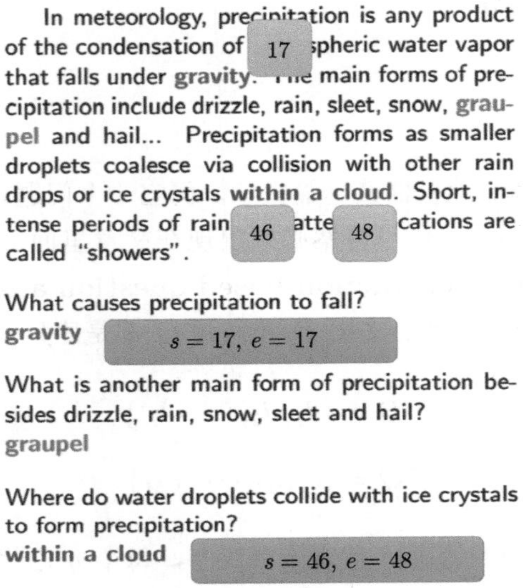

图 10.15　基于提取的问答

(a) 找起始位置　　(b) 找结束位置

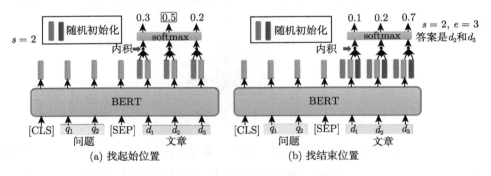

图 10.16　使用 BERT 进行回答

假设 BERT 的输出向量是 768 维的，则这两个向量也将是 768 维的. 如何使用这两个向量呢？如图 10.16(a) 所示，首先计算橙色向量和文章所对应的输出向量的内积. 由于有 3 个词元代表文章，因此输出 3 个向量. 计算这 3 个向量与橙色向量的内积，得到 3 个值. 然后将它们传递给 softmax 函数，得到另外 3 个值. 这种内积与注意力非常相似. 如果把橙色部分视为查询，把黄色部分视为键，这就是一种注意力，应尝试找到得分最高的位置. 橙色向量和 d_2 的内积最大，s 等于 2，输出的起始位置应为 2.

如图 10.16(b) 所示，蓝色部分代表答案结束的地方. 计算蓝色向量和文章所对应的黄色向量的内积，将结果传递给 softmax 函数. 最后，找到最大值. 如果第 3 个值最大，e 应为 3，正确答案是 d_2 和 d_3. 所以模型要做的实际上是预测正确答案的起始位置，如果文章中没有答案，就不能使用这个技巧. 这里假设答案一定在文章中，我们必须在文章中找到答案的起始位置和结束位置. 这正是问答模型需要做的事情. 当然，我们还需要一些训练数据才能训练这个模型. 请注意，蓝色向量和橙色向量是随机初始化的，而 BERT 是由预训练的权重初始化的.

> Q：BERT 的输入长度有限制吗？
> A：理论上没有，实际上有. 理论上，因为 BERT 是一个 Transformer 编码器，所以它可以输入很长的序列. 前提是我们有能力实践自注意力. 但是自注意力的运算量很大，所以在实践中，BERT 无法真正输入太长的序列，最多可以输入长度为 512 的序列. 如果输入一个长度为 512 的序列，中间的自注意力将生成大小为 512×512 的注意力度量（metric），计算量会非常大，所以实际上 BERT 的输入长度是有限制的.

因为用一篇文章训练需要很长时间，所以文章会被分成几个段落，每一次只取其中一个段落进行训练，而不是将整篇文章输入 BERT. 因为如果想要的距离太长，就会在训练中遇到问题. 填空题和问答之间有什么关系呢？BERT 能做的事情远不只填空，但我们无法自己训练它. 首先是最早的谷歌 BERT，它训练使用的数据量已经很大了，使用的数据包含了 30 亿个词.《哈利·波特》全集大约有 100 万个词，最早的谷歌 BERT 使用的数据量是《哈利·波特》全集的 3000 倍.

如图 10.17 所示，纵轴代表 GLUE 分数，横轴代表预训练步数. GLUE 有 9 个任务，这 9 个任务的平均分数就是 GLUE 分数. 绿线是谷歌 BERT 的 GLUE 分数. 橙线是谷歌 ALBERT 的 GLUE 分数，ALBERT 是 BERT 的进阶版本，它的参数量相比 BERT 已大大降低. 蓝线是李宏毅团队训练的 ALBERT，但李宏毅团队训练的并不是规模最大的版本. 原始的 BERT 分基础版本 BERT-base 和大版本 BERT-large. BERT-large 很难训练，所以用最小的版本 ALBERT-base 来训练，看看是否与谷歌 ALBERT 的结果相同.

30 亿数据看起来很多，但它们都是未标注的数据. 从网络上随便爬取一些文字就可以有这么多数据，但训练的部分很困难. 总共的预训练次数为 100 万次，即参数需要更新 100 万次. 如果使用 TPU，则需要运行 8 天；如果使用一般的 GPU，则至少需要运行 200 天.

训练这种 BERT 真的很难，可以在一般的 GPU 上对其进行微调. 在一般的 GPU 上微调后，BERT 只需要训练大约半小时到一小时. 但如果从头开始训练它做填空题，就将花费更长的时间，而且无法在一般的 GPU 上完成. 为什么要自己训练一个 BERT？谷歌已经训练了 BERT，这些预训练模型也是公开的. 如果自己训练 BERT 的结果和谷歌的 BERT 训练结果差不多，这就没什么意义了.

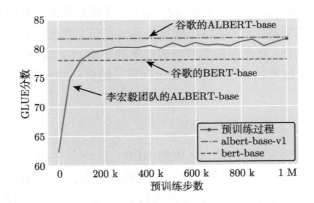

图 10.17　使用 ALBERT 训练 GLUE

　　BERT 在训练过程中需要耗费非常大的计算资源，是否有可能节省一些计算资源？有没有可能让它训练得更快？要知道如何让它训练得更快，或许可以先观察它的训练过程. 过去没有人观察 BERT 的训练过程，因为谷歌的论文中只提到了 BERT 在各种任务中都表现得很好.

　　但 BERT 在学习填空的过程中学到了什么？在这个过程中，BERT 学会了填动词、填名词和填代词. 所以在训练完 BERT 之后，可以观察 BERT 学会提高填空能力的方式. 得到的结论与想象不太一样，详见论文 "Pretrained Language Model Embryology：The Birth of ALBERT" [2].

　　上述任务均不涉及 Seq2Seq 模型. 如果想解决 Seq2Seq 问题，怎么办？BERT 只有预训练的编码器，有没有办法预训练 Seq2Seq 模型的解码器呢？如图 10.18 所示，这里有一个编码器和一个解码器. 输入是一个句子，输出也是一个句子. 将它们与中间的交叉注意力（cross attention）连接起来，然后对编码器的输入做一些扰动以损坏句子. 解码器想要输出的句子跟损坏之前是完全相同的. 编码器看到损坏的结果，解码器则输出句子被损坏之前的结果.

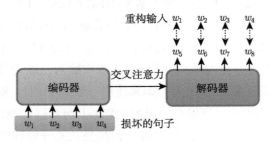

图 10.18　预训练一个 Seq2Seq 模型

损坏句子的方法有多种，如图 10.19 所示，论文 "MASS: Masked Sequence to Sequence Pre-training for Language Generation"[3] 指出，损坏句子的方法就像 BERT 那样，只要掩盖一些单词，就结束了. 但其实有多种方法可以损坏句子，例如删除一些单词，打乱单词的顺序（语序），旋转单词的顺序，或者既掩盖一些单词又删除某些单词. 总之，有各种方法可以将句子损坏，再通过 Seq2Seq 模型将句子还原. 论文 "BART: Denoising Sequence-to-Sequence Pre-training for Natural Language Generation, Translation, and Comprehension"[4] 提出将这些方法都用上，结果比使用 MASS 更好.

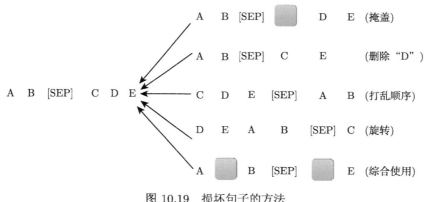

图 10.19　损坏句子的方法

损坏句子的方法有很多，到底哪种方法更好呢？谷歌在题为 "Exploring the Limits of Transfer Learning with a Unified Text-to-Text Transformer"[5] 的论文中做了相关的实验，并提出了预训练模型 T5（代表 Transfer Text-to-Text Transformer）.

这篇论文做了各种尝试，完成了我们可以想象的所有组合. T5 是在 C4（代表 Colossal Clean Crawled Corpus）上进行训练的. C4 是一个公开数据集，你可以下载它，原始文件大小为 7 TB，下载完之后，可以使用谷歌提供的脚本进行预处理. 语料库网站上的文档指出，使用一个 GPU 进行预处理需要 355 天，即使下载完了，在进行预处理时也是有问题的. 所以，做深度学习使用的数据量和模型非常惊人.

10.1.2　BERT 有用的原因

为什么 BERT 有用？最常见的解释是，当输入一串文字时，每个文字都有一个对应的向量，这个向量称为嵌入. 如图 10.20 所示，这个向量很特别，因为这个向量代表了所输入文字的意思. 例如，输入"深度学习"，模型输出 4 个向量. 这 4 个向量分别代表"深""度""学""习"的意思.

把这些字所对应的向量一起画出来，并计算它们之间的距离，意思越相似的字对应的向量就越接近. 如图 10.21 所示,"果"和"草"是植物,它们比较接近;"鸟"和"鱼"是动物,所以它们可能更接近;"电"既不是动物也不是植物,所以跟"果""草""鸟""鱼"都离得比较远. 中文会有歧义（一字多义）,很多其他语言也都有歧义. BERT 可以考虑上下文,所以同一个字,例如"果"这个字,它的上下文不同,对应的向量也就不一样. 所以吃苹果的果和苹果手机的果都是"果",但根据上下文,它们的意思不同,所以它们对应的向量就不一样. 吃苹果的"果"可能更接近"草",苹果手机的"果"可能更接近"电".

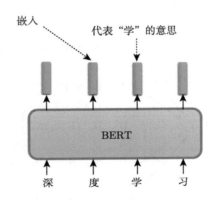

图 10.20　BERT 输出的嵌入代表了所输入文字的意思

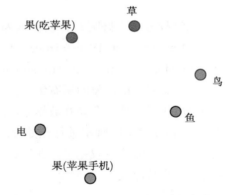

图 10.21　意思越相近的字,嵌入越接近

如图 10.22 所示,假设现在考虑"果"这个字,我们收集很多提到"果"字的句子,比如"喝苹果汁""苹果手机"等. 把这些句子都放入 BERT 里面,接下来,计算每个"果"所对应的嵌入. 输入"喝苹果汁"得到"果"的向量;输入"苹果手机",也得到"果"的向量. 这两个向量不相同. 因为编码器中有自注意力,所以根据"果"字的不同上下文,得到的向量也会不同. 接下来,计算这些向量之间的余弦相似度.

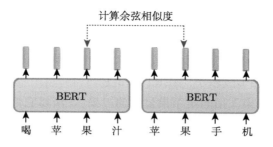

图 10.22　计算余弦相似度

　　如图 10.23 所示,这里有 10 个句子,前 5 句中的"果"代表可以吃的苹果. 例如,第一句是"今天买了苹果来吃". 这 5 个句子中都有"果"这个字. 接下来的 5 个句子中也有"果"这个字,但都是指苹果公司的"果". 例如,"苹果即将在下个月发布一款新 iPhone". 一共有 10 个"果",计算它们两两之间的相似度,得到一个 10×10 的矩阵.

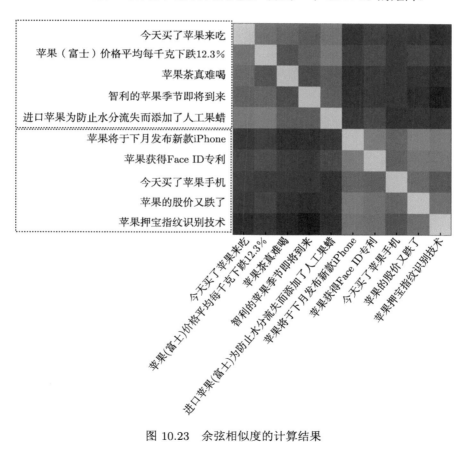

图 10.23　余弦相似度的计算结果

图 10.23 中的每一格代表两个"果"的嵌入之间的相似度. 相似度越大,颜色越浅. 前 5 句中的"果"接近黄色,自己和自己之间的相似度一定是最大的,自己和别人之间的相似度一定要小一些. 前 5 个"果"算相似度较大,后 5 个"果"算相似度也较大. 但是前 5 个"果"和后 5 个"果"的相似度较小. BERT 知道前 5 个"果"指的是可以吃的苹果,所以它们比较像;而后 5 个"果"指的是苹果公司的"果",所以它们比较像. 这些"果"的意思是不一样的,所以 BERT 的每个输出向量代表所输入文字的意思,BERT 在填空的过程中也学会了每个字的意思. 也许它真的理解中文,对它而言,中文符号之间不再是没有关系的. 因为它了解中文的意思,所以它可以在接下来的任务中做得更好.

为什么 BERT 可以输出代表文字意思的向量? 20 世纪 60 年代的语言学家 John Rupert Firth 认为,要想知道一个词的意思,就得看这个词的上下文. 一个词的意思取决于它的上下文. 以苹果中的"果"为例,如果它经常与吃、树等一起出现,则可能指的是可以吃的苹果;如果它经常与电、专利、股价等一起出现,则可能指的是苹果公司. 因此,我们可以从上下文中推断出词的意思.

如图 10.24 所示,BERT 在学习填空的过程中所做的也许就是学习从上下文中提取信息. 在训练 BERT 时,给它 w_1、w_2、w_3 和 w_4,掩码 w_2 并让 BERT 预测 w_2. BERT 如何预测 w_2 呢? 它会从上下文中提取信息以预测 w_2. 所以这个向量就是它的上下文信息的精华,可以用来预测 w_2 是什么.

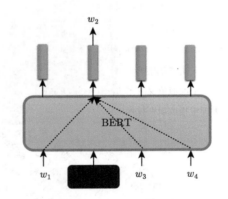

图 10.24　通过上下文信息预测被掩码的部分

这样的想法在 BERT 之前就已经存在了. 有一种技术叫词嵌入,词嵌入中有一种技术称为**连续词袋**(**Continuous Bag Of Words, CBOW**). 如图 10.25 所示,连续词袋模型所做的与 BERT 完全相同,把中间挖空,预测空白处的内容. 连续词袋模型可以给每个词一个向量,这个向量代表词的意思. 连续词袋模型是一个非常简单的模型,它只使用了两个变换.

Q：为什么连续词袋模型只用两个变换？能不能再复杂点？为什么连续词袋模型只用线性模型而不用深度学习？

A：连续词袋模型的作者 Thomas Mikolov 的解释是可以用深度学习，他之所以选择线性模型，是因为当时的计算能力（computing power）和现在的计算能力不在一个级别，当时还很难训练一个非常大的模型，所以他选择了一个比较简单的模型. BERT 相当于一个深度版本的连续词袋模型.

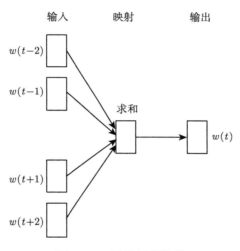

图 10.25　连续词袋模型

　　BERT 还可以根据不同的上下文从相同的词中产生不同的嵌入，因为它是词嵌入的高级版本，考虑了上下文. BERT 抽取的这些向量或嵌入也称为**语境化的词嵌入（contextualized word embedding）**. 在文字上训练的 BERT 也可以用来对蛋白质、DNA 和音乐进行分类. 以 DNA 的分类问题为例. 如图 10.26 所示，DNA 由脱氧核糖核苷酸构成，脱氧核糖核苷酸由碱基、脱氧核糖和磷酸构成. 其中碱基有 4 种：腺嘌呤（A）、鸟嘌呤（G）、胸腺嘧啶（T）和胞嘧啶（C）. 给定一条 DNA，尝试确定该 DNA 属于哪个类别（EI、IE 和 N 是 DNA 的类别）. 总之，这是一个分类问题，只需要用训练数据和标注数据来训练 BERT 就可以了.

```
EI   CCAGCTGCATCACAGGAGGCCAGCGAGCAGGTCTGTTCCAAGGGCCTTCGAGCCAGTCTG
EI   AGACCCGCCGGGAGGCGGAGGACCTGCAGGGTGAGCCCCACCGCCCCTCCGTGCCCCCGC
IE   AACGTGGCCTCCTTGTCGCCCTTCCCCACAGTGCCCTCTTCCAGGACAAACTTGGAGAAGT
IE   CCACTCAGCCAGGCCTTCTTCCTCCTCGGGTCCCCCACGGCCCTTCAGGATGAAAGCTG
IE   TCTGATCTGGGTCTCCCTCCTCCACCCTCAGGGAGCCAGGCTCGGCATTTCTGGCAGCAAG
IE   AGCCCTCAACCCTTCTGTCTCACCCTCCAGCCTAAAGCTCCTTGACAACTGGGACAGCGT
IE   CCACTCAGCCAGGCCCTTCTTCTCCTCCAGGTCCCCCACGGCCCTTCAGGATGAAAGCTG
N    CTGTGTTCACCACATCAAGCGCCGGGACATCGTGCTCAAGTGGGAGCTGGGGGAGGGCGC
N    GTGTTACCGAGGGCATTTCTAACAGTCTTCTTACTACGGCCTCGTCGACCGCGCGCTCG
N    TCTGAGCTCTGCATTTGTCTATTCTCCAGCTGACCCTGGTTCTCTCTCTTAGCTACCTGC
类别              DNA 序列
```

图 10.26　DAN 的分类问题

如图 10.27 所示,DNA 可以用 ATCG 来表示,其中的每个字母对应一个英文单词,例如,"A"对应"we","T"对应"you","C"对应"he","G"对应"she".对应的单词并不重要,它们可以随机生成."A"可以对应任何单词,"T""C""G"也可以,这对结果影响不大.DNA 可以变成一串单词,只不过这串单词不能组成有实际含义的句子,如"AGAC"变成"we she we he".然后,将这串单词输入 BERT,在开头添加 [CLS],产生一个向量,通过线性变换进行分类,此时进行的是 DNA 的类别.和以前一样,线性变换使用随机初始化,BERT 由预训练模型初始化,但用于初始化的预训练模型是在英文上学会了做填空题的 BERT.

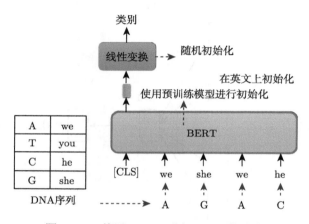

图 10.27　使用 BERT 进行 DNA 的分类

如果将 DNA 序列预处理成一个无意义的序列,那么 BERT 的目的是什么?BERT 可以分析有效句子的语义,怎么才能给它一个难以理解的句子呢?做这个实验又有什么意义呢?蛋白质是由多种氨基酸构成的,可以给每种氨基酸指定一个词,将其作为文章分类问题来处理.使用 BERT 处理这个问题的效果实际上更好[6],如图 10.28 所示.

	Protein			DNA				Music
	localization	stability	fluorescence	H3	H4	H3K9ac	Splice	composer
specific	69.0	76.0	63.0	87.3	87.3	79.1	94.1	-
BERT	64.8	74.5	63.7	83.0	86.2	78.3	97.5	55.2
re-emb	63.3	75.4	37.3	78.5	83.7	76.3	95.6	55.2
rand	58.6	65.8	27.5	75.6	66.5	72.8	95	36

图 10.28　使用 BERT 处理不同的任务

BERT 可以学到语义.我们从嵌入中可以清楚地观察到,BERT 确实知道每个词的意思,它知道哪些词的意思比较像、哪些词的意思比较不像.即使给它一个乱七八糟的句子,它也仍然可以很好地对句子进行分类. 所以它的能力也许并不完全来自它看得懂文章这件事, 可能还有其他原因. 例如, BERT 可能在本质上只是一组比较好的初始化参数, 而不一定与语义有关, 也许这组初始参数比较适合训练大模型, 这个问题需要做进一步的研究才能回答. 目前使用的模型往往非常新, 它们为什么能成功运作? 这里还有很大的研究空间.

10.1.3 BERT 的变体

BERT 还有很多其他的变体, 比如**多语言 BERT（multi-lingual BERT）**. 如图 10.29 所示, 多语言 BERT 使用中文、英文、德文、法文等多种语言训练 BERT 做填空题. 谷歌发布的多语言 BERT 则使用 104 种不同的语言进行训练, 它可以做 104 种语言的填空题.

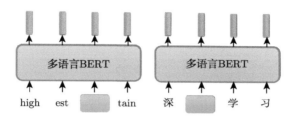

图 10.29　多语言 BERT

多语言 BERT 有一个非常神奇的功能, 如果用英文问答数据训练它, 它将自动学习如何做中文问答. 表 10.2 所示是一个真实实验的例子. 这个例子使用了两个数据集: 英文问答数据集 SQuAD 和中文数据集 DRCD. 实验中采用的是 F_1 分数, 也称为综合分类率. 在 BERT 之前, 最强的模型是 QANet, QANet 的 F_1 分数为 78.1%. 如果允许使用中文进行预训练, 然后使用中文问答数据进行微调, 则 BERT 在中文问答数据集上的 F_1 分数将达到 89.1%. 事实上, 人类在同一个数据集上只能做到 93% 的 F_1 分数. 神奇的是, 如果使用一个多语言的 BERT, 用英文问答数据对其进行微调, 它仍然可以回答中文问答题, 并且可以做到 78% 的 F_1 分数, 这和 QANet 的 F_1 分数差不多! 即使从未受过中英互译训练, 也从未阅读过中文问答数据集, 多语言 BERT 依然在没有做任何准备的情况下通过了这次中文问答测试.

表 10.2　使用多语言 BERT 进行问答[7]

模型	预训练	微调	测试	EM	F_1/%
QANet	无	中文	中文	66.1	78.1
	中文	中文		82.0	89.1
BERT	104 种语言	中文		81.2	88.7
		英文		63.3	78.8
		中文 + 英文		82.6	90.1

有人可能会说："多语言 BERT 在预训练的时候看了 104 种语言,其中包括中文". 但是在预训练期间,多语言 BERT 的学习目标是做填空题,它只学会了中文填空. 接下来教它做英文问答,它居然自动学会了中文问答. 一种简单的解释是,对于多语言 BERT,不同语言的差异不大.

如图 10.30 所示,不管使用中文还是英文,对于意思相同的词,它们的嵌入都会很近. 所以兔子和 rabbit 的嵌入很近,跳和 jump 的嵌入很近,鱼和 fish 的嵌入很近,游和 swim 的嵌入很近. 多语言 BERT 也许在看大量语言的过程中自动学会了这些.

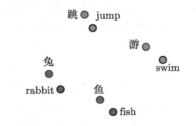

图 10.30   多语言 BERT 对比(一)

如图 10.31 所示,我们可以做一些验证. 验证的标准称为平均倒数排名(Mean Reciprocal Ranking,MRR). MRR 的值越大,不同语言的嵌入对齐就越好. 更好的对齐意味着具有相同含义但来自不同语言的词,它们的向量是接近的.

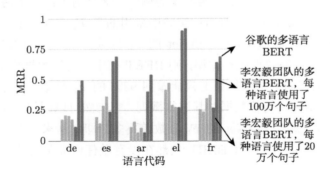

图 10.31   多语言 BERT 对比(二)[8]

图 10.31 的纵轴是 MRR,它的值越大越好. 最右边的深蓝色柱代表谷歌发布的多语言 BERT 的 MRR,它的值也比较大. 这代表对于该多语言 BERT 来说,不同语言没有太大区别. 多语言 BERT 只看意思,不同语言对它来说没有太大区别. 李宏毅团队最先使用的数据较少,每种语言只使用了 20 万个句子,训练结果并不好. 之后,李宏毅团队给每种语言 100 万个句子. 有了更多的数据,多语言 BERT 可以学习对齐. 所以数据量是不同语言能否成功

对齐的关键，很多现象只有在数据量足够时才会显现出来．过去没有模型具有多语言能力来在一个语言中进行问答训练后直接转移到另一个语言，一个可能的原因是过去没有足够的数据．

BERT 可以将不同语言中具有相同含义的符号放在一起，并使它们的向量很接近．但是在训练多语言 BERT 的时候，如果给它英文，就可以用英文填空，如果给它中文，就可以用中文填空，而不会混合在一起．对它来说，如果不同语言之间没有区别，那它又怎么可能只用英文标记来填充英文句子呢？给它一个英文句子，它为什么不用中文填空？它没有这样做，这意味着它知道语言的信息．那些来自不同语言的符号毕竟不同，它不会完全抹掉语言的信息，语言的信息可以被找到．

语言的信息并没有隐藏得很深．把所有的英文单词输入多语言 BERT，把它们的嵌入平均起来，再把所有中文汉字的嵌入也平均起来，两者相减就是中文和英文之间的差距，如图 10.32 所示．给多语言 BERT 一个英文句子并得到它的嵌入，再加上蓝色的向量，就是英文和中文的差距．对多语言 BERT 来说，这些向量就变成了中文句子．在填空时，多语言 BERT 实际上可以用中文填写答案．

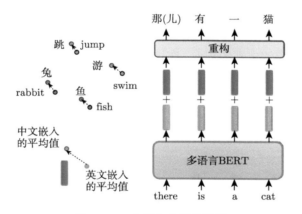

图 10.32　中英文之间的差距

多语言 BERT 可以做很棒的无监督翻译．如图 10.33 所示，把"The girl that can help me is all the way across town. There is no one who can help me."这句话输入多语言 BERT，再把蓝色的向量加到 BERT 的嵌入上，本来 BERT 读到的是英文句子的嵌入，在加上蓝色的向量后，BERT 会觉得自己读到的是中文句子．教 BERT 做填空题，在把嵌入变成句子以后，得到的结果见图 10.33 中的表格，多语言 BERT 可以某种程度上做到无监督词元级翻译（unsupervised token-level translation），但翻译结果并不通顺．多语言 BERT 表面上看起来把不同语言、同样意思的词拉得很近，但语言的信息实际上仍然藏在多语言 BRRT 里面．

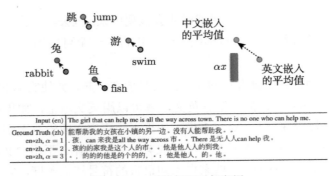

Input (en)	The girl that can help me is all the way across town. There is no one who can help me.
Ground Truth (zh)	能帮助我的女孩在小镇的另一边。没有人能帮我。
en+zh, $\alpha = 1$	. 孩，can 来我是all the way across 市。. There is 无人 can help 我
en+zh, $\alpha = 2$	. 孩的的家我是这个人的市。. 他是他人人的到我
en+zh, $\alpha = 3$	. ，的的的他是的个的的，. ：他是他人，的。他。

图 10.33　无监督词元级翻译

10.2　GPT

在自监督学习中，除了 BERT 系列的模型，还有一个非常有名的模型系列——GPT.
BERT 做的是填空题，而 GPT 就是改一下在自监督学习的时候要完成的任务. GPT 要完
成的任务是预测接下来出现的词元. 如图 10.34 所示，假设在训练数据里面，有一个句子是
"深度学习". 给 GPT 输入词元 <BOS>，GPT 会输出一个嵌入（embedding）. 接下来
用这个嵌入预测下一个应该出现的词元. 在这个句子里面，根据这条训练数据，下一个应该
出现的词元是"深". 在训练模型时，根据第一个词元，再根据 <BOS> 的嵌入，输出词
元"深".

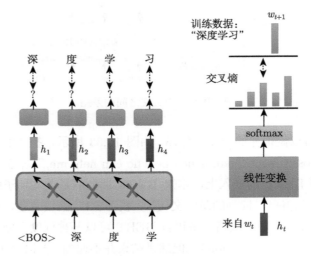

图 10.34　使用 GPT 预测下一个词元

对一个嵌入 h 进行一个线性变换,再执行 softmax 操作,可以得到一个分布. 跟解决分类的问题一样,输出的分布和正确答案的交叉熵(cross entropy)越小越好. 接下来要做的事情就是以此类推,给 GPT 输入 \<BOS\> 和"深",产生嵌入. 预测下一个出现的词元,告诉 GPT 下一个应该出现的词元是"度". 给 GPT 输入 \<BOS\>、"深"和"度",然后预测下一个应该出现的词元,它应该是"学". 给 GPT 输入 \<BOS\>、"深""度"和"学",下一个应该出现的词元是"习".

我们实际上不会只用一个句子训练 GPT,而是用成千上万个句子来训练 GPT. GPT 建立在 Transformer 解码器的基础上,不过 GPT 会做掩码注意力,在给定 \<BOS\> 预测"深"的时候,GPT 不会看到接下来出现的词元. 给 GPT "深"要预测"度"的时候,GPT 也不会看到接下来将要输入的词元,以此类推. 因为 GPT 可以预测下一个词元,所以它有生成的能力,从而不断地预测下一个词元,产生一篇完整的文章.

GPT 可以把一句话补完,如何把一句话补完用在下游任务上呢?例如,怎么把 GPT 用在问答或其他跟自然语言处理有关的任务上呢?GPT 可以采用跟 BERT 一样的做法,BERT 是在 Transformer 编码器的后面接了一个简单的线性分类器,也可以把 GPT 拿出来接一个简单的线性分类器,但是 GPT 论文的作者没有这样做. GPT 太大了,大到连微调可能都十分困难.

在使用 BERT 的时候,需要在 BERT 的后面接一个线性分类器,然而 BERT 也是要训练的模型的一部分,所以 BERT 的参数也是要调的,即使是微调也是要花时间的. GPT 实在太大了,大到在微调参数时,仅仅训练一个轮次可能都十分困难.

如图 10.35 所示,假设考生在进行托福听力测验. 首先有一个题目的说明,让考生从 A、B、C、D 这 4 个选项中选出正确的答案. 范例给出了一个题目和正确答案. 我们希望 GPT 也能够举一反三,进行**小样本学习(few-shot learning)**.

第一部分:词汇和结构
本部分共15题,每题含一个空格。请从试题册上A、B、C、D四个选项中选出最适合题意的字或词标示在答题纸上。

例:
It's eight o'clock now. Sue____in her bedroom.
A. study
B. studies
C. studied
D. is studying
正确答案为D,请在答题纸上涂黑作答。

图 10.35 托福听力测验

小样本学习，即在小样本上进行快速学习. 每个类只有 k 个标注样本，k 非常小. 如果 $k=1$，称为**单样本学习（one-shot learning）**；如果 $k=0$，称为**零样本学习（zero-shot learning）**.

假设要 GPT 做翻译，如图 10.36(a) 所示，先输入"把英文翻译成法文"（Translate English to French），这个句子代表问题的描述. 然后给出几个例子，接下来输入 cheese，让 GPT 把后面的内容补完. 在训练的时候，我们并没有教 GPT 做翻译这件事，GPT 唯一学到的就是在给了一段文字的前半段后，如何把后半段补完. 现在直接给 GPT 前半段的文字，让它翻译. 再给几个例子，告诉 GPT 翻译是怎么回事. 接下来输入 cheese，后面能不能就直接得到法文的翻译结果呢？GPT 中的小样本学习不是一般的学习，这里面完全没有梯度下降，训练的时候要做梯度下降，而 GPT 中完全没有梯度下降，也完全没有要调模型参数的意思. 这种训练称为**语境学习（in-context learning）**，它不是一般的学习，它连梯度下降都没有做.

我们也可以给 GPT 更大的挑战. 在进行托福听力测验的时候，只给了一个例子. 如图 10.36(b) 所示，也只给一个例子 GPT，就知道要做翻译这件事，这就是单样本学习. 还有零样本学习，如图 10.36(c) 所示，GPT 能看懂并自动做翻译吗？GPT 如果能够做到，那就非常惊人了. GPT 到底有没有达成这个目标，这是一个见仁见智的问题. GPT 不是完全不可能答对，但准确率有点低（相较于微调模型而言）.

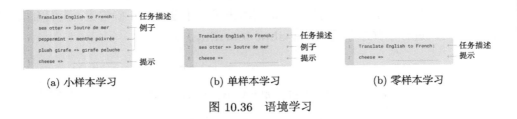

(a) 小样本学习　　　　　　(b) 单样本学习　　　　　　(b) 零样本学习

图 10.36　语境学习

如图 10.37 所示，纵轴代表准确率. 第 3 代的 GPT（GPT-3）测试了 42 个任务，3 条实线分别代表小样本、单样本、零样本在 42 个任务中的平均准确率. 横轴代表模型的大小，实验中测试了一系列不同大小的模型，从 1 亿规模的参数到 1750 亿规模的参数. 小样本的部分从 20% 左右的平均准确率一直做到超 50% 的平均准确率. 至于这代表什么，也是个见仁见智的问题. 有些任务 GPT-3 还真学会了，如加减法，GPT-3 可以得到两个数字相加的正确结果. 但是有些任务，GPT-3 可能怎么学都学不会. 例如一些与逻辑推理有关的任务，结果就不如人意.

如图 10.38 所示，自监督学习不仅可以用在文字处理上，也可以用在语音和计算机视觉

（Computer Vision，CV）处理上. 自监督学习的技术有很多，BERT 和 GPT 只是自监督学习的众多技术中的两种. 计算机视觉处理中比较典型的模型是 SimCLR 和 BYOL. 语音处理中也可以使用自监督学习的概念，可以试着训练语音版的 BERT. 怎么训练语音版的 BERT 呢？看看文字版的 BERT 是怎么训练的——做填空题. 语音也可以做填空题，即把一段声音信号盖起来，让机器猜盖起来的部分是什么. 文字版的 GPT 就是预测接下来出现的词元，语音版的 GPT 则是让模型预测接下来出现的声音. 所以我们也可以做语音版的 GPT，语音版的 BERT 已经有很多相关的研究成果.

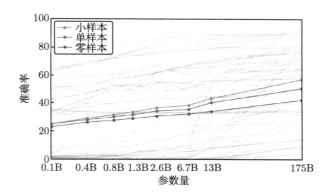

图 10.37 使用 GPT-3 进行语境学习 (横轴上的 B 代表 10 亿)

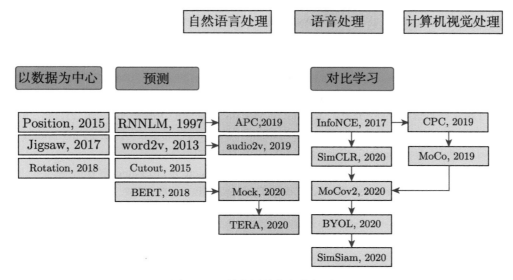

图 10.38 其他领域的自监督学习

在自然语言处理领域，GLUE 语料库中有 9 个自然语言处理任务. 要想知道 BERT 做得好不好，就让它去完成那 9 个任务，再取平均值来代表这个自监督学习模型的好坏. 在语音处理领域，也有一个类似的基准语料库——语言处理通用性能基准（Speech processing Universal PERformance Benchmark，SUPERB），它可以视为语音版的 GLUE 语料库，这个基准语料库里面有 10 个不同的任务.

　　语音有非常多不同的研究方向，语音相关的技术也不仅仅是把声音转成文字. 语音包含非常丰富的信息，除了有内容方面的信息（也就是我们说了什么）之外，还有其他的信息，比如这句话是谁说的、这个人说这句话的时候语气怎么样、这句话的背后到底有什么深层含义，等等. SUPERB 语料库里面的 10 个不同的任务有不同的目的，包括检测一个模型识别内容的能力、识别说话者的能力、识别说话方式的能力，甚至识别这句话背后深层含义的能力，能够全方位地评估一个自监督学习模型在理解人类语言方面的能力. 还有一个工具包——s3prl，这个工具包里面包含了各种各样的自监督学习模型，可以完成各种语音的下游任务.

参考资料

[1] LIU Y, OTT M, GOYAL N, et al. RoBERTa: A robustly optimized BERT pretraining approach [EB/OL]. arXiv: 1907.11692.

[2] CHIANG C H, HUANG S F, LEE H. Pretrained language model embryology: The birth of ALBERT [EB/OL]. arXiv: 2010.02480.

[3] SONG K, TAN X, QIN T, et al. MASS: Masked sequence to sequence pre-training for language generation[EB/OL]. arXiv: 1905.02450.

[4] LEWIS M, LIU Y, GOYAL N, et al. Bart: Denoising sequence-to-sequence pre-training for natural language generation, translation, and comprehension[EB/OL]. arXiv: 1910.13461.

[5] RAFFEL C, SHAZEER N, ROBERTS A, et al. Exploring the limits of transfer learning with a unified text-to-text transformer[J]. Journal of Machine Learning Research, 2020, 21(140): 1-67.

[6] KAO W T, LEE H. Is BERT a cross-disciplinary knowledge learner? A surprising finding of pre-trained models' transferability[EB/OL]. arXiv: 2103.07162.

[7] HSU T Y, LIU C L, LEE H. Zero-shot reading comprehension by cross-lingual transfer learning with multi-lingual language representation model[EB/OL]. arXiv: 1909.09587.

[8] LIU C L, HSU T Y, CHUANG Y S, et al. What makes multilingual BERT multilingual?[EB/OL]. arXiv: 2010.10938.

第11章 自编码器

在讲**自编码器（autoencoder）**之前，由于自编码器也可以算作自监督学习的一环，因此我们可以先简单回顾一下自监督学习的框架（见图 11.1）. 假设有大量的没有标注的数据，为了用这些没有标注的数据训练一个模型，必须设计一些不需要标注数据的任务，比如做填空题或者预测下一个词元，等等. 这个过程就是自监督学习，有时也叫预训练. 用这些不用标注数据的任务学完一个模型以后，模型可能本身没有什么作用，比如 BERT 只能做填空题，GPT 只能把一句话补完，但是我们可以把这些模型用在其他下游任务上.

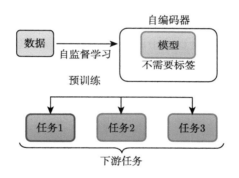

图 11.1　自监督学习的框架

在有 BERT 或 GPT 之前，其实有一个更老的、不需要使用标注数据的模型，它就是自编码器，所以你也可以把自编码器看作一种自监督学习的预训练方法. 当然可能不是所有人都同意这个观点，因为自编码器是早在 2006 年就有的概念，而自监督学习是 2019 年才有的词汇. 从自监督学习（即不需要用标注数据来训练）这个角度看，自编码器可以视为自监督学习的一种方法，与完成填空或者预测接下来的词元比较类似，只是采用了另外一种不同的思路.

11.1　自编码器的概念

以图像为例，自编码器的工作流程如图 11.2 所示. 自编码器有两个网络，即编码器和解码器. 编码器把一张图片读进来，并把这张图片变成一个向量，编码器可能是拥有很多层的卷积神经网络. 接下来这个向量会变成解码器的输入，而解码器会产生一张图片，所以解码器的网络架构可能比较像 GAN 里面的生成器，输入一个向量，输出一张图片.

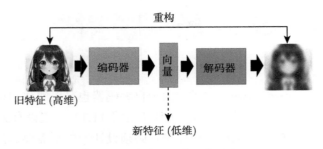

图 11.2　自编码器的工作流程

我们希望编码器的输入跟解码器的输出越接近越好，这也是训练的目标. 换句话说，如果把图片看作一个很长的向量，我们希望这个向量跟解码器的输出向量之间的距离越近越好，也有人把这件事情叫作**重建（reconstruction）**. 因为我们就是把一张图片压缩成一个向量，接下来解码器根据这个向量重建出原来的图片，原来的输入跟重建后的结果越接近越好. 讲到这里读者可能会发现，这个概念其实跟前面讲的 CycleGAN 比较类似.

在做 CycleGAN 的时候，我们需要两个生成器，其中一个生成器把 x 域的图片转到 y 域，另一个生成器把 y 域的图片转回来，我们希望原先的图片跟转完两次后的图片越接近越好. 自编码器背后的理念跟 CycleGAN 其实一模一样，都希望所有的图片经过两次转换以后，跟原来的输入越接近越好. 而这个训练的过程完全不需要任何的标注数据，只需要收集大量的图片就可以完成. 因此这是一种无监督学习的方法，跟自监督学习中预训练的做法一样，完全不需要任何的标注数据. 编码器的输出有时候叫作嵌入，嵌入又称为表示或编码.

怎么把训练好的自编码器用在下游任务上呢？常见的做法就是把原来的图片看成一个很长的向量，但这个向量太长了不好处理，可以把这张图片输入编码器，输出另一个比较短（比如只有 10 维或 100 维）的向量. 然后拿这个新的向量完成接下来的任务. 也就是说，图片不再是一个很高维度的向量，它在经过编码器的压缩以后，变成了一个低维度的向量，我们拿这个低维度的向量做接下来想做的事情. 这就是将自编码器用在下游任务上的常见做法.

编码器的输入通常是一个维度非常高的向量，它的输出（也就是嵌入，又称为表示或编码）则是一个非常低维度的向量. 比如输入 100 像素 ×100 像素的图片，那就是 1 万维的向量. 如果是同样像素数的 RGB 图片，那就是 3 万维的向量. 但是通常编码器会将量级设得很小，比如 10、100 这样的量级，因此会有一个特别窄的部分. 本来输入是很宽的，输出也是很宽的，但是中间特别窄，这中间的一段就叫瓶颈. 编码器要做的事情，就是把本来高维度的东西转成低维度的东西，把高维度的东西转成低维度的东西就叫"降维".

11.2 为什么需要自编码器

自编码器到底好在哪里？当我们把一张高维度的图片变成一个低维度的向量时，到底能够带来什么样的帮助呢？设想一下，自编码器要做的是把一张图片先压缩再还原回来，但是还原这件事情为什么能成功呢？如图 11.3 所示，假设一张图片本来是 3×3 的维度，此时要用 9 个数值来描述这张图片，编码器输出的向量是二维的，怎么才能从二维的向量中还原出 3×3 的图片，即还原这 9 个数值呢？

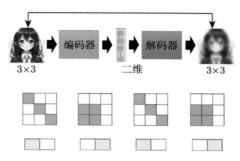

图 11.3　自编码器的原理

能够做到这件事情是因为对于图像来说并不是所有 3×3 的矩阵都是有意义的图片，图片的变化其实是有限的. 随便采样一个随机的噪声，再随便采样一个矩阵出来，它通常不是你想要看到的图片. 举例来说，假设图片是 3×3 的，对于图片的变化，虽然表面上应该有 $3 \times 3 = 9$ 个数值，才能够描述 3×3 的图片，但图片的变化实际上是有限的. 也许我们把图片收集起来就会发现，实际上只有图 11.3 所示的白色和橙色方块两种类型. 一般在训练的时候就会看到这种状况，就是因为图片的变化是有限的. 因此我们在做编码器的时候，有时只用两个维度就可以描述一张图片. 虽然图片是 3×3 的，应该用 9 个数值才能够存储，但实际上也许只有两种类型，用 0 和 1 来分别表示有没有看到即可.

编码器要做的事情就是化繁为简，有时本来比较复杂的东西，实际上只是表面上看起来复杂，它本身的变化是有限的. 我们只需要找出其中有限的变化，就可以将本来比较复杂的东西用更简单的方法来表示，从而只需要比较少的训练数据，就可以让机器学习，这就是自编码器的概念.

自编码器从来就不是一个新的概念，深度学习之父 Hinton 早在 2006 年的 *Science* 论文里面就有提到自编码器这个概念，只是彼时用的网络跟今天我们用的网络有很多不一样的地方. 彼时自编码器的结构还不太成熟，人们并不认为深度的神经网络是能够训练起来的，而是普遍认为每一层应该分开训练. Hinton 用的是一种叫作**受限玻尔兹曼机（Restricted Boltzmann Machine，RBM）**的技术.

下面我们详细介绍一下过去人们是怎么看待深度学习这个问题的. 那时候，训练一个很深的网络是不太可能的，每一层都得分开训练. 分开训练这件事情又叫预训练. 但它跟自监督学习中的预训练又不太一样，如果自编码器是预训练的，那么这里的预训练就相当于预训练中的预训练. 这里的预训练倾向于训练流程的概念，自编码器中的预训练则倾向于算法流程的概念. 这里的预训练是要先训练自编码器，每一层用 RBM 技术分开来训练. 先把每一层都训练好，再全部接起来做微调，这里的微调也不是 BERT 中的微调，而是微调那个预训练的模型. RBM 其实并不是深度学习技术，至于现在为什么很少有人用它，就是因为它没什么用. 但在 2006 年，还是有必要使用这一技术的. 在 2012 年的时候，Hinton 在一篇论文的结尾指出了 RBM 技术其实没什么用. 当时，编码器和解码器的结构必须对称，所以编码器的第一层和解码器的最后一层必须对应，不过现在已经没有（或者说很少有）这样的限制. 总之，自编码器从来就不是一个新的概念.

11.3　去噪自编码器

自编码器有一个常见的变体，叫作**去噪自编码器（denoising autoencoder）**. 如图 11.4 所示，去噪自编码器就是把原来打算输入编码器的图片，加上一些噪声，再输入编码器，最后通过解码器尽可能还原之前的图片.

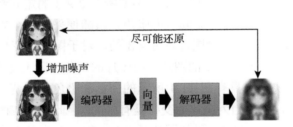

图 11.4　去噪自编码器的结构

我们现在还原的不是编码器的输入，输入编码器的图片是有噪声的，我们要还原的是加入噪声之前的图片. 所以现在的编码器和解码器除了要完成还原图片这项任务以外，还必须自己学会把噪声去掉. 编码器看到的是有噪声的图片，但解码器要还原的是没有加噪声的图片，所以编码器和解码器必须联手才能把噪声去掉，只有这样也才能把去噪自编码器训练出来.

其实去噪自编码器也不算太新的技术，至少在 2008 年的时候，就已经有相关的论文了. BERT 其实也可以看成一个去噪自编码器，如图 11.5 所示. 我们在输入时会加掩码，掩码其实就是噪声，BERT 就是编码器，它的输出就是嵌入. 接下来是一个线性模型，它就是解码器，解码器要做的事情是还原输入的句子，也就是尝试把填空题中被盖住的地方给还原出来，所以我们可以说，BERT 其实就是一个去噪自编码器.

> Q：为什么解码器一定得是线性模型呢？
> A：其实解码器不一定是线性模型. 最小的 BERT 有 12 层，比较大的 BERT 有 24 层或 48 层. 以 12 层的 BERT 为例，如果第 6 层的输出是嵌入，则可以说剩下的 6 层就是解码器. 我们用的不是第 12 层的输出，而是第 6 层的输出，BERT 的前 6 层就是编码器，后 6 层就是解码器. 总之，这个解码器不一定是线性模型.

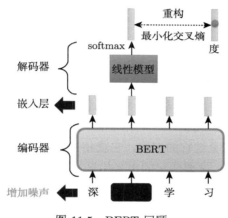

图 11.5 BERT 回顾

11.4 自编码器应用之特征解耦

自编码器可应用于**特征解耦（feature disentanglement）**. 解耦是指把一堆本来纠缠在一起的东西解开. 为什么需要解耦？我们先看一下自编码器做的事情. 如图 11.6 所示，如果输入图片，就把图片变成编码（即一个向量），再把编码变回图片，既然编码可以变回图片，就说明编码里面有很多信息，包括图片所有的信息，比如图片的色泽、纹理等. 自编码器这个概念并非只能用在图像上，也可以用在语音上. 把一段语音输入编码器，变成一个向量再输回解码器变回原来的语音. 语音里面所有重要的信息，包括这句话的内容是什么、这句话是谁说的等，都包含在这个向量中. 如果将一篇文章输入编码器里面变成一个向量，这个向量再通过解码器变回原来的文章，则这个向量中可能不仅包含文章里面语法的信息，还包含语义的信息，这些信息全都纠缠在一个向量里面，我们不知道这个向量的哪些维度代表了哪些信息.

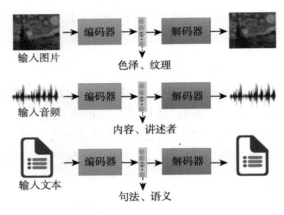

输入图片 → 编码器 → 色泽、纹理 → 解码器

输入音频 → 编码器 → 内容、讲述者 → 解码器

输入文本 → 编码器 → 句法、语义 → 解码器

图 11.6　自编码器回顾

有没有一种办法，能让我们在训练一个自编码器的时候，同时知道嵌入（又称为表示或编码）的哪些维度代表了哪些信息（比如 100 维的向量，知道前 50 维代表这句话的内容，后 50 维代表说话者的特征）？对应的技术称为特征解耦.

举一个特征解耦方面的应用例子，叫作语音转换，如图 11.7 所示. 也许你没有听说过语音转换这个词，但你一定见过它的应用，它就相当于柯南的领结变声器. 在做变声器（也就是进行语音转换）的时候，需要成对的声音信号. 也就是说，假设要把讲述者 A 的声音转成讲述者 B 的声音，就必须把讲述者 A 和讲述者 B 都找来，叫他们念一模一样的句子.

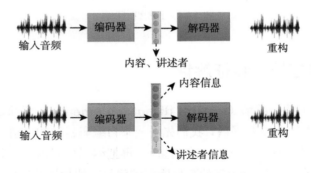

输入音频 → 编码器 → 内容、讲述者 → 解码器 → 重构

输入音频 → 编码器 → 内容信息 / 讲述者信息 → 解码器 → 重构

图 11.7　特征解耦应用之语音转换

如图 11.8 所示，讲述者 A 说 "How are you."，讲述者 B 也说 "How are you."；讲述者 A 说 "Good morning."，讲述者 B 也说 "Good morning.". 他们两人各说大量一模一样的句子（比如 1000 句），接下来就交给自监督学习去训练了. 即现在有成对的数据，训练一个自监督学习模型，把讲述者 A 的声音输入，输出就变成讲述者 B 的声音. 但是，让讲

述者 A 跟讲述者 B 念大量一模一样的句子，显然是不切实际的.

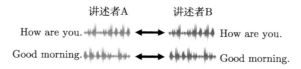

图 11.8　讲述者 A 和讲述者 B 需要念一模一样的句子

有了特征解耦这种技术以后，我们可以期待为机器提供讲述者 A 的声音和讲述者 B 的声音时，讲述者 A 和讲述者 B 不需要念同样的句子，甚至不需要讲同样的语言，机器也有可能学会把讲述者 A 的声音转成讲述者 B 的声音，如图 11.9 所示. 假设收集到一组人类的声音信号，使用这些声音信号训练一个自编码器，同时又做了特征解耦，所以我们就知道了在编码器的输出里面，哪些维度代表了语音的内容，而哪些维度代表了讲述者的特征，这样就可以把两句话的声音和内容的部分互换.

讲述者A　　讲述者B
天气真好.⊣⊢⊢⊣⊢⊢⊣　⊣⊢⊢⊣⊢⊢⊣ How are you.

再见.⊣⊢⊢⊣⊢⊢　⊣⊢⊢⊣⊢⊢⊣ Good morning.

讲述者A和讲述者B说着完全不同的语言

图 11.9　语音转换中特征解耦的作用

举例来说，如图 11.10 所示，在把讲述者 A 的声音（"How are you."）输入编码器以后，就可以知道在编码器的输出里面，哪些维度代表"How are you."的内容，而哪些维度代表讲述者 A 的声音. 同样，在把讲述者 B 的声音也输入编码器以后，就可以知道哪些维度代表讲述者 B 所说的内容，而哪些维度代表讲述者 B 的声音特征. 接下来只要把讲述者 A 所说内容的部分取出来，再把讲述者 B 的声音特征部分取出来，拼起来并输入解码器，就可以用讲述者 A 的声音来讲讲述者 B 所说的话.

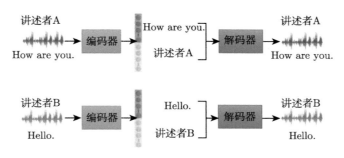

图 11.10　在语音转换中使用特征解耦

11.5　自编码器应用之离散隐表征

自编码器还可以用于离散隐表征. 到目前为止，我们都假设嵌入是一个向量，也就是一组实数，嵌入可不可以是别的东西呢？如图 11.11 所示，嵌入也可以是一组二进制数，好处就是每一个维度就代表了某种特征，比如女生对应第一维是 1，男生对应第一维是 0；戴眼镜对应第三维是 1，没有戴眼镜对应第三维是 0. 将嵌入变成一组二进制数的好处是，我们在解释编码器的输出时将更为容易. 嵌入也可以是独热向量，只有一维是 1，其他维就是 0.

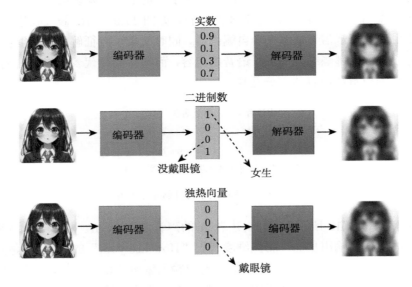

图 11.11　嵌入的多种表示

如果强制嵌入是独热向量，也许可以做到无监督的分类. 比如我们想要做手写数字识别，有数字 0~9 的手写图片，把这些图片统统收集起来训练一个自编码器，强制中间的隐表征，也就是中间的这个编码，一定得是独热向量. 编码正好设为 10 维，10 维就有 10 种可能的独热编码，也许每一种正好就对应一个数字. 因此，如果将独热向量当作嵌入，也许就可以做到完全在没有标注数据的情况下让机器自动学会分类.

其实在这种离散的表征技术中，最知名的就是**向量量化变分自编码器（Vector Quantized-Variational AutoEncoder，VQ-VAE）**. 它的运作原理就是输入一张图片，然后编码器输出一个向量，这个向量很普通并且是连续的，但接下来有一个码本，码本就是一排向量，如图 11.12 所示. 这排向量也是学出来的，计算编码器的输出和这排向量间的相似度，就会发现这其实跟自注意力有点像，上面的向量就是查询，下面的向量就是键，接下来就看下面的这些向量里面谁的相似度最大,把相似度最大的那个向量拿出来,让这个键和那个值共用同一个向量.

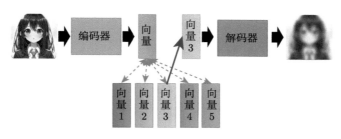

图 11.12 向量量化变分自编码器示例

如果将上面的整个过程用自注意力机制来比喻的话,就等于键和值共用同一个向量,然后把这个向量输入解码器,输出一张图片,接下来在训练时,输入和输出越接近越好. 其中,解码器、编码器和码本,都是一起从数据里面学出来的,这样做的好处就是可以有离散的隐表征. 也就是说,这边解码器的输入一定是那边码本里面的向量中的一个. 假设码本里面有 32 个向量,解码器的输入就只有 32 种可能,这相当于让这个嵌入变成离散的,它没有无穷无尽的可能,只有 32 种可能而已. 这种技术如果用在语音上,就是一段声音信号输入后,通过编码器产生一个向量,接下来计算相似度,把最像的那个向量拿出来输入解码器,再输出一段同样的声音信号,这时候就会发现,其中的码本可以学到最基本的发音单位. 而这个码本里面的每一个向量,就对应某个发音,也就对应音标里面的某个符号,这就是 VQ-VAE 的工作原理.

其实还有更多疯狂的想法,比如这个表征一定要是向量的形式吗?可不可以是一段文字?答案是可以. 如图 11.13 所示,假设我们现在要做文字的自编码器,这其实跟做语音或图像的自编码器没有什么不同,就是有一个编码器,然后把一篇文章输入,产生一个向量,把这个向量输入解码器,还原输入的文章. 但我们现在可不可以不用向量当嵌入?可不可以说嵌入就是一串文字呢?

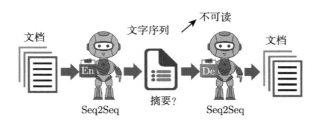

图 11.13 文字形式的离散隐表征

把嵌入变成一串文字又有什么好处呢？也许这串文字就是文章的摘要. 把一篇文章输入编码器，输出一串文字，而这串文字可以通过解码器还原输入的文章，这说明这串文字是这篇文章的精华，是最关键的内容，或者说是摘要. 不过，这里的编码器和解码器显然都是一个 Seq2Seq 模型，比如 Transformer. 原因在于，编码器的输入是一篇文章，输出是一串文字；而解码器的输入是一串文字，输出是一篇文章. 它不是一个普通的自编码器，而是一个 Seq2Seq 的自编码器. 它先把长的语句转成短的语句，再把短的语句还原为长的语句. 这个自编码器在训练的时候不需要标注的数据，只需要收集大量的文章即可.

如果真的可以训练出这个模型，并且如果这串文字真的可以代表摘要，也许就能让机器自动学会做摘要这件事. 让机器自动学会做无监督的总结真有这么容易吗？实际上这样训练起来以后，就会发现是行不通的，为什么呢？因为编码器和解码器之间会发明暗号，产生一段文字，而这段文字我们是看不懂的，根本就不是摘要. 这时候怎么办呢？回想 GAN 的概念，如图 11.14 所示，加上一个判别器，判别器看过人类写的句子，所以它知道人类写的句子是什么样子，但这些句子不需要是文章的摘要. 然后编码器要想办法骗过这个判别器，比如想办法产生一些句子，这些句子不仅可以通过解码器还原之前的文章，还要使判别器觉得像是人类写的句子，我们期待通过这种方法可以强迫编码器不是只产生一段编码给解码器去破解，而是产生一段让人看得懂的摘要.

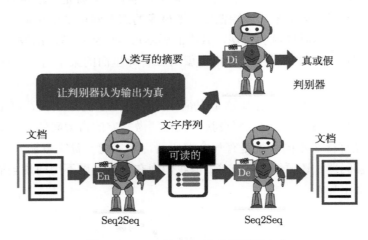

图 11.14   CycleGAN 自编码解析文字

这个网络要怎么训练呢？进一步说，输出是一串文字，这串文字要怎么传给判别器和解码器呢？这个问题可以用强化学习来解决. 读者可能觉得这个概念有点像 CycleGAN，这其实就是 CycleGAN，我们期待通过生成器和判别器使得输入和输出越接近越好，这里只是从自编码器的角度看待 CycleGAN 的思路而已.

11.6 自编码器的其他应用

自编码器其实还有很多其他的应用. 前面都在讲编码器, 其实解码器也有一定的应用. 首先是应用在生成器上, 如图 11.15 所示. 解码器可以拿出来当作生成器来用. 生成器就是输入一个向量, 然后输出一个东西, 比如一张图片, 而解码器的原理也是类似的, 因此解码器可以当作生成器来用. 我们可以从一个已知的分布（比如高斯分布）中采样一个向量给解码器, 然后看看它能不能输出一张图片. 实际上, 前面在讲生成模型的时候提到过除了 GAN 以外的另外两个生成模型, 其中一个就是**变分自编码器（Variaional AutoEncoder, VAE）**显然, 它其实跟自编码器有很大的关系, 它实际上就是把自编码器中的解码器拿出来当作生成器来用, 但它还做了一些其他的事情, 这留给读者自行研究.

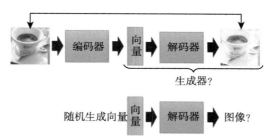

图 11.15 自编码器的应用——生成器

自编码器还可以用来做压缩, 如图 11.16 所示. 在处理图片的时候, 如果图片太大, 则可以使用一些压缩的方法缩小图片. 而自编码器也可以拿来做压缩, 我们完全可以把编码器的输出当作一个压缩的结果. 因为一张图片其实是一个非常高维的向量, 而编码器的输出通常是一个非常低维的向量, 此时完全可以把这个向量看作一个压缩的结果. 所以编码器做的事情就是压缩, 对应解码器做的事情就是解压缩. 只是这个压缩是有损压缩, 有损压缩会导致图片失真, 因此在训练自编码器的时候, 我们没有办法做到让输入的图片和输出的图片一模一样. 通过自编码器压缩出来的图片必然失真, 就跟 JPEG 图片失真是一样的.

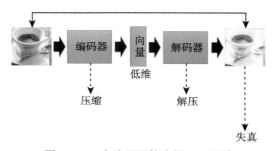

图 11.16 自编码器的应用——压缩

第12章 对抗攻击

本章介绍人工智能中的对抗攻击. 之前我们已经了解了各式各样的神经网络, 这些神经网络对于不同的输入/输出类别都有非常高的准确率. 要真正使用这些神经网络, 仅仅提高它们的准确率是不够的, 还需要让它们能够对抗来自外界的攻击. 有时候, 神经网络的工作是检测一些恶意行为, 要检测的对象会想方设法骗过神经网络, 所以我们不仅要在正常情况下得到高的准确率, 还要在有人试图欺骗神经网络的情况下得到高的准确率. 举例来说, 我们会使用神经网络来过滤垃圾邮件, 所以垃圾邮件的发信者会想尽办法避免所发邮件被分类为垃圾邮件. 我们的模型需要对此有极高的鲁棒性才能得到广泛使用, 所以进行有关对抗攻击的研究是非常有必要的.

12.1 对抗攻击简介

图 12.1 给出了一个网络攻击的例子. 之前我们已经训练了图像识别模型, 给它一张照片, 它可以告诉我们这张照片属于什么类别. 我们要做的攻击就是给这张照片加入非常小的噪声. 具体方法是, 一张照片可以看作一个矩阵, 在这个矩阵的每一个数据上都加入一

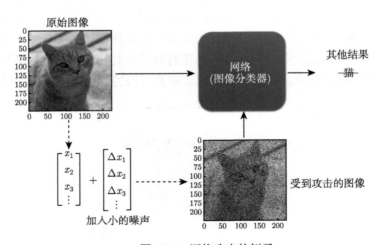

图 12.1 网络攻击的例子

个小小的噪声, 然后把这张加入噪声的照片输入网络, 查看输出的分类结果. 我们把被加入噪声的照片叫作受到攻击的图像, 而把没有被加入噪声的照片叫作原始图像. 将原始图像输入网络后, 输出是猫, 我们作为攻击方, 期待受到攻击的图像的输出不是猫, 而是其他结果. 攻击大致上分成两种类型: 一种是无目标攻击, 只要受到攻击的图像的输出不是猫就算攻击成功; 另一种是有目标攻击, 我们希望受到攻击的图像的输出是狮子等, 也就是说, 我们希望网络不仅输出不能是猫, 还要输出特定的结果, 这样才算攻击成功.

我们可以加入一些人眼看不到的噪声来改变网络的输出, 比如选用一个 50 层的ResNet作为图像分类器. 当我们把一张没有受到攻击的图片输入 50 层的 ResNet 时, 输出是虎斑猫 (猫的一种), 同时还有一个置信得分, 也就是模型认为这张图片是虎斑猫的概率 (见图 12.2 的左图). 置信得分也就是执行完 softmax 操作以后得到的分数. 假设图像分类任务有 2000 个类别, 这 2000 个类别都会有一个分数, 并且一定都介于 0 和 1 之间, 这 2000 个类别的分数合起来是 1. 在这个例子中, 虎斑猫的分数是 0.64, 也就是说, ResNet 认为这张图片是虎斑猫的概率为 64%. 接下来, 为原始图像加入一些噪声, 攻击目标是使分类结果由虎斑猫变成海星, 加入噪声以后的图片见图 12.2 的右图 (噪声非常小, 人眼无法分辨). 我们把它输入 ResNet, 得到的输出是海星, 而且置信得分是 1. 本来网络还没有那么确定这是一只猫, 现在则百分之百确定它就是海星. 所以这里人类看不出的图像, 网络反而能够非常肯定地给出与原结果相去甚远的答案, 这就是攻击的效果. 这不是特例, 我们可以把这只猫轻易地变成任何其他东西. 同时我们也不必怀疑网络的分类能力, 因为这是一个 50 层的 ResNet, 它的分类能力非常强.

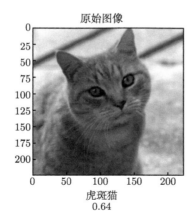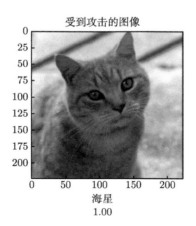

图 12.2 网络攻击影响网络输出结果

当然，如果我们加入的只是一般的噪声，网络并不一定会犯错. 如图 12.3 所示，左上角是原来的图片，我们现在加入一个人眼可见的噪声，如左下角所示，这时候 ResNet 可以正确地识别出这是一只猫，只不过换了品种. 把噪声加大一点，变为右上角的图片，这时候 ResNet 认为这是一只波斯猫，因为这只猫看起来毛茸茸的. 如果把噪声再加大一点，如右下角所示，这时候 ResNet 就会将图片识别为壁炉，因为它觉得前面的噪声是屏风，而后面这只橙色的猫是火焰.

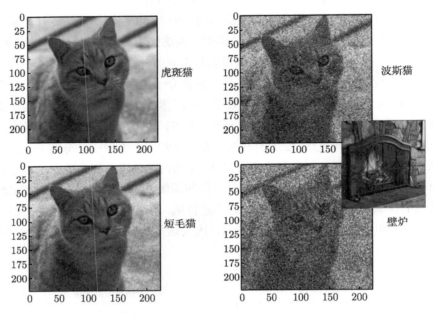

图 12.3　噪声对 ResNet 识别结果的影响

12.2　如何进行网络攻击

在讲为什么噪声会影响识别结果之前，我们先来看看攻击究竟是如何做到的. 如图 12.4 所示，我们有一个网络 f，它的输入是一张图片 x_0，输出是一个分布，这个分布表示的是这张图片属于每个类别的概率. 我们假设网络的参数是固定的，不讨论网络的参数部分. 我们现在要做的是，找到一张新的图片 x，在把这张图片 x 输入网络 f 以后，网络输出 y 和正确答案 $\hat{y}$ 的差距越大越好. 现在是进行无目标攻击，所以我们只需要两者的差距越大越好，而不需要使输出变成某个特定的类别.

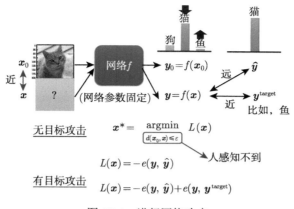

图 12.4 进行网络攻击

这里我们要解一个优化的问题. 首先定义一个损失函数 L，它表示网络输出 $\boldsymbol{y}$ 和正确答案 $\hat{\boldsymbol{y}}$ 之间的差距. 我们在做分类问题时，一般用 $-e(\boldsymbol{y}, \hat{\boldsymbol{y}})$ 表示网络输出 $\boldsymbol{y}$ 和正确答案 $\hat{\boldsymbol{y}}$ 的交叉熵，我们希望这个交叉熵越大越好，所以在前面加了一个负号. 我们的目标是找到一张图片 $\boldsymbol{x}$，使得损失函数 L 最小. $L(\boldsymbol{x})$ 越小表示两者的距离越大，说明攻击效果越好，这是针对无目标攻击而言的. 对于有目标攻击，我们需要事先设定好目标，这里用 $\boldsymbol{y}^{\text{target}}$ 来表示我们的目标. 我们希望 $\boldsymbol{y}$ 不只与 $\hat{\boldsymbol{y}}$ 越远越好，还要与 $\boldsymbol{y}^{\text{target}}$ 越近越好. 比如，如果 $\boldsymbol{y}^{\text{target}}$ 是鱼，则我们不仅希望输出的 $\boldsymbol{y}$ 是猫的概率越小越好，而且希望输出的 $\boldsymbol{y}$ 是鱼的概率越大越好. 所以我们的损失函数为 $L(\boldsymbol{x}) = -e(\boldsymbol{y}, \hat{\boldsymbol{y}}) + e(\boldsymbol{y}, \boldsymbol{y}^{\text{target}})$，这里的 e 同样表示交叉熵.

另外需要注意的是，我们希望找到一个 $\boldsymbol{x}$，在最小化损失的同时保证加入的噪声越小越好. 也就是说，我们希望新找到的图片可以骗过网络，并且与原来的图片越相似越好. 所以我们在解这个优化的问题时，还会多加入一个限制——$\boldsymbol{x}$ 与 $\boldsymbol{x}_0$ 之间的差距不能大于某个阈值 ε，即 $d(\boldsymbol{x}_0, \boldsymbol{x}) \leqslant \varepsilon$，这个阈值是根据人类的感知能力而定的. 如果 $\boldsymbol{x}$ 与 $\boldsymbol{x}_0$ 之间的差距太大（大于阈值 ε），人类就会发现这是一张带有噪声的图片，所以我们要保证这个差距不要太大. 这个限制也可以写成 L_2 范数的形式，即 $\|\boldsymbol{x}_0 - \boldsymbol{x}\|_2 \leqslant \varepsilon$.

为方便起见，我们假设 $\boldsymbol{x}$ 是一个向量，$\boldsymbol{x}_0$ 也是一个向量. 如果图片是 224 像素×224 像素的 3 通道图片，则向量的维度就是 $224 \times 224 \times 3$. 这两个向量相减的结果是 $\Delta \boldsymbol{x}$，它们之间的距离 $d(\boldsymbol{x}_0, \boldsymbol{x}) = \|\Delta \boldsymbol{x}\|_2$ 也就等于 $(\Delta \boldsymbol{x}_1)^2 + (\Delta \boldsymbol{x}_2)^2 + (\Delta \boldsymbol{x}_3)^2 + \cdots$，它可以根据 L_2 范数的定义写成 $\sqrt{(\Delta \boldsymbol{x}_1)^2 + (\Delta \boldsymbol{x}_2)^2 + (\Delta \boldsymbol{x}_3)^2 + \cdots}$. L_∞ 的定义是 $\|\Delta \boldsymbol{x}\|_\infty = \max(|\Delta \boldsymbol{x}_1|, |\Delta \boldsymbol{x}_2|, |\Delta \boldsymbol{x}_3|, \cdots)$，也就是取向量里面每一维绝对值最大的那个值，这个最大值就代表 $\boldsymbol{x}$ 和 $\boldsymbol{x}_0$ 之间的距离.

L_2 范数和 L_∞ 范数中到底哪一个在攻击的时候是比较好的选择呢？我们来看一个例子，如图 12.5 所示. 假设我们有一张图片，这张图片只有 4 个像素. 现在我们对这张图片做两种不同的变化：第一种变化是，这 4 个像素的颜色都有了非常小的改变；第二种变化是，只有右下角像素的颜色发生了大变化. 对于 L_2 范数, 它们的数值基本相同, 因为前者 4 个像素都改过, 而后者只有一个像素改过. 但是对于 L_∞ 范数, 它们的数值是不一样的, 因为 L_∞ 范数只在意最大的变化量, 前者的最大变化量是非常小的, 而后者的最大变化量是非常大的. 所以从这个例子来看, L_∞ 范数更加符合人类的感知能力, 因为人类的感知能力更多地关注最大的变化量, 而不是关注所有的变化量. 所以仅仅 L_2 范数小是不够的, 还要让 L_∞ 范数也小才行.

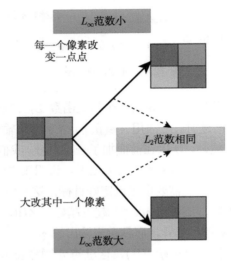

图 12.5　基于 L_2 范数和 L_∞ 范数的距离的比较

在实际应用中, 其实也要凭领域知识来定义这个距离. 我们刚才举的例子是图像方面的, 如果我们今天要攻击的对象是一个和语音相关的系统, 也就是说, x 和 x_0 都是声音信号, 什么样的声音信号对人类来说听起来有差距? 那就不见得要用 L_2 范数和 L_∞ 范数了, 我们需要研究人类的听觉系统, 看看人类对什么频态的变化特别敏感, 再根据人类的听觉系统来制定比较合适的衡量方式.

我们继续分析一下这个优化问题如何解, 我们要做的事情是找一个 x 来最小化损失. 与此同时, 我们还要保证 x 和 x_0 之间的距离不要太大. 如果我们先忽略这个限制, 这个问题就变成了我们之前讲过的优化问题. 我们要找一个 x 来最小化损失函数, 这个问题我们是会解的. 我们只需要把输入的那张图片看作网络参数一部分, 然后最小化损失函数, 并且现在网络参数是固定的, 我们只用调输入部分, 然后使用梯度下降最小化损失就可以了.

　　但是现在我们还有一个限制，就是要保证 $\boldsymbol{x}$ 和 $\boldsymbol{x}_0$ 之间的距离不要太大，这里直接在梯度更新以后再加一个限制即可. 举例来说，如图 12.6 所示，假设我们现在用的是 L_∞ 范数，黄色的点是 $\boldsymbol{x}_0$，$\boldsymbol{x}$ 只能在这个方框内，出了这个方框，$\boldsymbol{x}_0$ 和 $\boldsymbol{x}$ 之间的距离就会超过 ε. 所以在使用梯度下降更新 $\boldsymbol{x}$ 以后，$\boldsymbol{x}$ 一定还要落在这个方框里才行. 更新梯度后如果 $\boldsymbol{x}$ 超出了方框，把它拉回来就可以了. 也就是在方框里找一个与蓝色的点最近的位置，然后把蓝色的点拉进来.

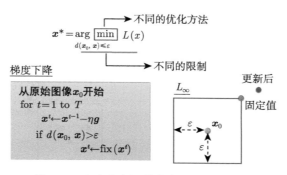

图 12.6　加入限制后的优化问题解法分析

12.3　快速梯度符号法

　　所谓的攻击还有很多不同的变体，不过大同小异，它们通常要么限制不一样，要么优化的方法不一样. 接下来介绍一种最简单的攻击方法，叫作**快速梯度符号法（Fast Gradient Sign Method，FGSM）**. 一般我们在做梯度下降的时候，需要迭代更新参数很多次，但有了这种方法以后，只需要更新一次参数就可以了，原理如图 12.7 所示.

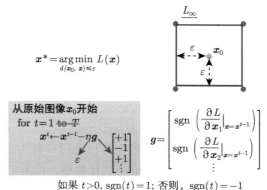

图 12.7　快速梯度符号法

　　具体来讲，FGSM 为原始梯度 g 做了一个特别的设计，不是直接使用梯度下降的值，而是加了一个符号函数，值大于 0 就输出 1，值小于 0 就输出 -1. 所以加了符号函数以后，梯度 g 要么是 1，要么是 -1. 至于学习率 η，直接设置为 ε，这样得到的效果是，攻击完以后，更新后的 x 一定落在蓝色框的边缘. 因为梯度 g 要么是 1，要么是 -1，所以在乘以 ε 后，x 要么往右移动 ε，要么往左移动 ε，要么往上移动 ε，要么往下移动 ε. 这种攻击方法就是这么简单. 有一个问题，如果多攻击几次，结果会不会更好？虽然结果会更好，但是这种方法只需要迭代一次就可以了. 多迭代几次的坏处是有可能一不小心就出界，这样还需要用之前的方法把 x 拉回来. 图 12.8 就是基于迭代的 FGSM，效果要比原始的 FGSM 好，但也更复杂了.

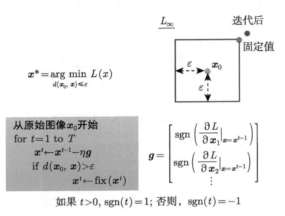

图 12.8　基于迭代的快速梯度符号法

12.4　白箱攻击与黑箱攻击

　　前面介绍的其实都是比较有代表性的白箱攻击，也就是说，我们知道模型的参数、结构、输入/输出、损失函数、梯度等. 我们知道模型的参数，所以才有办法计算梯度，也才有办法在图像中添加噪声. 但也正是因为白箱攻击需要知道模型的参数，所以也许白箱攻击不是很危险. 因为对于很多线上的服务模型，我们很难知道它们的参数是什么，也许攻击一个线上的服务模型并没有那么容易. 换个角度，其实如果要保护我们的模型不被别人攻击，只要注意不要随便把自己的模型放到网络上公开让大家取用就好.

　　其实我们想简单了，因为我们的模型参数是可以通过一些方法反推出来的，这叫黑箱攻击. 具体来讲，如果我们无法获知一个模型中的具体参数，但我们知道它是用什么样的训练数据训练出来的，我们就可以训练一个代理网络，用代理网络来模仿我们想要攻击的对象. 如果它们都使用同样的训练数据训练模型，也许它们就会有一定的相似度. 如果代理网络与要攻击的网络有一定程度的相似性，我们只要对代理网络进行攻击，也许要攻击的网络也会被攻击成功. 整个过程如图 12.9 所示.

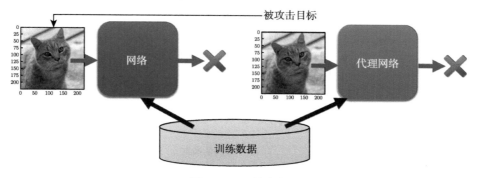

图 12.9　黑箱攻击

如果我们没有训练数据，并且不知道想要攻击的对象是用什么样的数据训练的，怎么办呢？其实也很简单，直接将一些现有的图片输入想要攻击的模型，然后看看它会输出什么，再把输入/输出的成对数据拿去训练一个模型，我们就有可能训练出一个类似的网络，也就是代理网络了，我们再对代理网络进行攻击即可.

黑箱攻击相对来说还是很容易成功的，如图 12.10 所示，有 5 个不同的网络——ResNet-152、ResNet-101、ResNet-50、VGG-16 和 GoogLeNet. 每一列代表要攻击的网络（即被攻击模型），每一行代表代理网络. 对角线的地方代表代理网络和要攻击的网络是一模一样的，所以这种情况就不是黑箱攻击，而是白箱攻击. 图 12.10 所示表格中的数值是被攻击模型的准确率，该值越低越好，越低的准确率代表攻击越成功. 我们发现对角线，也就是白箱攻击的部分，攻击的成功率是百分之百，被攻击模型的准确率是 0%，也就表示攻击总是会成功. 但在非对角线的地方，也就是黑箱攻击的部分，攻击的成功率也是非常高的，例如，将 ResNet-101 当作代理网络并攻击 ResNet-152，得到的准确率是 19%. 黑箱攻击的准确率比白箱攻击还要高，但其实这些准确率也都非常低（都低于 50%），所以显然黑箱攻击也有一定的成功可能性. 实际上，黑箱攻击在进行无目标攻击的时候比较容易成功，在进行有目标攻击的时候则不太容易成功.

要攻击的网络

代理网络		ResNet-152	ResNet-101	ResNet-50	VGG-16	GoogLeNet
	ResNet-152	0%	13%	18%	19%	11%
	ResNet-101	19%	0%	21%	21%	12%
	ResNet-50	23%	20%	0%	21%	18%
	VGG-16	22%	17%	17%	0%	5%
	GoogLeNet	39%	38%	34%	19%	0%

（准确率越低，攻击成功率越高）

图 12.10　黑箱攻击的例子

为了提高黑箱攻击的成功率,我们可以使用集成学习的方法,也就是使用多个网络来攻击. 如图 12.11 所示,这里有 5 个网络,我们可以使用这 5 个网络来攻击,然后看看攻击的成功率会不会提高. 图 12.11 所示表格中的每一列仍代表被攻击的网络,但每一行则有所不同,你会发现每一个网络名字的前面都有一个 "–" 符号,代表把除这个网络之外的 4 个网络都集合起来. 观察图 12.11,与图 12.10 不同,非对角线的地方是白箱攻击,准确率都变成 0%,白箱攻击依然非常容易成功. 对角线的地方是黑箱攻击,比如攻击 ResNet-152,我们没有用 ResNet-152,而是用了另外 4 个网络. 在使用集成学习的方式进行攻击时,黑箱攻击的成功率也是非常高的,被攻击模型的准确率都低于 6%.

| | 要攻击的网络 | | | | |
	ResNet-152	ResNet-101	ResNet-50	VGG-16	GoogLeNet
–ResNet-152	0%	0%	0%	0%	0%
–ResNet-101	0%	1%	0%	0%	0%
–ResNet-50	0%	0%	2%	0%	0%
–VGG-16	0%	0%	0%	6%	0%
–GoogLeNet	0%	0%	0%	0%	5%

（排除代理网络）

图 12.11 使用集成学习的方式进行黑箱攻击的例子

为什么黑箱攻击非常容易成功呢?下面介绍一个人们比较认可的结论,它基于一个实验. 观察图 12.12 中的子图,原点代表一张小丑鱼的图片,分别把这张图片往横轴和纵轴两个不同的方向移动. 横轴表示在 VGG-16 上可以攻击成功的方向,纵轴表示一个随机的方向. 在其他的网络上,中间深蓝色的区域都很相近,它表示会被识别成小丑鱼的图片的范围. 也就是说,如果给这张小丑鱼的图片加上一个噪声,将这个矩阵在高维的空间中横向移动,网络基本上还是会觉得它是小丑鱼的图片. 但如果往在 VGG-16 上可以攻击成功的方向移动,那么基本上其他网络也有很大的概率可以被攻击成功. 对于小丑鱼这个类别,它在攻击的方向上可移动的范围特别小,只要稍微移动一下,它就有可能超出能被识别成小丑鱼的范围.

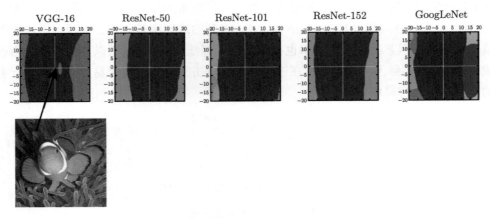

图 12.12 黑箱攻击容易成功的原因

攻击的方向对不同的网络的影响都很类似，所以有些人认为攻击会成功，主要的问题来自数据而非模型. 机器把这些加入了非常小的噪声的图片误判为另一个物体，可能是因为数据本身的特征就如此，在有限的数据上，机器学到的就是这样的结论. 所以对抗攻击会成功，原因来自数据，当我们有足够的数据时，也许就有机会避免对抗攻击.

对于攻击信号，我们希望它越小越好，到底可以小到什么程度呢？其实已经有人成功地做出了单像素攻击——仅仅改动了图片里面的一个像素. 举例来说，在图 12.13 的所有子图中，我们都只改动了一个像素，并且像素有改变的地方都用红圈圈了起来. 我们希望在改动了图片中的一个像素后，图像识别系统的判断会出错，每一个子图下方的黑色标注代表攻击前的结果，蓝色标注代表攻击后的识别结果. 比如，图 12.13 的左下角为一个茶壶，攻击时将某个像素的颜色改了，机器就会把茶壶识别为摇杆. 单像素攻击的成功率并不是非常高，所以我们还是希望能够找到更好的攻击方式.

杯子(16.48%)
汤碗(16.74%)

摇篮(16.59%)
纸巾(16.21%)

茶壶(24.99%)
摇杆(37.39%)

仓鼠(35.79%)
乳头(42.36%)

图 12.13 单像素攻击的例子

比单像素攻击更好的攻击方式是通用对抗攻击，也就是说，我们要找到一个攻击信号，这个攻击信号可以攻击所有的图片. 之前，我们有 200 张图片，我们会分别找出不同的攻击信号来攻击不同的图片. 有没有可能只用一个攻击信号, 就成功攻击所有的图片呢? 因为在现实中, 我们不可能对所有的图片都各去找一个攻击信号, 这个运算量可能非常大. 但是如果通用攻击可以成功, 我们就只需要部署这个攻击信号, 这样不管什么样的图像都可以攻击成功, 也就是网络不管看到什么物体, 都会识别错误.

12.5 其他模态数据被攻击案例

前面分析的都是图像攻击的案例, 其实其他类型的数据也有类似的问题. 以语音数据为例, 现在经常有人使用语音合成或语音转换技术来模拟某些人的声音. 为了检测声音的真假, 有一系列的研究在做这方面的工作, 比如检测声音是不是合成出来的, 或者检测声音是不是转换得到的. 目前虽然语音合成系统往往可以合成出以假乱真的声音, 但这些以假乱真的声音大部分具有固定的模式和特征, 与真正的声音相比存在一定程度的差异. 这种差异可能人耳听不出来, 但机器可以捕捉到. 我们可以利用机器学习的方法来检测这些差异, 从而达到检测声音是不是合成的这一目的.

但是这些可以检测语音合成的系统, 其实也会被轻易攻击. 比如, 我们有一段人工合成的声音, 人耳可以听出来它是合成的, 用模型检测这段声音, 模型可以正确地输出. 如果我们在刚才那段声音里加入一个小的噪声, 这个噪声是人耳听不出来的, 同一个检测模型会觉得这段声音是真实的声音, 而非合成的声音.

12.6 现实世界中的攻击

前面介绍的攻击都发生在虚拟世界中, 都是在把一张图片输入内存以后才把噪声加进去. 攻击也有可能发生在真实世界中, 举例来说, 现在有很多人脸识别系统, 如果我们在虚拟世界中发动攻击, 就得访问人脸识别系统, 输入一张人脸图片并加入一个噪声, 只有这样才能骗过人脸识别系统. 但是, 如果我们在现实世界中发动攻击, 则不需要访问人脸识别系统, 只需要在现实世界中加入一个噪声就可以了, 比如在脸上化妆等. 有一种神奇的眼镜, 人们戴上后就可以欺骗人脸识别系统, 例如可以让人脸识别系统将男人识别成女人, 如图 12.14 所示.

首先, 在现实世界中, 我们在观察一个东西的时候, 可以从多个角度去看. 之前有人觉得攻击也许不是那么危险, 因为就是一张图片, 只有加入某个特定的噪声, 才能让这张图片被识别错误. 也许噪声在某个角度欺骗成功了, 但它很难在所有的角度都骗过图像分类系统. 其次, 摄像头的清晰度是有限的, 所以如果添加的噪声非常小, 那摄像头有可能根本没有办法注意到. 最后, 考虑到某些颜色可能在计算机上和在真实世界中的表现不一样, 这就要求我们在设计这种眼镜的时候要充分考虑到这些问题. 所以说真实世界中的攻击比虚拟世界中的攻击更加困难, 需要考虑的实际问题也会更多.

图 12.14　现实世界中人脸识别系统攻击眼镜

除了人脸识别系统可能受到攻击, 交通标志牌也有受到攻击的潜在风险. 例如, 在图 12.15 中, 所示的交通标志牌可能会被贴上某些标志或贴纸, 使得识别系统几乎无论从何种角度观察, 都会误认这些标志. 然而, 一些研究者认为, 这种方法可能引起过于明显的警觉, 因为当人们意识到路标被篡改时, 很可能会迅速采取措施来纠正错误. 因此, 他们倾向于探讨更加隐蔽的攻击方式, 如图 12.16 所示. 在这种情况下, 限速标志中的数字 3 的部分笔画被拉长, 虽然人眼仍然可以看出数字 35, 但对于自动识别系统来说, 可能将数字误认为 85 而导致超速. 总之, 交通标志牌的安全性也需要考虑, 因为攻击者可能会尝试各种方法来误导或欺骗自动识别系统, 这可能对交通安全产生潜在威胁. 因此, 研究和采取措施以保护交通标志牌的完整性和可信度是非常重要的.

距离/m	角度/°	篡改后的交通标志				
1.5	0					
1.5	15					
3.0	0					
3.0	30					
12.2	0					
目标攻击成功率		100%	73.33%	66.67%	100%	80%

图 12.15　交通标志牌被攻击案例一

图 12.16　交通标志牌被攻击案例二

除此之外,还有一种攻击叫作**对抗重编程 (adversarial reprogramming)**. 如图 12.17 所示,对抗重编程想做一个方块的识别系统,去数图片中方块的数量,但它不想训练自己的模型,而是希望寄生在某个已有的训练在 ImageNet 的模型上面. 对抗重编程希望输入一张图片,当这张图片里有两个方块的时候,ImageNet 的模型就输出"goldfish"(金鱼),有 3 个方块的时候就输出"white shark"(噬人鲨),有 4 个方块的时候就输出"tiger shark"(鼬鲨),以此类推. 这样就可以操控这个 ImageNet 的模型,让它做本来不想做的事情. 具体的方法是,把要数方块的图片嵌入这个噪声的中间,并在图片的周围加入一些噪

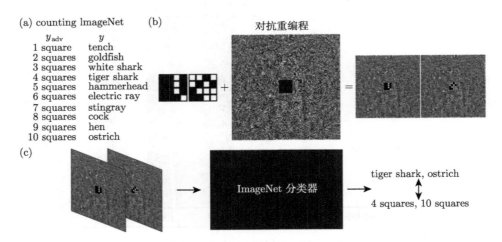

图 12.17　对抗重编程案例分析

声, 再把加入了噪声的图片输入图像分类器, 原来的图像分类器就会输出我们想要的结果. 以图 12.17 为例, 输入包含 4 个方块的图片, ImageNet 分类器就会输出"tiger shark"; 输入包含 10 个方块的图片, ImageNet 分类器就会输出"ostrich"(鸵鸟).

还有一种令人惊叹的攻击方式, 就是在模型里面开一个后门. 与之前的攻击都在测试阶段才展开不同, 这种攻击是在训练阶段就展开的. 举例来说, 假设我们要让一张图片识别错误, 如把鱼被误判为狗. 第一种方法是, 直接在训练集里面加入很多鱼的图片, 并且把鱼的图片都标注为狗, 这样训练出来的模型就会把鱼识别为狗, 但这种方法行不通, 原因在于, 如果有人去检查训练数据, 就会发现训练数据有问题. 第二种方法是, 我们在训练阶段使用的图片是正常的, 并且它们的标注也都正确, 拿这样的图片进行训练, 想方设法让分类器识别错误, 如图 12.18 所示. 这样的话, 我们的模型就会在测试的时候, 把鱼识别为狗, 而且我们的训练数据也是正常的, 没有问题. 有研究人员做了相关的工作, 在训练数据中加入一些特别的、看起来没有问题但实际上有问题的数据, 这些数据会让模型在训练的时候开一个后门, 使得模型在测试的时候识别错误, 而且只对某张图片识别错误, 对其他图片的识别则没有影响. 这种攻击方式是非常隐蔽的, 因为我们的训练数据是正常的, 而且我们的模型也是正常的, 直到有人拿这张图片来攻击模型的时候, 我们才发现模型被攻击了.

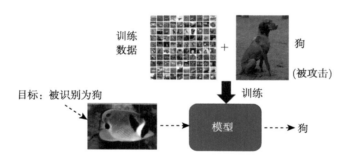

图 12.18　基于后门的攻击行为

这种开后门的方式还是非常危险的, 人脸识别系统已得到广泛应用, 假设人脸识别系统是用一个免费的公开数据集来训练的, 而这个数据集里有一张图片是有问题的. 我们在使用这个数据集训练完以后, 就会觉得这个数据集好用又免费, 训练出来的准确率也很高. 但是这个系统只要看到某个人的照片, 就会误判其为其他人, 从而使用他人的信息做出一些违法行为, 这是非常可怕的. 所以在使用别人的数据集时, 一定要小心, 要看一下数据集是不是有问题, 是不是有后门. 当然, 基于后门的攻击也不是那么容易成功, 里面有很多的限制, 比如模型和训练方式都会直接影响基于后门的攻击能否成功.

12.7　防御方式中的被动防御

　　前面介绍了各种攻击方式，本节介绍对应的防御方式. 防御方式分为两类：一类是被动防御，另一类是主动防御. 被动防御就是保持已经训练好的模型不动，在模型的前面加一个"盾牌"，也就是一个滤波器，如图 12.19 所示. 攻击者期待为图片加上攻击信号就可以骗过网络，但是这个滤波器可以削弱攻击信号的威力. 一般的图片不会受到这个附加的滤波器的影响，但是攻击信号在经过滤波器后就会失去原有的威力，使得原始网络不会识别错误. 我们要设计的滤波器其实也很简单，比如把图片稍微模糊一点，就可以使攻击信号减弱.

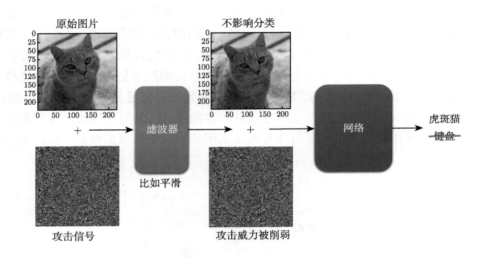

图 12.19　被动防御

　　举例来说，如图 12.20 所示，左上角是加入非常小的噪声以后系统会识别为键盘的图片. 对这张图片进行非常轻微的平滑模糊化处理，得到右上角的图片. 将其输入同一个图像识别系统，我们就会发现识别结果变为正确的虎斑猫. 所以这个滤波器的功能就是把攻击信号减弱，使得我们的原始网络不会识别错误. 这种方法可行的原因是，只有某个特定的攻击信号才能够攻击成功，在做了平滑模糊化处理以后，那个本可以攻击成功的特殊噪声就变了，也就失去了攻击的威力. 但是这个新加的滤波器对原来的图片影响很小，所以我们的原始网络还是可以正确识别图片.

　　当然事物都有两面性，这种模糊化的方法也有一些副作用. 比如本来完全没有被攻击的图片，在稍微平滑模糊化以后，虽然仍可以被正确识别，但置信分数下降了，如图 12.20 右下方的案例所示. 所以像这种平滑模糊化的滤波器，我们要有限制地使用，否则会产生副作用，导致正常的图片被识别错误.

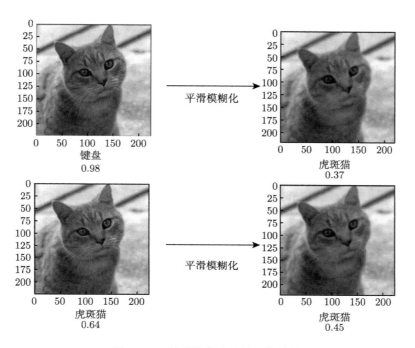

图 12.20　被动防御中滤波器的功能

　　被动防御的方法还有很多,除了平滑模糊化,还有其他更加精细的做法,如图 12.21 所示. 一张图片在保存成 JPEG 格式后会失真,但也许失真这件事情就可以让攻击图片失去原有的攻击威力,通过这种方法就可以保护原始模型. 此外,还有另一种基于生成的方法,即给定一张图片,然后让生成器生成一张和输入一模一样的图片. 对生成器而言,它在训练的时候从来没有看过某些噪声,所以只有很小的概率可以复现能够攻击成功的噪声. 于是生成的图片就不会有攻击的噪声,这样我们的原始模型就不会被攻击了,借此可以达到防御的效果.

图 12.21　被动防御中图像压缩与基于生成的方法

被动防御其实有一个非常大的弱点, 虽然模糊化非常有效, 但是一旦被人知道我们在用模糊化这种防御方法, 这种防御就失去了作用. 我们完全可以把模糊化想成网络的第一层, 相当于在原始网络的前面多加了一层, 假设别人知道我们的网络多加了这一层, 直接把多加的这一层同样放到攻击的过程中就可以了. 在攻击的时候产生一个相反的信号, 就可以躲过模糊化这种防御了. 所以这种被动防御的方式强大的前提是别人不知道我们用了这一招. 一旦别人知道我们的招数, 这种被动防御的方式就会瞬间失去作用.

这里再介绍一种强化版的被动防御方法, 叫作随机化防御. 具体的思路是, 我们在做防御的时候, 不要只做一种防御, 而是做多种防御. 这比较好理解, 就是想方设法不让别人猜中你的下一招. 我们在做防御的时候, 要尽量使用各种不同的防御方式. 比如一张图片, 我们可以随机地对它放大或缩小, 任意改变它的大小, 然后将它贴到某个灰色的背景上, 当然贴的位置也可以随机. 这样将其输入图像识别系统后, 也许通过这种随机化防御, 就有办法挡住攻击. 但其实这种所谓的随机化防御也有问题, 假设别人知道随机分布, 其实是有可能攻破这种防御的, 具体思路是找到一个可以攻破图片所有变化方式的攻击信号, 这是有可能的.

12.8　防御方式中的主动防御

主动防御的思路是, 在训练模型的时候, 一开始就要训练一个比较不会被攻破的鲁棒性非常强的模型, 这种训练方式被称为对抗训练. 对抗训练就是在训练的时候, 不要只用原始的训练数据, 还要加入一些攻击的数据, 如图 12.22 所示. 具体来说, 我们有一些特殊的训练数据, 它们和普通的训练数据是一样的. 以图像为例, 图像用 x 来表示, 对应的标签用 $\hat{y}$ 来表示. 然后使用训练数据训练一个模型, 并且在训练阶段就对这个模型进行攻击. 为训练数据加入一些噪声, 从而产生一些攻击的数据, 将受到攻击后的图像用 $\tilde{x}$ 来表示. 将训练数据里的每一张图片都拿出来进行攻击, 攻击完以后, 再给这些被攻击过的图片标上正确的标签 $\hat{y}$, 这样就产生了新的数据集, 用 X' 来表示, 这个数据集会让机器产生错误. 接下来, 同时使用 X' 和原始数据集 X 进行训练, 这样就可以训练出一个比较不会被攻破的模型了.

所以整个对抗训练的流程就是, 先训练好一个模型, 再看看这个模型有没有什么漏洞, 把漏洞找出来, 并且填好漏洞, 循环往复, 最后就可以训练出一个鲁棒性比较强的模型. 这也可以视为一种数据增强的方法, 因为我们产生了更多的图片 $\tilde{x}$, 把这些新图片添加到原始的训练数据里就相当于做数据增强. 所以有的研究者把对抗训练当作一种单纯的数据增强方法, 就算没有人要攻击我们的模型, 我们也仍然可以用这样的方法产生更多的数据并用于训练. 这可以让原始模型的泛化性能更优.

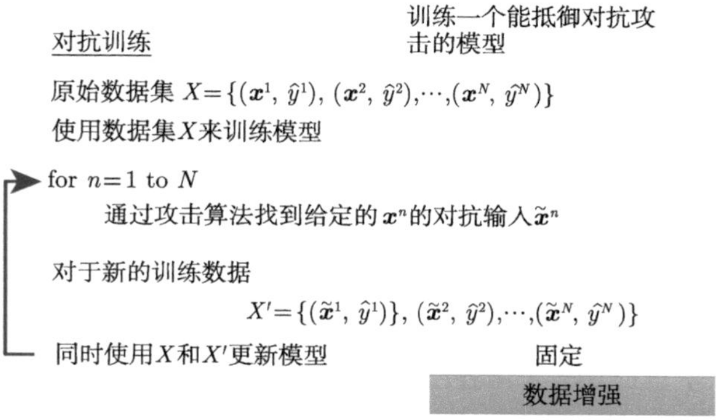

对抗训练   训练一个能抵御对抗攻
                          击的模型

原始数据集 $X = \{(\boldsymbol{x}^1, \hat{y}^1), (\boldsymbol{x}^2, \hat{y}^2), \cdots, (\boldsymbol{x}^N, \hat{y}^N)\}$

使用数据集 X 来训练模型

for $n = 1$ to N

　　通过攻击算法找到给定的 $\boldsymbol{x}^n$ 的对抗输入 $\tilde{\boldsymbol{x}}^n$

对于新的训练数据

$$X' = \{(\tilde{\boldsymbol{x}}^1, \hat{y}^1)\}, (\tilde{\boldsymbol{x}}^2, \hat{y}^2), \cdots, (\tilde{\boldsymbol{x}}^N, \hat{y}^N)\}$$

同时使用 X 和 X' 更新模型   固定

数据增强

图 12.22　防御方式中的主动防御

　　对抗训练有一个非常大的缺点，就是不见得能挡住新的攻击算法. 具体来说，假设我们在找 $\tilde{\boldsymbol{x}}$ 的时候用的是算法 1 ～ 算法 4，有人在实际攻击的时候使用算法 5 攻击我们的模型，就有可能成功地规避目前的对抗训练技术. 另外，对抗训练需要非常多的运算资源. 因为本来在训练普通模型的时候，训练完模型有输出结果就结束了. 但是对于对抗训练，首先要花时间找到 $\tilde{\boldsymbol{x}}$. 原始数据库中有几张图片，就要找出多少新的 $\tilde{\boldsymbol{x}}$. 比如，我们有 100 万张图片，则需要找到 100 万个 $\tilde{\boldsymbol{x}}$，仅仅做这件事情就已经很花时间了.

　　所以总结起来，对于比较容易成功的攻击（黑箱攻击也是有可能成功的），防御的难度就会大一些. 目前攻击和防御的方法仍在不断地演化，国际会议上也会不断有新的攻击和防御方法被提出，它们仍然互为对手，独自演化.

第13章 迁移学习

在实际应用中，很多任务的数据标注成本很高，无法获得充足的训练数据. 在这种情况下，可以使用**迁移学习（transfer learning）**. 假设 A、B 是两个相关的任务，A 任务有很多训练数据，可以把从 A 任务中学习到的某些可以泛化的知识迁移到 B 任务. 迁移学习有很多类型，本章介绍**领域偏移（domain shift）**、**领域自适应（domain adaptation）**和**领域泛化（domain generalization）**.

13.1 领域偏移

到目前为止，我们已经学习了很多深度学习的模型，所以训练一个分类器比较简单. 比如要训练数字的分类器，给定训练数据，训练好一个模型，应用在测试数据上就结束了.

如图 13.1 所示，数字识别这种简单的问题，在基准数据集 MNIST[1] 上能做到 99.91% 的准确率[2]. 但是当测试数据和训练数据的分布不一样时，就会导致一些问题. 假设训练时数字是黑白的，但测试时数字是彩色的. 常见的误区是，虽然数字的颜色不同，但在模型看来，它们的形状是一样的. 也就是说，既然模型能识别出黑白图片中的数字，则应该也能识别出彩色图片中的数字. 但实际上，如果使用黑白的数字图像训练一个模型，然后直接应用到彩色的数字图像上，准确率就会非常低. MNIST 数据集中的数字是黑白的，MNIST-M 数据集[3] 中的数字是彩色的，如果在 MNIST 数据集上训练，并在 MNIST-M 数据集上测试，则准确率只有 52.25%[4]. 一旦训练数据和测试数据分布不同，在训练数据上训练出来的模型，在测试数据上就可能效果不佳，这称为领域偏移.

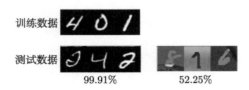

图 13.1　数据分布不同导致的问题

领域偏移其实有很多种不同的类型，模型输入的数据分布有变化是一种类型. 另外一种类型是，模型输出的分布也可能有变化. 比如在训练数据上，可能每一个数字出现的概率都是一样的；但是在测试数据上，可能每一个数字输出的概率则是不一样的，某个数字输出的概率特别大，这也是有可能的. 还有一种比较罕见的类型是，输入和输出虽然分布可能是一样的，但它们之间的关系变了. 比如同一张图片在训练数据里的标签为"0"，但在测试数据里的标签为"1".

接下来我们专注于输入数据不同的领域偏移. 如图 13.2 所示，我们称测试数据来自目标领域（target domain），训练数据来自源领域（source domain），因此源领域是训练数据，目标领域是测试数据.

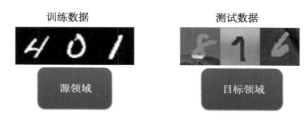

图 13.2　源领域与目标领域

在基准数据集上学习时，很多时候可以无视领域偏移问题. 假设训练数据和测试数据有同样的分布，可以在很多任务上都有极高的准确率，但在实际应用时，当训练数据和测试数据稍有一点点差异时，机器的表现可能就会比较差，因此需要领域自适应来提升机器的性能. 对于领域自适应，训练数据是一个领域，测试数据是另外一个领域，我们要把机器从其中一个领域学到的信息用到另一个领域. 领域自适应侧重于解决特征空间与类别空间一致，但特征分布不一致的问题.

13.2　领域自适应

本节介绍领域自适应，我们以手写数字识别为例. 比如有一组有标注的训练数据，这些数据来自源领域，用这些数据训练出的模型可以用在不一样的领域. 在训练的时候，我们必须对测试数据所在的目标领域有一些了解.

随着了解的程度不同，领域自适应的方法也不同. 如果目标领域有一大堆有标签的数据，则其实不需要做领域自适应，可以直接用目标领域的数据进行训练. 如果目标领域有一些有标签的数据，这种情况可以用领域自适应，用这些有标注的数据微调在源领域上训练出来的模型. 这里的微调和 BERT 的微调很像，已经有一个在源领域上训练好的模型，只要拿目标领域的数据跑两三个回合就足够了. 在这种情况下，需要注意的问题是，因为目标领域的数据非常少，所以小心不要过拟合，不要在目标领域的数据上迭代太多次. 在目标数据上迭代太多次，可能会过拟合到目标领域的少量数据上，导致在真正的测试集上的表现不佳.

> 过拟合的问题有很多解决方法，比如调小一点学习率. 模型微调前后的参数不要差太多，模型微调前后输入和输出也不要差太多，等等.

下面主要介绍目标领域有大量未标注的数据这种情况，这种情况其实很符合实际. 例如，我们在实验室里训练一个模型，想要把它用在真实场景中，于是将模型上线. 上线后的模型确实有一些人在用，但得到的反馈很差，大家嫌准确率太低. 这种情况就可以用领域自适应的技术，因为系统已经上线并且有人使用，从而可以收集到一大堆未标注的数据. 这些未标注的数据可以用在源领域，训练一个模型并用在目标领域.

最基本的思路如图 13.3 所示，训练一个特征提取器（feature extractor）. 特征提取器也是一个网络，这个网络的输入是一张图片，输出是一个特征向量. 虽然源领域与目标领域的图像不一样，但是特征提取器会把它们不一样的部分去除，只提取出它们共同的部分. 对于数字识别任务，虽然源领域和目标领域的图片颜色不同，但特征提取器可以学会把颜色信息滤除. 源领域和目标领域的图片在通过特征提取器以后，得到的特征是没有差异的，分布相同. 通过特征提取器，我们可以在源领域训练一个模型，然后直接用在目标领域. 通过领域对抗训练（domain adversarial training），我们可以得到领域无关的表示.

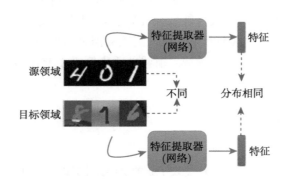

图 13.3　通过特征提取器过滤颜色信息

一般的分类器分成特征提取器和标签预测器（label predictor）两部分. 图像分类器输入一张图片，输出分类的结果. 假设图像分类器有 10 层，前 5 层是特征提取器，后 5 层是标签预测器. 一张图片通过前 5 层，输出是一个向量. 如果使用卷积神经网络，输出是特征映射，但特征映射"拉直"后也可以看作一个向量. 将这个向量输入后 5 层（标签预测器）以产生类别.

Q: 为什么前 5 层是特征提取器, 而不是前 1~4 层?
A: 分类器里面的哪些部分算特征提取器, 哪些部分算标签预测器, 这由我们决定, 我们可以自行调整.

图 13.4 给出了特征提取器的训练过程. 跟训练一般的分类器一样, 源领域里标注的数据先通过特征提取器, 再通过标签预测器, 就可以产生正确的答案. 但不一样的地方是, 目标领域的数据是没有任何标注的. 我们可以把这些图片输入图像分类器, 把特征提取器的输出拿出来看看, 希望源领域的图片的特征和目标领域图片的特征相同. 在图 13.4 中, 蓝色的点表示源领域图片的特征, 红色的点表示目标领域图片的特征, 可通过领域对抗训练让蓝色的点和红色的点间尽量无差异.

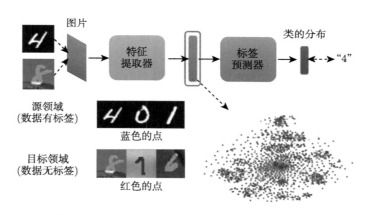

图 13.4 训练特征提取器, 让源领域图片和目标领域图片的特征尽量无差异[4]

如图 13.5 所示, 我们要训练一个领域分类器. 领域分类器是一个二元的分类器, 其输入是特征提取器输出的向量, 其学习目标是判断这个向量来自源领域还是目标领域, 而特征提取器的学习目标是想到办法骗过领域分类器. 领域对抗训练非常像生成对抗网络, 特征提取器可看成生成器, 领域分类器可看成判别器. 但在领域对抗训练里面, 特征提取器优势太大, 想要骗过领域分类器很容易. 比如特征提取器可以忽略输入, 永远输出一个零向量. 如此一来, 领域分类器的输入都是零向量. 标签预测器也需要特征来判断图片的类别, 如果特征提取器只会输出零向量, 标签预测器就无法判断输入的是哪一张图片. 特征提取器需要产生向量, 以使标签预测器能够输出正确的预测. 因此, 特征提取器不能永远都输出零向量.

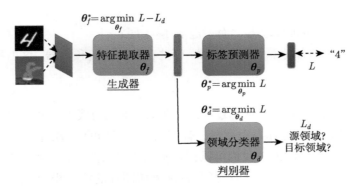

图 13.5 领域对抗训练

假设标签预测器的参数为 $\boldsymbol{\theta}_p$，领域分类器的参数为 $\boldsymbol{\theta}_d$，特征提取器的参数为 $\boldsymbol{\theta}_f$. 源领域的图片是有标签的，计算它们的交叉熵，得到损失 L. 领域分类器要想办法判断图片来自源领域还是目标领域，这是一个二元分类的问题，该分类问题的损失为 L_d. 我们要去找一个 $\boldsymbol{\theta}_p$，让 L 越小越好，即

$$\boldsymbol{\theta}_p^* = \arg\min_{\boldsymbol{\theta}_p} L \tag{13.1}$$

我们还要去找一个 $\boldsymbol{\theta}_d$，让 L_d 越小越好，即

$$\boldsymbol{\theta}_d^* = \arg\min_{\boldsymbol{\theta}_d} L_d \tag{13.2}$$

标签预测器要让源领域的图像分类越正确越好，领域分类器要让领域的分类越正确越好. 而特征提取器站在标签预测器这边，它要做的事情与领域分类器相反，所以特征提取器的损失是标签预测器的损失 L 减掉领域分类器的损失 L_d，即 $L - L_d$. 找一组参数 $\boldsymbol{\theta}_f$，让 $L - L_d$ 的值越小越好，即

$$\boldsymbol{\theta}_f^* = \arg\min_{\boldsymbol{\theta}_f} L - L_d \tag{13.3}$$

假设领域分类器的工作是把源领域和目标领域分开，根据特征提取器提供的特征，判断数据来自源领域还是目标领域. 如果领域分类器根据一张图片的特征来判断这张图片是否属于源领域，则特征提取器根据这张图片的特征来判断这张图片是否属于目标领域，这样就可以分开源领域和目标领域的特征. 本来领域分类器要让 L_d 的值越小越好，特征提取器要让 L_d 的值越大越好，它们的目的都是分开源领域和目标领域的特征. 以上就是最原始的领域对抗训练方法.

领域对抗训练最原始的论文做了图 13.6 中所示的 4 个从源领域到目标领域的任务. 如果用目标领域的图片训练和测试，则结果如表 13.1 所示，每一个任务的准确率都在 90% 以上. 但如果用源领域的图片训练，用目标领域的图片测试，则结果比较差. 在使用领域对抗训练后，准确率有了明显提升.

图 13.6　领域对抗训练最原始论文的任务[4]

表 13.1　不同源领域和目标领域的数字图像分类的准确率[4]

方法	源领域/目标领域			
	MNIST/MNIST-M	合成数字/SVHN	SVHN/MNIST	合成标志/GTSRB
只使用源领域的图片训练	57.49%	86.65%	59.19%	74.00%
使用领域对抗训练	81.49%	90.48%	71.07%	88.66%
只使用目标领域的图片训练	98.91%	92.44%	99.51%	99.87%

　　领域对抗训练最早的论文发表在 2015 年的 ICML 上，比生成对抗网络还稍微晚一些，不过它们几乎是同一时期的技术.

　　刚才的做法有一个小小的问题. 如图 13.7 所示，蓝色的圆和三角形表示源领域里的两个类别，红色的正方形来表示目标领域无类别标签的数据. 可以找到一条边界来把源领域里的两个类别分开. 训练的目标是让正方形的分布与圆、三角形合起来的分布尽量接近. 在图 13.7(a) 所示的情况下，红色和蓝色的点是相对对齐的. 在图 13.7(b) 所示的情况下，红色和蓝色的点在分布上比较接近. 虽然正方形的类别是未知的，但圆圈和三角形的决策边界是已知的，应该让正方形远离决策边界. 因此我们更希望图 13.7(b) 所示的情况发生，图 13.7(a) 所示的情况应避免发生.

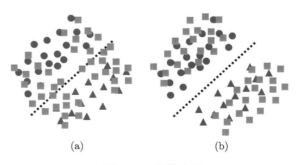

图 13.7　决策边界

让正方形远离决策边界最简单的做法如图 13.8 所示. 把很多无标注的图片先输入特征提取器, 再输入标签预测器. 如果输出的结果集中于某个类别, 就表示离决策边界远; 如果输出结果的每一个类别都非常接近, 则表示离决策边界近. 除了上述比较简单的方法之外, 还可以使用 DIRT-T[5]、最大分类器差异 (maximum classifier discrepancy)[6] 等方法, 这些方法在领域自适应中是不可或缺的.

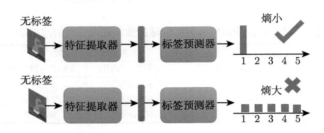

图 13.8　离决策边界越远越好

到目前为止, 我们一直假设源领域和目标领域的类是一模一样的, 比如图像分类, 源领域有老虎、狮子、狗, 目标领域也应该有老虎、狮子、狗, 但目标领域实际上是没有标签的, 里面的类是未知的. 如图 13.9 所示, 实线的椭圆代表源领域里有的东西, 虚线的椭圆代表目标领域里有的东西. 观察图 13.9(a), 源领域里的类比较多, 目标领域里的类比较少; 观察图 13.9(b), 源领域里的类比较少, 目标领域里的类比较多; 而在 图 13.9(c) 中, 源领域和目标领域虽然有交集, 但它们各自都有独特的类.

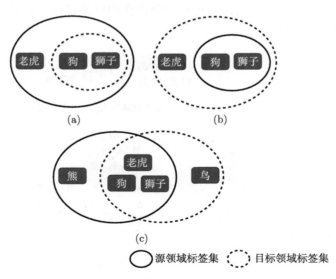

图 13.9　源领域和目标领域的类

强制性地将源领域和目标领域完全对齐是有问题的，以图 13.9(c) 为例，要让源领域数据跟目标领域数据的特征完全匹配，就意味着让老虎变得跟狗像，或者让老虎变得跟狮子像. 但如此一来，老虎这个类别就不能区分了. 源领域和目标领域有不同标签这一问题的解决方法，可参考论文 "Universal Domain Adaptation"[7].

> Q：假设特征提取器是卷积神经网络而不是线性层（linear layer）. 领域分类器的输入是特征映射，特征映射本来就有空间的关系. 把两个领域"拉"在一起会不会影响**隐空间（latent space）**，导致隐空间没能学到我们希望它学到的东西？
>
> A：会有影响. 领域自适应的训练需要同时做好两方面的事，一方面要骗过领域分类器，另一方面要让分类变正确，即不仅要把两个领域对齐在一起，还要使得隐空间的分布是正确的. 比如我们觉得 1 和 7 比较像，为了让领域分类器也这么认为，特征提取器会让 1 和 7 比较像. 因为要提高标签预测器的性能，所以隐表示（latent representation）里面的空间仍然是一个比较好的隐空间. 但如果我们的目的仅仅是骗过领域分类器，这件事情的权重就太大了. 模型学会的就只是骗过领域分类器，而不会产生好的隐空间.

但还有一种可能，就是目标领域不仅没有标签，而且数据很少，比如目标领域只有一张图片，也就无法和源领域对齐. 这种情况可使用测试时训练（Testing Time Training，TTT）方法，详见论文 "Test-Time Training with Self-Supervision for Generalization under Distribution Shifts"[8].

13.3 领域泛化

对目标领域一无所知，而且并不是要适应到某特定领域的问题通常称为领域泛化. 领域泛化分为两种情况. 一种情况是训练数据非常丰富，包含各个不同的领域，而测试数据只有一个领域. 如图 13.10(a) 所示，假设要做猫狗的分类器，训练数据里面有猫和狗的真实照片，也有猫和狗的素描画，还有猫和狗的水彩画，我们期待因为训练数据有多个领域，模型可以学会弥补领域之间的差异. 当测试数据是猫和狗的卡通图片时，模型也可以处理，具体细节见论文 "Domain Generalization with Adversarial Feature Learning"[9]. 另一种情况如图 13.10(b) 所示，训练数据只有一个领域，而测试数据包含多个不同的领域. 虽然只有一个领域的训练数据，但我们可以使用数据增强的方法产生多个领域的训练数据，具体细节见论文 "Learning to Learn Single Domain Generalization"[10].

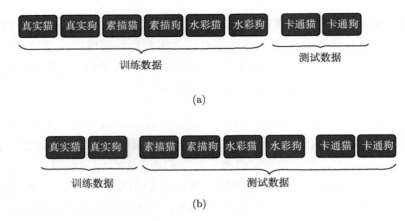

图 13.10　领域泛化示例

参考资料

[1]　LECUN Y, BOTTOU L, BENGIO Y, et al. Gradient-based learning applied to document recognition[J]. Proceedings of the IEEE, 1998, 86(11): 2278-2324.

[2]　AN S, LEE M, PARK S, et al. An ensemble of simple convolutional neural network models for MNIST digit recognition[EB/OL]. arXiv: 2008.10400.

[3]　GANIN Y, USTINOVA E, AJAKAN H, et al. Domain-adversarial training of neural networks[J]. Journal of Machine Learning Research, 2016, 17(59):1-35.

[4]　GANIN Y, LEMPITSKY V. Unsupervised domain adaptation by backpropagation[J]. Proceedings of Machine Learning Research, 2015, 37: 1180-1189.

[5]　SHU R, BUI H H, NARUI H, et al. A DIRT-T approach to unsupervised domain adaptation[EB/OL]. arXiv: 1802.08735.

[6]　SAITO K, WATANABE K, USHIKU Y, et al. Maximum classifier discrepancy for unsupervised domain adaptation[C]//Proceedings of the IEEE Conference on Computer Vision and Pattern Recognition. 2018: 3723-3732.

[7]　YOU K, LONG M, CAO Z, et al. Universal domain adaptation[C]//Proceedings of the IEEE/CVF Conference on Computer Vision and Pattern Recognition. 2019: 2720-2729.

[8]　SUN Y, WANG X, LIU Z, et al. Test-time training with self-supervision for generalization under distribution shifts[J]. Proceedings of Machine Learning Research, 2020, 119: 9229-9248.

[9]　LI H, PAN S J, WANG S, et al. Domain generalization with adversarial feature learning[C]//Proceedings of the IEEE Conference on Computer Vision and Pattern Recognition. 2018: 5400-5409.

[10]　QIAO F, ZHAO L, PENG X. Learning to learn single domain generalization[C]//Proceedings of the IEEE/CVF Conference on Computer Vision and Pattern Recognition. 2020: 12556-12565.

第14章 强化学习

强化学习（**Reinforcement Learning, RL**）是一种实现通用人工智能的可能方法. 之前我们学习过监督学习，可先从监督学习与强化学习的关系来理解强化学习. 图 14.1 是**监督学习（supervised learning）**的示例，假设要训练一个图像的分类器，给定机器一个输入，要告诉机器对应的输出. 到目前为止，本书所提及的方法都是基于监督学习的方法. 自监督学习只是标签，不需要特别耗费人力来标记，它们可以自动产生. 即使是无监督学习的方法，比如自编码器，也没有用到人类的标记. 事实上，还有一个标签，只是该标签的产生不需要耗费人力.

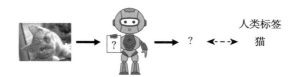

图 14.1　监督学习

但在强化学习里面，给定机器一个输入，最佳的输出是未知的. 如图 14.2 所示，假设要让机器学习下围棋，如果使用监督学习的方法，我们需要告诉机器，给定一个盘势，下一步落子的最佳位置，但实际上这个位置是未知的. 可以让机器阅读很多职业棋手的棋谱，从这些棋谱里学习人类棋手在给定某个盘势时下一步的落子. 这是一个很好的答案，但不一定是最好的答案. 当正确答案是未知的或者收集有标注的数据很困难时，可以考虑使用强化学习. 强化学习在学习的时候，机器不是一无所知的，虽然不知道正确的答案，但机器会和**环境（environment）**互动，得到**奖励（reward）**，从而知道输出的好坏.

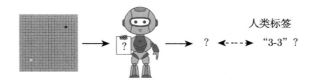

图 14.2　强化学习

如图 14.3 所示，强化学习里面有一个**智能体（agent）**和一个环境，智能体会和环境互动. 环境会给智能体一个**观测（observation）**，智能体在看到这个观测后，就会采取一个动作. 该动作会影响环境，环境会给出新的观测，智能体则给出新的动作.

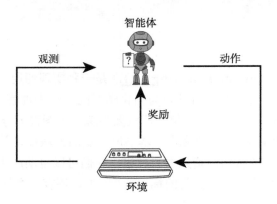

图 14.3　强化学习示意图

观测是智能体的输入，动作是智能体的输出，所以智能体本身就是一个函数. 这个函数的输入是环境提供给它的观测，输出是智能体所要采取的动作. 在互动的过程中，环境会不断地给智能体奖励，让智能体知道它现在采取的这个动作的好坏. 智能体的目标是最大化从环境获得的奖励总和.

14.1　强化学习的应用

强化学习有很多的应用，比如玩电子游戏、下围棋等等.

14.1.1　玩电子游戏

强化学习可以用来玩电子游戏，强化学习最早的几篇论文就是让机器玩《太空侵略者》游戏. 在《太空侵略者》游戏（见图 14.4）里，我们要操控太空船来杀死外星人，可采取的动作有三个——左移、右移和开火. 开火击中外星人，外星人就死掉了，我们得到分数. 我们可以躲在防护罩的后面，防护罩可以挡住外星人的攻击，如果不小心防护罩被击中，防护罩就会消失. 有些版本的《太空侵略者》游戏还提供补给包，如果击中补给包，就可以得到一个很高的分数. 分数其实是环境给我们的奖励. 当所有外星人被杀光或者外星人击中太空船的时候，游戏就会终止.

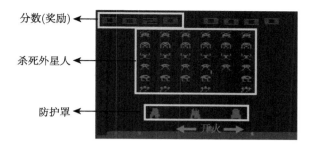

图 14.4　《太空侵略者》游戏

利用强化学习让机器玩《太空侵略者》游戏，如图 14.5 所示. 智能体会操控摇杆，控制太空船来和外星人对抗. 环境是游戏主机，游戏主机操控外星人攻击太空船，所以观测是游戏的画面. 是一个游戏的画面，输出是智能体可以采取的动作. 当智能体采取右移动作的时候，不可能杀掉外星人，所以奖励为 0. 智能体在采取一个动作后，游戏的画面就变了，也就有了新的观测. 根据新的观测，智能体会决定采取新的动作. 假设如图 14.6 所示，智能体采取的动作是开火，这个动作正好杀掉了一个外星人，得到 5 分，奖励等于 5. 在玩游戏的过程中，智能体会不断地采取动作和得到奖励，我们想要智能体玩这个游戏得到的奖励总和最大.

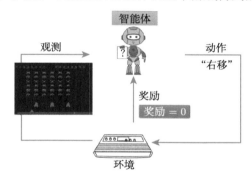

图 14.5　智能体采取右移的动作

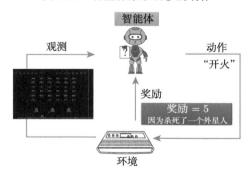

图 14.6　智能体采取开火的动作

14.1.2 下围棋

利用强化学习让机器下围棋，如图 14.7(a) 所示．智能体是 AlphaGo，环境是 AlphaGo 的人类棋手．智能体的输入是棋盘上黑子和白子的位置．一开始，棋盘上是空的．根据该棋盘，智能体要决定下一步的落子，有 19×19 种可能性，每种可能性对应棋盘上的一个位置．

如图 14.7(b) 所示，假设智能体完成了落子．棋手也会再落一子，产生新的观测．智能体在看到新的观测后，就会产生新的动作，这个过程将反复进行．在下围棋时，智能体所采取的动作都无法得到任何奖励，我们可以定义赢了就得到 1 分，输了就得到 −1 分，只有整个棋局结束，智能体才能拿到奖励．智能体学习的目标是最大化自己可能得到的奖励．

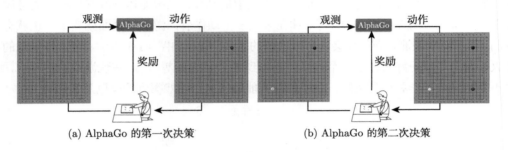

(a) AlphaGo 的第一次决策　　　　　(b) AlphaGo 的第二次决策

图 14.7　让机器下围棋

> **Q：** 下围棋是否需要比较好的启发式函数？
>
> **A：** 在下围棋的时候，假设奖励非常稀疏（sparse），我们可能需要一个好的启发式函数（heuristic function）．"深蓝"其实已经在国际象棋上赢了人类顶尖棋手，"深蓝"有很多的启发式函数，它并非直到棋局结束才得到奖励，而是中间的很多状况也都会得到奖励．

14.2　强化学习框架

强化学习和机器学习类似，机器学习有 3 个步骤：第 1 步是定义函数，函数里面有一些未知变量，这些未知变量是需要机器学出来的；第 2 步是定义损失；第 3 步是优化，即找出未知变量来最小化损失．强化学习也有类似的 3 个步骤．

14.2.1 第 1 步：定义函数

有未知数的函数是智能体. 在强化学习里面，智能体是一个网络，通常称为策略网络（policy network）. 在深度学习未被用于强化学习的时候，智能体通常是比较简单的，它不是网络，而可能只是一个查找表（look-up table），旨在告诉我们与给定输入对应的最佳输出. 网络是一个很复杂的函数，输入是游戏画面上的像素，输出是每一个可以采取的动作的分数.

> 网络的架构可以自行设计，只要网络能够输入游戏的画面、输出动作即可. 如果输入是一张图片，则可以用卷积神经网络来处理. 如果不仅要看当前时间点的游戏画面，还要看整个游戏到目前为止发生的所有画面，则可以考虑使用循环神经网络或Transformer.

如图 14.8 所示，输入游戏画面，策略网络的输出是左移 0.7 分、右移 0.2 分、开火 0.1 分. 这类似于分类网络，输入一张图片，输出则决定了这张图片的类别，分类网络会给每一个类别一个分数. 分类网络的最后一层是 softmax 层，每个类别都有一个分数，这些分数的总和是 1. 机器最终决定采取哪一个动作，取决于每一个动作的分数. 常见的做法是把这个分数当作一个概率，按照概率采样，随机决定所要采取的动作. 在图 14.8 所示的例子中，智能体有 70% 的概率会采取左移动作，有 20% 的概率会采取右移动作，有 10% 的概率会采取开火动作.

> Q：为什么不直接采取分数最高的动作？
>
> A：随机采样的好处是，机器每次看到同样的游戏画面时采取的动作也会略有不同. 在很多的游戏里，随机性是很重要的，比如玩"石头、剪刀、布"游戏，如果智能体总是出"石头"，就很容易输. 但如果有一些随机性，智能体就比较不容易输.

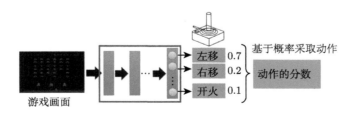

图 14.8 策略网络

14.2.2　第 2 步：定义损失

接下来定义强化学习中的损失. 如图 14.9 所示，首先得有一个初始的游戏画面（即观测）s_1，将其作为智能体的输入. 智能体输出了动作 a_1（右移），得到 0 分的奖励. 接下来智能体看到新的游戏画面 s_2，根据 s_2，智能体会采取新的动作 a_2（开火），如果能够杀死一个外星人，则智能体得到 5 分的奖励.

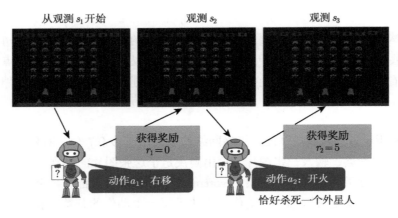

图 14.9　智能体玩电子游戏的例子

智能体在采取开火这个动作以后，就会有新的游戏画面，机器又会采取新的动作，这个过程会反复持续下去，直到机器在采取某个动作以后，游戏结束为止. 游戏从开始到结束的整个过程称为一个**回合（episode）**. 在整个游戏过程中，机器会采取非常多的动作，每一个动作都会有一个奖励，所有奖励的总和称为整个游戏的总奖励（total reward），也称为**回报（return）**. 回报将从游戏一开始得到的 r_1，一直累加到游戏最后结束时得到的 r_t. 假设这个游戏互动了 T 次，得到回报 R. 我们想要最大化回报 R，这是训练的目标. 回报和损失不一样，损失越小越好，回报则越大越好. 如果把负的回报当作损失，则回报越大越好，负的回报越小越好.

> 奖励是指智能体在采取某个动作的时候立即得到的反馈. 整个游戏里所有奖励的总和才是回报.

14.2.3　第 3 步：优化

图 14.10 给出了智能体与环境互动的示例. 环境输出观测 s_1，s_1 会变成智能体的输入；智能体接下来输出 a_1，a_1 又变成环境的输入；环境看到 a_1 以后，又输出 s_2. 智能体和环境

的互动会反复进行，直至满足游戏终止的条件. 在一次游戏中，我们把状态和动作全部组合起来得到的一个序列称为**轨迹（trajectory）** τ，即

$$\tau = \{s_1, a_1, s_2, a_2, \cdots, s_t, a_t\} \tag{14.1}$$

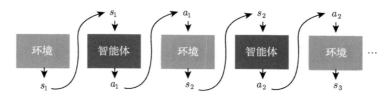

图 14.10　智能体与环境互动

　　如图 14.11 所示，智能体在与环境互动的过程中会得到奖励，奖励可以看成一个函数. 奖励函数有不同的表示方法，在有的游戏里，智能体采取的动作可以决定奖励. 但通常我们在决定奖励的时候，需要动作和观测. 比如每次开火不一定能得到分数，外星人在母舰的前面，开火要击中外星人才有分数. 因此通常在定义奖励函数的时候，需要同时看动作和观测，奖励函数的输入是动作和观测. 比如图 14.11 中奖励函数的输入是 a_1 和 s_1，输出是 r_1. 所有奖励的总和是回报，即

$$R(\tau) = \sum_{t=1}^{T} r_t \tag{14.2}$$

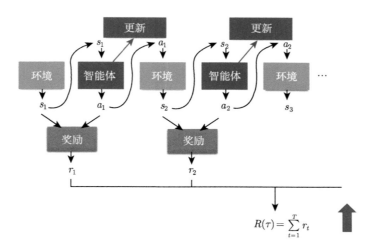

图 14.11　期望的奖励

我们需要最大化回报，因此将问题优化为学习网络的参数，让回报越大越好. 我们可以通过梯度上升（gradient ascent）来最大化回报. 但强化学习困难的地方在于，这不是一般的优化问题，跟一般的网络训练不太一样.

一个问题是，智能体的输出是有随机性的，比如图 14.11 中的 a_1 是通过采样产生的，同样的 s_1 每次产生的 a_1 不一定一样. 假设环境、智能体、奖励合起来可以当成一个网络，那么这个网络不是一般的网络，而是有随机性的. 这个网络里的某一个层，每一次的输出都是不一样的.

另一个问题是，环境和奖励是一个黑箱，很有可能具有随机性. 比如环境是游戏机，游戏机里发生的事情是未知的. 在游戏里面，通常奖励是一条规则：给定一个观测和动作，输出对应的奖励. 但是在有一些强化学习的问题里面，奖励是有可能有随机性的. 如果是下围棋，即使智能体落子的位置是相同的，对手的回应每次可能也是不一样的. 由于环境和奖励的随机性，强化学习的优化问题不是一般的优化问题.

强化学习的优化问题在于如何找到一组网络参数来最大化回报，这跟生成对抗网络有异曲同工之处. 在训练生成器的时候，生成器与判别器会接在一起. 在强化学习里面，智能体就像生成器，环境和奖励就像判别器，我们要调整生成器的参数，让判别器的输出越大越好. 在生成对抗网络里，判别器也是一个神经网络，但是在强化学习的优化问题里，奖励和环境不是网络，不能用一般梯度下降的方法调整参数来得到最大的输出，这是强化学习和一般机器学习不一样的地方.

让一个智能体在看到某个特定观测的时候采取某个特定的动作，这可以看成一个分类的问题. 如图 14.12 所示，给定智能体的输入是 s，让其输出动作 $\hat{a}$，假设 a 表示左移，我们要教会智能体看到这个游戏画面就左移. s 是智能体的输入，a 就是标签，即标准答案. 接下来计算智能体的输出和标准答案之间的交叉熵 e，通过学习让损失（即交叉熵）最小，智能体的输出和标准答案越接近越好.

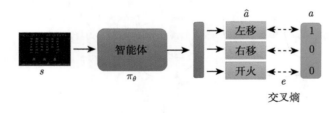

图 14.12　使用交叉熵作为损失

如果想让智能体在看到某个观测时不要采取个动作，只需要在定义损失的时候使用负的交叉熵. 如果希望智能体采取动作 a，可定义损失 L 等于交叉熵 e. 如果希望智能体不采取动作 a，可定义损失 L 等于 $-e$. 假设我们想让智能体在看到 s 的时候采取动作 a，而在看到 s' 的时候不要采取动作 a'. 如图 14.13 所示，给定观测 s'，标准答案为 $\hat{a}$，对这两个标

准答案计算交叉熵 e_1 和 e_2. 损失可定义为 $e_1 - e_2$, e_1 越小越好, e_2 越大越好. 然后找到一个 $\boldsymbol{\theta}$ 来最小化损失, 得到 $\boldsymbol{\theta}^*$, 如式 (14.3) 所示. 可通过给定智能体适当的标签和损失来控制智能体的输出.

$$\boldsymbol{\theta}^* = \arg\min_{\boldsymbol{\theta}} L \tag{14.3}$$

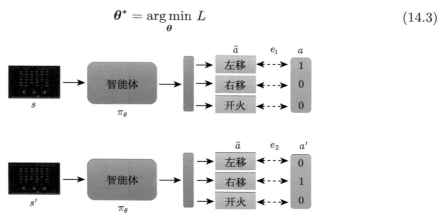

图 14.13　定义合适的损失

如图 14.14 所示, 为了训练一个智能体, 需要收集一些训练数据, 我们希望智能体在看到 s_1 的时候采取动作 a_1, 而在看到 s_2 的时候不要采取动作 a_2. 整个训练过程类似于训练一个图像的分类器, s 可看成图像, a 可看成标签, 只不过有的动作是想要采取的, 而有的动作是不想要采取的. 收集一组这种数据, 定义损失函数:

$$L = e_1 - e_2 + e_3 + e_4 + \cdots + (-1)^{N-1} \times e \tag{14.4}$$

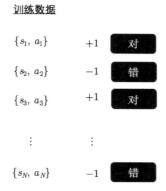

图 14.14　收集训练数据

接下来最小化这个损失函数, 就可以训练一个智能体, 并期待它采取的动作是我们想要的. 如果每一个动作只有采取或不采取两种可能, 则可以用 +1 和 −1 来表示, 这就是一个二分类的问题.

但是, 每一个动作还有采取程度上的差别, 每一个状态–动作对 (state-action pair) 对应一个分数, 这个分数代表我们希望机器在看到 s_1 的时候, 采取动作 a_1 的程度. 比如, 图 14.15 中第 1 笔数据的分数为 +1.5, 第 3 笔数据的分数为 +0.5. 这代表我们期待机器在看到 s_1 的时候采取动作 a_1, 在看到 s_3 的时候采取动作 a_3, 但是机器在看到 s_1 的时候采取动作 a_1 的愿望比看到 s_3 的时候采取动作 a_3 的愿望更强烈一点. 此外, 我们希望机器在看到 s_2 的时候, 不要采取动作 a_2, 在看到 s_N 的时候, 也不要采取动作 a_N, 等等. 有了这些数据, 我们就可以定义式 (14.5) 所示的损失函数, 之前的交叉熵本来要乘以 +1 或 −1, 现在改为乘以 $A_i(i = 1, \cdots, n)$, 可通过 A_i 来控制每一个动作被采取的程度.

$$L = \sum A_n e_n \tag{14.5}$$

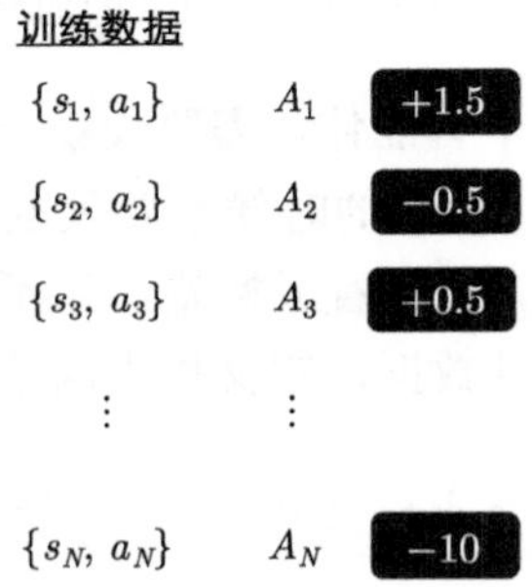

训练数据

$\{s_1, a_1\}$	A_1	+1.5
$\{s_2, a_2\}$	A_2	−0.5
$\{s_3, a_3\}$	A_3	+0.5
$\vdots$	$\vdots$	
$\{s_N, a_N\}$	A_N	−10

图 14.15　对每个状态–动作对分配不同的分数

综上所述, 强化学习可分为三个阶段, 只是优化的步骤和一般的机器学习方法不同, 强化学习使用了策略梯度 (policy gradient) 等优化方法. 接下来的难点就是如何定义 A_i. 我们先介绍最容易想到的 4 个版本.

14.3　评价动作的标准

评价动作的标准有很多, 可以使用即时奖励作为评价标准, 也可以使用累积奖励作为评价标准, 还可以使用折扣累积奖励作为评价标准, 以及使用折扣累积奖励减去基线作为评价标准.

14.3.1　使用即时奖励作为评价标准

　　智能体和环境互动使得我们可以收集一些训练数据（状态–动作对）. 智能体采取的动作都是随机的，我们将每一个动作都记录下来. 通常不会只对智能体和环境做一个回合，因为需要做多个回合才能收集到足够的数据. 接下来评价每一个动作的好坏，评价完之后，用评价的结果训练智能体. 我们可以评价在每个状态，智能体采取某个动作的好坏. 最简单的评价方式是，假设在某个状态 s_1，智能体采取动作 a_1，得到奖励 r_1. 如果奖励是正的，代表该动作是好的；如果奖励是负的，代表该动作是不好的. 因此，如图 14.16 所示，奖励可当成 A_i，有 $A_1 = r_1$，$A_2 = r_2$，以此类推.

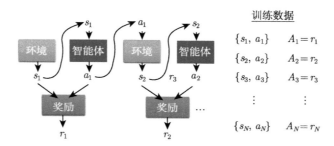

图 14.16　短视的版本

　　以上是版本 0，它其实并不是一个好的版本. 因为把奖励设为 A_i，会让智能体变得短视，不再考虑长期收益. 每一个动作，其实都会影响接下来的互动. 比如智能体在 s_1 采取动作 a_1，得到 r_1，这并不是互动的全部. 因为 a_1 影响了 s_2，s_2 会影响 a_2，也就会影响 r_2，所以每一个动作并不是独立的，每一个动作都会影响接下来发生的事情.

　　在和环境做互动的时候，有一个技巧叫作延迟奖励（delayed reward），即牺牲短期利益以换取更长期的利益. 比如在《太空侵略者》游戏里，智能体需要先左右移动一下进行瞄准再射击，才会得到分数. 而左右移动是没有任何奖励的，只有射击才会得到奖励，但这并不代表左右移动是不重要的. 所以有时候我们会牺牲一些近期的奖励，来换取更长期的奖励. 对于此前的版本 0，左移和右移的奖励为 0，开火的奖励为正，智能体就会觉得只有开火是对的，它会一直开火.

14.3.2　使用累积奖励作为评价标准

　　在目前的版本 1 里面，把未来所有的奖励加起来即可得到累积奖励 G，用以评估一个动作的好坏，如图 14.17 所示. G_t 是从时间点 t 开始，将 r_t 一直加到 r_N 的结果，即

$$G_t = \sum_{i=t}^{N} r_i \tag{14.6}$$

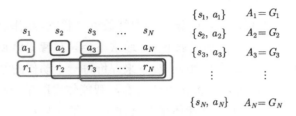

图 14.17 使用累积奖励作为评价标准

比如，G_1、G_2、G_3 的定义为

$$G_1 = r_1 + r_2 + r_3 + \cdots + r_N$$
$$G_2 = r_2 + r_3 + \cdots + r_N \qquad (14.7)$$
$$G_3 = r_3 + \cdots + r_N$$

a_1 的好坏并不取决于 r_1，而取决于 a_1 之后发生的所有事情，即采取完动作 a_1 以后得到的所有奖励 G_1，A_1 等于 G_1. 使用累积奖励可以解决版本 0 遇到的问题，因为可能在右移以后进行瞄准，接下来开火就有可能打中外星人. 因此右移也有累积奖励，尽管右移没有即时奖励. 假设 a_1 是右移，r_1 可能是 0，但接下来可能会因为右移才能打中外星人，累积奖励也才是正的，所以右移也是一个好的动作.

但是版本 1 也有问题，假设游戏过程非常长，把 r_N 归功于 a_1 也不太合适. 当智能体采取动作 a_1 时，立即受到影响的是 r_1，接下来才会影响到 r_2 和 r_3. 智能体采取动作 a_1 导致可以得到 r_N 的可能性很低，接下来的版本 2 可以解决这个问题.

14.3.3 使用折扣累积奖励作为评价标准

在版本 2 里面，用 G' 来表示累积奖励，G'_t 的定义如式 (14.8) 所示，我们在 r 的前面乘以了一个折扣因子 γ. 折扣因子是一个小于 1 的值，比如 0.9 或 0.99.

$$G'_t = \sum_{i=t}^{N} \gamma^{i-t} r_i \qquad (14.8)$$

图 14.18 是使用折扣累积奖励作为评价标准的示意图，G'_1 的定义为

$$G'_1 = r_1 + \gamma r_2 + \gamma^2 r_3 + \cdots \qquad (14.9)$$

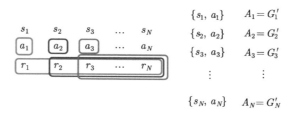

图 14.18　使用折扣累积奖励作为评价标准

距离 a_1 越远，乘以 γ 的次数越多. r_2 距离 a_1 一步，乘以 γ 一次；r_3 距离 a_1 两步，乘以 γ 两次；等累加到 r_N 的时候，r_N 对 G_1' 几乎没有影响，因为 γ 已经被乘以很多次了，已经很小了.

通过引入折扣因子，可以赋予距离 a_1 比较近的那些奖励比较大的权重，而赋予距离 a_1 比较远的那些奖励比较小的权重. 因此新的 A_i 等于 G_1'，距离所采取动作越远，γ 被乘以的次数越多，对 G' 的影响也就越小.

Q：越早的动作累积到的分数越多，越晚的动作累积到的分数越少，是这样吗？
A：对于游戏等情况，越早的动作就会累积到越多的分数，因为较早的动作对接下来的事情影响比较大，需要特别留意. 到了游戏的终局，外星人基本没有了，智能体所做的事情对结果影响不大. 如果不希望较早的动作累积到的分数太多，完全可以改变 A_i 的定义.

Q：折扣累积奖励是不是不适合用在围棋之类的游戏（围棋这种游戏只有到了结尾才有分数）中？
A：折扣累积奖励可以处理这种直到结尾才有分数的游戏. 假设只有 r_N 有分数，其他 r 都是 0. 智能体采取一系列动作，只要最后赢了，这一系列动作就是好的；如果最后输了，这一系列动作就是不好的. 最早版本的 AlphaGo 就采用这种方法训练网络，但它还使用一些其他的方法，比如价值网络（value network）等.

14.3.4　使用折扣累积奖励减去基线作为评价标准

好或坏是相对的，假设在游戏里面，每采取一个动作的时候，最低分预设为 10 分，因此得到 10 分的奖励算是差的. 用 G' 来表示评估标准会有一个问题，在游戏里面，可能永远都会拿到正的分数，对每一个动作都给出正的分数，只是高低不同，G' 算出来的结果也都是正的，有些动作其实是不好的，但是我们仍然鼓励模型采取这些动作. 因此，我们在版本 3 中需要做一下标准化，最简单的方法是把所有的 G' 都减掉一个基线 b，让 G' 有正有负，让特别高的 G' 是正的，而让特别低的 G' 是负的，如图 14.19 所示.

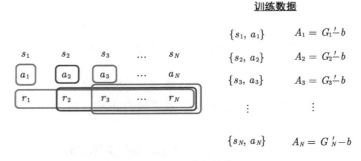

图 14.19 减去基线

策略梯度算法（见算法 14.1）中的评价标准就是 $G' - b$. 首先随机初始化智能体，给智能体一个随机初始化的参数 $\boldsymbol{\theta}_0$. 然后进入训练迭代阶段，假设要进行 T 次训练迭代. 一开始智能体什么都不会，它所采取的动作都是随机的，但它会越来越好. 智能体会和环境互动，得到一组状态–动作对. 接下来对动作进行评价，用 $A_1 \sim A_N$ 来决定这些动作的好坏. 接下来定义损失并更新模型，更新的过程和梯度下降一模一样. 最后计算 L 的梯度，在前面乘以学习率 η，用该梯度更新模型，把 $\boldsymbol{\theta}_{i-1}$ 更新成 $\boldsymbol{\theta}_i$.

算法 14.1   策略梯度算法

---

1 初始化智能体网络参数 $\boldsymbol{\theta}$;

2 for $i = 1$ to T do

3 $\quad$ 使用智能体 $\pi_{\boldsymbol{\theta}_{i-1}}$ 进行交互;

4 $\quad$ 获取数据 $\{s_1, a_1\}, \{s_2, a_2\}, \cdots, \{s_N, a_N\}$;

5 $\quad$ 计算 $A_1, A_2, \cdots, A_N$;

6 $\quad$ 计算损失 L;

7 $\quad$ $\boldsymbol{\theta}_i \leftarrow \boldsymbol{\theta}_{i-1} - \eta \nabla L$

8 end

在一般的训练中，收集数据都是在训练迭代之外进行的. 比如有一组数据，拿这组数据来做训练，更新模型很多次，最后得到一个收敛的参数，可以拿这个参数来做测试. 但在强化学习中，收集数据是在训练迭代的过程中进行的.

如图 14.20 所示，可以用一种图形化的方式来表示强化学习的训练过程. 训练数据中有很多来自某个智能体的状态–动作对, 对于每个状态–动作对, 可以使用评价 A_i 来判断动作的好坏. 通过训练数据训练智能体, 使用评价 A_i 定义损失 L 并更新参数一次. 一旦更新完一次参数, 就只有等到重新收集完数据后才能更新下一次参数, 这就是强化学习的训练过程非常花时间的原因. 强化学习每更新完一次参数以后, 数据就要重新收集一次, 才能再次更新参数. 如果参数要更新 400 次, 数据就要收集 400 次, 这个过程非常耗费时间.

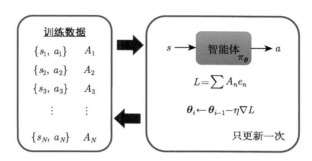

图 14.20　强化学习的训练过程

在策略梯度算法中, 每次更新完模型参数以后, 就需要重新收集数据. 如算法 14.1 所示, 这些数据是由 $\pi_{\boldsymbol{\theta}_{i-1}}$ 收集得到的, 这是 $\pi_{\boldsymbol{\theta}_{i-1}}$ 和环境互动的结果, 也是 $\pi_{\boldsymbol{\theta}_{i-1}}$ 的经验, 这些经验可以拿来更新 $\pi_{\boldsymbol{\theta}_{i-1}}$ 的参数, 但不一定适合拿来更新 $\pi_{\boldsymbol{\theta}_i}$ 的参数.

举个例子, 进藤光和佐为下围棋, 进藤光下了小飞 (一种棋步, 后文出现的 "大飞" 也是一种棋步). 下完棋以后, 佐为告诉进藤光, 对于这种情况不要下小飞, 而要下大飞. 之前下小飞是对的, 因为小飞的后续下法比较容易预测, 也比较不容易出错, 大飞的下法则比较复杂. 但进藤光要想变强的话, 他就应该学习下大飞, 或者说进藤光在变得比较强以后, 他应该下大飞. 同样是下小飞, 对不同棋力的棋手来说, 作用是不一样的. 对于比较弱的进藤光, 下小飞是对的, 因为这样比较不容易出错; 但对于变强的进藤光来说, 下大飞比较好. 因此同一个动作, 对于不同的智能体而言, 好坏是不一样的.

如图 14.21 所示, 假设用 $\pi_{\boldsymbol{\theta}_{i-1}}$ 收集了一组数据, 这些数据只能用来训练 $\pi_{\boldsymbol{\theta}_{i-1}}$, 不能用来训练 $\pi_{\boldsymbol{\theta}_i}$. 假设 $\pi_{\boldsymbol{\theta}_{i-1}}$ 和 $\pi_{\boldsymbol{\theta}_i}$ 在 s_1 都会采取动作 a_1, 但到了 s_2 以后, 它们采取的动作可能就不一样了. 因此 $\pi_{\boldsymbol{\theta}_i}$ 和 $\pi_{\boldsymbol{\theta}_{i-1}}$ 收集的数据根本就不一样. 使用 $\pi_{\boldsymbol{\theta}_{i-1}}$ 收集的数据来评估 $\pi_{\boldsymbol{\theta}_i}$ 接下来得到的奖励其实是不合适的. 如果收集数据的智能体与要训练的智能体是同一个智能体, 那么当智能体更新以后, 就得重新收集数据. **异策略学习 (off-policy learning)** 可以解决该问题.

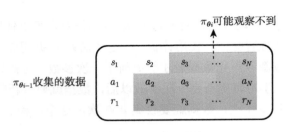

图 14.21　不同智能体收集的数据不能共用

同策略学习（**on-policy learning**）是指要训练的智能体与和环境互动的智能体是同一个智能体，比如策略梯度算法就是同策略的学习算法. 而在异策略学习中，和环境互动的智能体与要训练的智能体是两个智能体，要训练的智能体能够根据另一个智能体和环境互动的经验进行学习，因此异策略学习不需要一直收集数据. 同策略学习每更新一次参数就要收集一次数据；异策略学习收集一次数据，就可以更新参数很多次.

探索（**exploration**）是强化学习训练过程中一个非常重要的技巧. 智能体在采取动作的时候是有一些随机性的. 随机性非常重要，很多时候，随机性不够，智能体就训练不起来. 假设有一些动作从来没被采取过，这些动作的好坏就是未知的. 比如，假设一开始初始的智能体永远都只会右移，从来没有开火过，开火动作的好坏就是未知的. 只有在某个智能体试图做开火这件事并得到奖励后，才有办法评估这个动作的好坏. 在训练的过程中，与环境互动的智能体本身的随机性是非常重要的，只有随机性强一点，才能够收集到比较多的数据.

为了让智能体的随机性强一点，我们在训练的时候甚至会刻意加强智能体的随机性. 比如智能体的输出是一个分布，可以加大该分布的熵（entropy），让智能体在训练的时候，比较容易采样到概率比较小的动作. 或者直接给这个智能体的参数添加噪声，让它每一次采取的动作都不一样.

14.3.5　Actor-Critic

与环境交互的网络称为 Actor（演员，策略网络），而 Critic（评论员，价值网络）的作用就是判断一个智能体的好坏. 版本 3.5 与 Critic 及其训练方法有关. 假设有一个智能体的参数为 π_θ，这个智能体在看到某个观测（比如某个游戏画面）后，就有可能得到奖励. Critic 有很多不同的变体，有的 Critic 只看游戏画面来判断；而有的 Critic 还要求 Actor 采取某个动作，在以上两者都具备的前提下，智能体才会得到奖励.

Critic 又称为**价值函数**（**value funciton**），可以用 $V_{\pi_\theta}(s)$ 来表示. π_θ 代表观测 V 的 Actor 的策略为 π_θ. 如图 14.22(a) 所示，输入是 s，V_{π_θ} 就是一个函数，输出是一个标量 $V_{\pi_\theta}(s)$. 价值函数 $V_{\pi_\theta}(s)$ 表示智能体 π_θ 看到观测后得到的折扣累积奖励（discounted cumulated reward）G'. 价值函数在看到图 14.22(b) 所示的游戏画面后，直接预测智能体会

得到很多的奖励,因为该游戏画面里还有很多的外星人,假设智能体很厉害,接下来它就会得到很多的奖励. 图 14.22(c) 所示的游戏画面已经是游戏的残局,游戏快结束了,剩下的外星人不多了,智能体可以得到的奖励比较少. 价值函数与它所观察的智能体是有关系的,对于同样的观测,不同的智能体得到的折扣累积奖励应该不同.

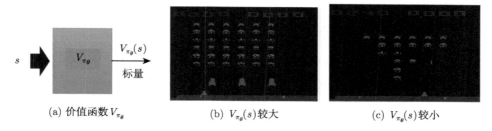

(a) 价值函数 V_{π_θ} (b) $V_{\pi_\theta}(s)$ 较大   (c) $V_{\pi_\theta}(s)$ 较小

图 14.22 玩《太空侵略者》游戏

Critic 有两种常用的训练方法:蒙特卡洛方法和时序差分方法. 智能体在和环境互动很多轮以后,会得到一些游戏记录. 从这些游戏记录可知,看到游戏画面 s_a,累积奖励为 G'_a;看到游戏画面 s_b,累积奖励为 G'_b. 如果使用蒙特卡洛(Monte Carlo,MC)方法,如图 14.23 所示,输入 s_a 给价值函数 V_{π_θ},其输出 $V_{\pi_\theta}(s_a)$ 和 G'_a 越接近越好;将 s_b 输入价值函数 V_{π_θ},其输出 $V_{\pi_\theta}(\boldsymbol{s}_b)$ 和 G'_b 越接近越好.

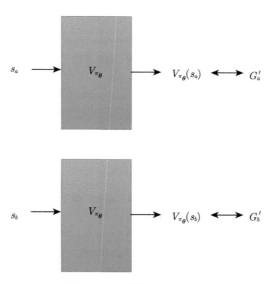

图 14.23 蒙特卡洛方法

使用时序差分（Temporal-Difference，TD）方法不用玩完整个游戏，只要看到数据 $\{s_t, a_t, r_t, s_{t+1}\}$，就能够训练 $V_{\pi_{\theta}}(s)$，也就可以更新 $V_{\pi_{\theta}}(s)$ 的参数．使用蒙特卡洛方法则需要玩完整个游戏，才能得到一笔训练数据．有的游戏其实很耗费时间，甚至有的游戏不会结束，这些游戏就不适合使用蒙特卡洛方法．在时序差分方法中，$V_{\pi_{\theta}}(s_t)$ 和 $V_{\pi_{\theta}}(s_{t+1})$ 的关系如式 (14.10) 所示（为了简化，没有取期望值）．

$$V_{\pi_{\theta}}(s_t) = r_t + \gamma r_{t+1} + \gamma^2 r_{t+2} + \cdots$$
$$V_{\pi_{\theta}}(s_{t+1}) = r_{t+1} + \gamma r_{t+2} + \cdots \qquad (14.10)$$
$$V_{\pi_{\theta}}(s_t) = \gamma V_{\pi_{\theta}}(s_{t+1}) + r_t$$

假设有一笔数据 $\{s_t, a_t, r_t, s_{t+1}\}$，将 s_t 代入价值函数，得到 $V_{\pi_{\theta}}(s_t)$；将 s_{t+1} 代入价值函数，得到 $V_{\pi_{\theta}}(s_{t+1})$．虽然 $V_{\pi_{\theta}}(s_t)$ 和 $V_{\pi_{\theta}}(s_{t+1})$ 的值是未知的，但它们满足如下关系：

$$V_{\pi_{\theta}}(s_t) - \gamma V_{\pi_{\theta}}(s_{t+1}) \leftrightarrow r_t \qquad (14.11)$$

$V_{\pi_{\theta}}(s_t) - \gamma V_{\pi_{\theta}}(s_{t+1})$ 与 r_t 越接近越好．

对于使用同样的 π_{θ} 得到的训练数据，用蒙特卡洛方法和用时序差分方法计算出的价值很可能是不一样的．图 14.24 给出了某个智能体和环境互动，玩了某个游戏 8 次的记录．

Critic观察了以下8个回合

- s_a, $r = 0$, s_b, $r = 0$, 结束
- s_b, $r = 1$, 结束
- s_b, $r = 1$, 结束
- s_b, $r = 1$, 结束
- s_b, $r = 1$, 结束
- s_b, $r = 1$, 结束
- s_b, $r = 1$, 结束
- s_b, $r = 0$, 结束

图 14.24　时序差分方法与蒙特卡洛方法的差别[1]

为了简化计算，假设这些游戏都非常简单，经过一两个回合就结束了．比如智能体第一次玩游戏的时候，它首先看到画面 s_a，得到奖励 0，然后看到画面 s_b，也得到奖励 0，游戏结束．接下来智能体又玩了 6 次，每次都看到画面 s_b，得到奖励 1 就结束了．智能体最后一次玩这个游戏时，看到画面 s_b，得到奖励 0 就结束了．

Q：如果 s_a 的后面接的不一定是 s_b，该如何处理？

A：s_a 的后面接的不一定是 s_b，这个问题在图 14.24 所示的例子中是无法处理的. 因为在图 14.24 中，s_a 的后面只会接 s_b，我们没有观察到其他的可能性，所以无法处理这个问题. 在做强化学习的时候，采样是非常重要的，强化学习最后学得好不好，跟采样的好坏关系非常大.

为了简化起见，先忽略动作，并假设 $\gamma = 1$，即不做折扣. $V_{\pi_\theta}(s_b)$ 是指看到画面 s_b 得到的奖励的期望值. 画面 s_b 在游戏中总共被看到 8 次，其中有 6 次得到 1 分，剩下的两次得到 0 分，所以平均分为

$$\frac{6 \times 1 + 2 \times 0}{8} = \frac{6}{8} = \frac{3}{4} \tag{14.12}$$

$V_{\pi_\theta}(s_a)$ 可以是 0 或 $\frac{3}{4}$. 如果用蒙特卡洛方法来计算，则因为只看到画面 s_a 一次，看到画面 s_a 得到的奖励 0，而看到画面 s_b 得到的奖励还是 0，所以累积奖励是 0，$V_{\pi_\theta}(s_a) = 0$. 但如果用时序差分方法来计算，则由于 $V_{\pi_\theta}(s_a)$ 和 $V_{\pi_\theta}(s_b)$ 之间存在如下关系：

$$V_{\pi_\theta}(s_a) = V_{\pi_\theta}(s_b) + r \tag{14.13}$$

因此

$$\begin{aligned} V_{\pi_\theta}(s_a) &= V_{\pi_\theta}(s_b) + r \\ &= \frac{3}{4} + 0 = \frac{3}{4} \end{aligned} \tag{14.14}$$

使用蒙特卡洛方法和使用时序差分方法计算得到的结果都是对的，但它们背后的假设是不同的. 对于蒙特卡洛方法而言，就是直接看我们观察到的数据，s_a 之后接 s_b 得到的累积奖励就是 0，所以 $V_{\pi_\theta}(s_a)$ 是 0. 但对于时序差分方法而言，背后的假设是 s_a 和 s_b 没有关系，看到 s_a 之后再看到 s_b，并不会影响看到 s_b 之后得到的奖励. 看到 s_b 之后得到的期望奖励应该是 $\frac{3}{4}$，所以看到 s_a 之后再看到 s_b，得到的期望奖励也应该是 $\frac{3}{4}$. 从时序差分的角度来看，看与 s_b 之后会得到多少奖励与 s_a 是没有关系的，所以 s_a 的累积奖励应该是 $\frac{3}{4}$.

接下来介绍如何用 Critic 训练 Actor. 智能体在和环境互动后，会得到一组如图 14.25 所示的状态–动作对. 比如看到 s_1 之后，采取动作 a_1，得到分数 A_1，可令 $A_1 = G_1' - b$.

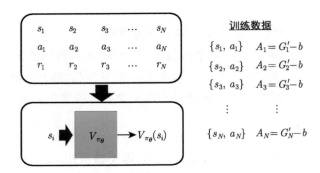

图 14.25　使用折扣累积奖励减去基线作为评价标准

在学习出 V_{π_θ} 之后，给定一个状态 s_i，产生分数 $V_{\pi_\theta}(s_i)$，基线 b 可设成 $V_{\pi_\theta}(s_i)$，因此 A_i 可设成 $G_i' - V_{\pi_\theta}(s_i)$，如图 14.26 所示.

训练数据

$$\{s_1, a_1\} \quad A_1 = G_1' - V_{\pi_\theta}(s_1)$$

$$\{s_2, a_2\} \quad A_2 = G_2' - V_{\pi_\theta}(s_2)$$

$$\{s_3, a_3\} \quad A_3 = G_3' - V_{\pi_\theta}(s_3)$$

$$\vdots \qquad\qquad \vdots$$

$$\{s_N, a_N\} \quad A_N = G_N' - V_{\pi_\theta}(s_N)$$

图 14.26　使用 $V_{\pi_\theta}(s)$ 作为基线

A_t 代表 $\{s_t, a_t\}$ 的好坏，智能体在看到某个画面 s_t 以后，会继续玩游戏，游戏有随机性，每次得到的奖励都不太一样，$V_{\pi_\theta}(s_t)$ 是一个期望值. 此外，智能体在看到画面 s_t 的时候，不一定会采取动作 a_t. 因为智能体本身是有随机性的，在训练的过程中，对于同样的状态，智能体输出的动作不一定一模一样. 智能体的输出是动作空间中的概率分布，给每一个动作一个分数，按照这个分数去做采样. 有些动作被采样到的概率高，有些动作被采样到的概率低，但每一次采样出来的动作不一定是一模一样的. 所以如图 14.27 所示，在看到画面 s_t 之后，接下来还有很多不同的可能，可以计算出不同的累积奖励（此处是无折扣的累积奖励）.

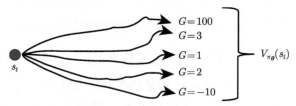

图 14.27　在看到画面 s_t 之后，可以计算出不同的累积奖励

把这些可能的结果平均起来，就是 $V_{\pi_\theta}(s_t)$. G'_t 是指在看到画面 s_t 之后，采取动作 a_t 得到的累积奖励. 如果 $A_t > 0$，则 $G'_t > V_{\pi_\theta}(s_t)$，这代表动作 a_t 比随机采样到的动作还要好；如果 $A_t < 0$，则代表随机采样到的动作不如动作 a_t.

G'_t 是一个采样的结果，在采取动作 a_t 以后，可以一直玩到游戏结束；$V_{\pi_\theta}(s_t)$ 则是对很多可能平均以后得到的结果. 用一个采样减掉平均，其实不太准，这个采样可能特别好或特别坏. 所以其实可以用平均去减平均，得到版本 4，即优势 Actor-Critic.

14.3.6 优势 Actor-Critic

采取动作 a_t 可以得到奖励 r_t，然后看到下一个画面 s_{t+1}. 接下来一直玩下去，有很多不同的可能，每个可能都会得到一个奖励，把这些奖励平均以后的结果就是 $V_{\pi_\theta}(s_{t+1})$. 需要玩很多次游戏，才能得到这个平均值. 但我们可以训练出一个好的 Critic，在 s_{t+1} 这个画面下，得到累积奖励的期望值. 在 s_t 这边采取动作 a_t 会得到奖励 r_t，再跳到 s_{t+1}，在 s_{t+1} 这边会得到期望的奖励 $V_{\pi_\theta}(s_{t+1})$. 所以 $r_t + V_{\pi_\theta}(s_{t+1})$ 代表在 s_t 这边采取动作 a_t 会得到的奖励的期望值. 把 G'_t 换成 $r_t + V_{\pi_\theta}(s_{t+1})$，如图 14.28 所示. 如果 $r_t + V_{\pi_\theta}(s_{t+1}) > V_{\pi_\theta}(s_t)$，则代表动作 a_t 比从一个分布中随便采样到的动作好；反之，则代表动作 a_t 比从一个分布中随机采样到的动作差. 在优势 Actor-Critic 中，A_t 就是 $r_t + V_{\pi_\theta}(s_{t+1}) - V_{\pi_\theta}(s_t)$.

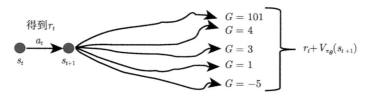

图 14.28 优势 Actor-Critic

Actor-Critic 有一个训练技巧. Actor 和 Critic 都是网络，Actor 网络的输入是一个游戏画面，输出是每一个动作的分数. Critic 网络的输入是游戏画面，输出是一个数值，代表接下来得到的累积奖励. 图 14.29 中有两个网络，它们的输入一样，所以这两个网络应该有部分参数可以共用. 当输入非常复杂时（比如游戏画面），前面的几层需要是卷积神经网络. 所以 Actor 和 Critic 可以共用前面的几层，我们在实践中往往也会这样设计 Actor-Critic.

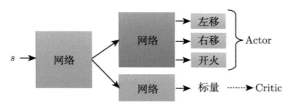

图 14.29 Actor-Critic 训练技巧

强化学习还可以直接用 Critic 决定将要采取的动作,比如深度 Q 网络(Deep Q-Network, DQN). DQN 有非常多的变体,有一篇非常知名的论文,名为 "Rainbow: Combining Improvements in Deep Reinforcement Learning" [2],把 DQN 的 7 种变体集中了起来,因为有 7 种变体被集中起来,所以这种方法又称为彩虹法(见图 14.30).

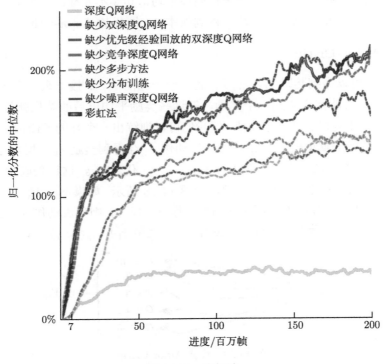

图 14.30　彩虹法

强化学习里还有很多技巧,比如稀疏奖励的处理方法以及模仿学习,详细内容可以参考《Easy RL:强化学习教程》[3],此处不再赘述.

参考资料

[1]　SUTTON R S, BARTO A G. Reinforcement learning: An introduction[M]. 2nd ed. London: MIT Press, 2018.

[2]　HESSEL M, MODAYIL J, VAN HASSELT H, et al. Rainbow: Combining improvements in deep reinforcement learning[C]//Proceedings of the AAAI Conference on Artificial Intelligence. 2018, 32(1): 3215-3222.

[3]　王琦, 杨毅远, 江季. Easy RL:强化学习教程 [M]. 北京: 人民邮电出版社, 2022.

第15章 元 学 习

15.1 元学习的概念

元学习（meta learning）的字面意思是"学习的学习"，也就是学习如何学习. 大部分的深度学习就是不断地调整超参数，或者决定网络架构、改变学习率等. 实际上并没有什么好的方法来调整这些超参数，今天工业界最常拿来解决超参数调整问题的方法是买很多个 GPU，然后一次训练多个模型，放弃训练不起来、训练效果比较差的模型，最后只看那些可以训练的、训练效果比较好的模型会得到什么样的性能. 所以业界在做实验的时候往往一次在多个 GPU 上运行多组不同的超参数，看看哪一组超参数可以得到最好的结果. 但学术界通常没有那么多 GPU，需要凭着经验和直觉来定义效果可能比较好的超参数，然后看看这些超参数会不会得到好的结果. 但是这样的方法往往需要花费很长的时间，因为需要不断地调整这些超参数. 所以人们开始想办法让机器自己去调整这些超参数，让机器自己去学习一个最优的模型和网络架构，然后得到好的结果. 元学习就这样诞生了.

接下来分析元学习的本质以及元学习的三个步骤. 首先，元学习算法简化来看其实就是一个函数. 我们用 F 来表示这个函数，不同于普通的机器学习算法的输入是一张图片，元学习的函数 F 是一个数据集，这个数据集里有很多的训练数据. 把训练数据集输入函数 F，它会输出训练完的结果. 假设我们要训练的是一个分类器，则函数 F 的输入就是训练数据，输出就是分类器. 有了这个分类器以后，我们就可以把测试数据输入，输出的结果则是我们想要的分类结果. 所以一个元学习算法就是一个函数，我们用 F 来表示它；而函数 F 的输入就是训练数据，输出是另外一个函数，我们用 f 来表示它. 函数 f 的输入是一张图片，输出是分类结果，整个元学习的框架如图 15.1 所示. 所以元学习的目标就是找到一个函数 F，这个函数 F 可以让函数 f 的损失越小越好. 这个 F 函数是人为设定的，或者说是我们提前设置好的.

我们其实也可以直接学习这个 F 函数，对应我们在机器学习中介绍的三个步骤. 在元学习中，其实我们要找的也是一个函数，只是这个函数与机器学习要找的函数不一样，是一个学习算法. 下面我们分别类比机器学习中的三个步骤来介绍元学习中的三个步骤，寻找学习函数.

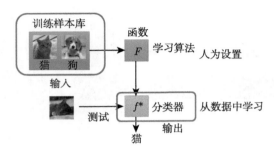

图 15.1　元学习的框架

15.2　元学习的三个步骤

元学习的步骤一如图 15.2 所示. 首先, 我们的学习算法里得有一些要被学习的东西, 就像在机器学习中, 神经元的权重和偏置是要被学出来的一样. 在元学习中, 我们通常会考虑让机器自己学习网络架构、初始化的参数、学习率等. 我们期待它们是可以通过学习算法学出来的, 而不是像机器学习那样需要进行人为设定. 我们把这些在学习算法里想要机器自学的东西统称为 ϕ; 而在机器学习中, 我们用 θ 来代表一个函数里想要机器自学的东西. 接下来, 我们将学习算法写为 F_ϕ, 这代表学习算法里有一些未知的参数. 当机器想办法去学模型里不同的成分时, 我们就有了不同的元学习方法.

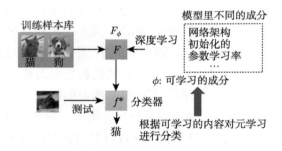

图 15.2　元学习的步骤一：学习算法

元学习的步骤二如图 15.3 所示. 设定一个损失函数, 损失函数在元学习里决定了学习算法的好坏. $L(\phi)$ 代表将 ϕ 作为参数的学习算法的性能. $L(\phi)$ 的如果值很小, 它就是一个好的学习算法; 反之, 它就是一个不好的学习算法. 我们需要如何决定这个损失函数呢? 在机器学习中, 损失函数来自训练数据; 而在元学习中, 我们收集的是训练任务. 举例来说, 假设我们想要训练一个二分类的分类器, 用于分辨苹果和橙子（任务 1）, 以及分辨自行车和汽车（任务 2）, 以上每一个任务里都有训练数据和测试数据.

• 定义学习算法 F_ϕ 的损失函数 $L(\phi)$

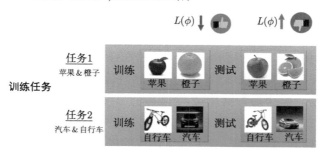

图 15.3 元学习的步骤二：定义损失函数

接下来分析元学习中的损失函数应该如何定义. 评价一个学习算法的好坏, 要看它在某个任务中使用训练数据学习到的算法的好坏. 比如, 任务 1 是分辨苹果和橙子, 把任务 1 中的训练数据拿出来给这个学习算法, 从而学出一个分类. 我们用 $f_{\theta^{1*}}$ 来表示这是任务 1 的分类, 旨在分辨苹果和橙子. 如果这个分类是好的, 则代表这个学习算法也是好的; 反之, 如果这个分类是不好的, 则代表这个学习算法也是不好的. 对于不好的学习算法（在测试数据上表现不好）, 我们就给它比较大的损失 $L(\phi)$.

到目前为止, 我们都只考虑了一个任务. 在元学习中, 我们通常不会只考虑一个任务, 也就是说, 我们不会只用苹果和橙子的分类来看一个二分类学习算法的好坏. 我们还希望拿别的二元分类任务来测试它, 比如用于区分自行车和汽车的训练数据（见图 15.4）, 将它们输入这个学习算法, 让它进行分类. 这两个学习算法是一样的, 但是因为输入的训练数据不

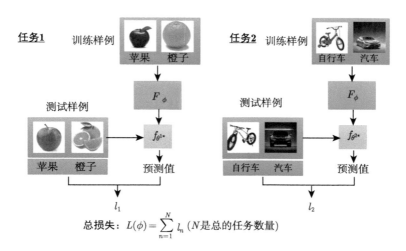

总损失：$L(\phi) = \sum_{n=1}^{N} l_n$ （N是总的任务数量）

图 15.4 元学习的步骤二中的多任务分类

297

一样，所以产生的分类也不一样. θ^{1*} 代表的是这个学习算法在任务 1（分辨苹果和橙子）中学习得到的参数，θ^{2*} 代表的是这个学习算法在任务 2（分辨自行车和汽车）中学习得到的参数. 与任务 1 相同，任务 2 自身也有一些测试数据. 将任务 2 的测试数据输入 $f_{\theta^{2*}}$，然后看看得到的准确率如何，就可以得到这个学习算法在任务 2 中的表现. 我们在知道这个学习算法在任务 1 和任务 2 中的表现以后，就可以综合它们，得到整个学习算法的损失. 当然，如果扩展到 N 个任务，整个损失就是 N 个任务的总损失，我们把这个损失写成 $L(\phi)$，这个损失就是元学习的损失，它代表了这个学习算法在学习所有问题时的表现有多好.

　　大家应该已经关注到一件事情，在为元学习中的每一个任务计算损失的时候，我们用测试数据来进行计算. 而在一般的机器学习中，损失其实是用训练数据来进行计算的. 这是因为我们的训练单位是任务，所以可以使用训练任务里的测试数据，训练任务里的测试数据是可以在元学习的训练过程中加以使用的.

　　元学习的步骤三是要找一个学习算法，即找到一个 ϕ，让损失越小越好. 这件事怎么做呢？我们已经写出了损失函数 $L(\phi)$，它是 N 个任务的损失的总和. 我们现在要找到一个 ϕ，使得 $L(\phi)$ 最小，我们将这个 ϕ 定义为 ϕ^*. 解这个优化问题的方法有很多，比如之前我们介绍过的梯度下降；如果没有办法计算梯度，也可以用强化学习的方法来解这个优化问题；或者使用进化算法来解这个优化问题. 总之，我们可以让机器自己找到一个学习算法 F_{ϕ^*}，这个学习算法 F_{ϕ^*} 就是我们的元学习算法.

　　元学习的完整框架如图 15.5 所示. 首先收集一批训练数据，这些训练数据是由很多个任务组成的，并且每一个任务都有训练数据和测试数据. 根据这些训练数据执行上述

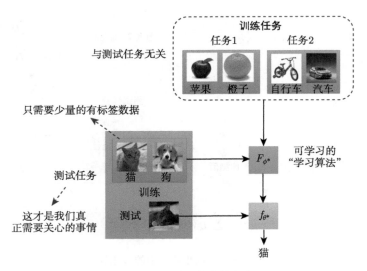

图 15.5　元学习的完整框架

元学习的三个步骤，就可以得到一个学习算法 F_{ϕ^*}. 接下来，我们可以用这个学习算法 F_{ϕ^*} 进行测试. 假设在训练的时候，训练任务是教机器学会分辨苹果和橙子以及分辨自行车和汽车；而在测试的时候，则要分辨猫和狗，每一个任务里既有训练数据，也有测试数据. 我们需要机器从测试任务里的训练数据中学出一个分类，然后把这个分类用在测试任务里的测试数据上. 其中，我们真正关心的是测试任务里的测试数据，因为测试数据是我们真正要分类的东西.

很多人觉得小样本学习和元学习非常像，我们简单区分一下元学习和小样本学习. 简单来说，小样本学习指的是期待机器只看几个样例，比如每个类别都只给三张图片，它就可以学会做分类. 而我们想要达到的小样本学习中的算法，通常就是用元学习得到的学习算法.

15.3 元学习与机器学习

本节比较机器学习和元学习的差异. 首先来看一下机器学习和元学习的目标，如图 15.6 所示. 机器学习的目标是找到一个函数 f，这个函数可以是一个分类器，把几百张图片输入进去，它会告诉我们分类的结果. 元学习的目标也是找到一个函数，但它要找的是一个学习算法 F_{ϕ^*}，这个学习算法可以接收训练数据，然后输出一个分类器 f. 学习算法 F_{ϕ^*} 将训练数据作为输入，直接输出训练的分类结果 f，f 就是我们想要的分类器.

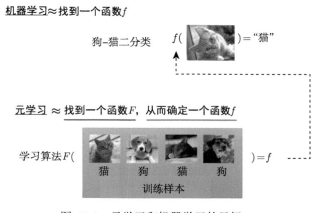

图 15.6 元学习和机器学习的目标

站在训练数据的角度，在机器学习中，我们用某个任务里的训练数据进行训练；而在元学习中，我们用测试数据进行训练. 这很容易搞混，有些文献把任务里的训练数据叫作支持（support）数据，而把测试数据叫作查询（query）数据. 在元学习中，我们用查询数据进行训练；而在机器学习中，我们用支持数据进行训练.

在机器学习中，我们需要手动设置一个学习算法；而在元学习中，我们有一系列的训练任务. 所以元学习中学习算法部分的学习又称为跨任务学习；而对应的机器学习中的学习则称为单一任务学习，因为我们是在一个任务里进行学习.

我们再对比一下两者的框架，如图 15.7 所示. 在机器学习中，完整的框架就是把训练数据拿去产生一个分类器，接着再把测试数据输入这个分类器，得出分类的结果. 而在元学习中，我们有一系列的训练任务，把这些训练任务拿来产生一个学出来的学习算法，名叫 F_{ϕ^*}. 对于接下来的测试任务，测试任务里有支持数据和查询数据，我们先把测试任务里的训练数据输入学习算法，得到一个分类器，再把测试数据输入，得到分类的结果. 我们把元学习里的这个测试叫作跨任务测试，因为它不是一般的测试；而把一般的机器学习中的这个测试叫作单一任务测试，因为我们是在一个任务里进行测试.

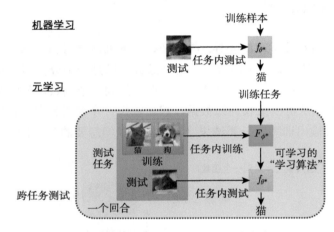

图 15.7　对比元学习和机器学习的框架

在元学习中，我们要测试的不是一个分类表现的好坏，而是一个学习算法表现的好坏. 有时候，我们在一些论文中也会看到整个流程中一次单一任务的训练和一次跨任务的测试，我们把这个流程叫作一个回合. 所以在元学习中，我们是在一个回合里进行训练和测试；而在机器学习中，我们是在一个任务里进行训练和测试.

对于损失，在机器学习中，我们使用 $L(\theta) = \sum_{k=1}^{K} e_k$ 来表示损失函数，其中的 e_k 表示第 k 个训练样本的损失，求和表示为所有训练数据在一个任务中的损失计算总和；在元学习中，我们使用 $L(\phi) = \sum_{n=1}^{N} l_n$ 来表示损失函数，其中的 l_n 表示第 n 个测试样本的损失，求和表示为所有任务的损失计算总和.

对于训练的过程，两者也有一些差异. 元学习的训练需要计算 l_n，也就是每一个小任务的损失函数，在这个过程中，我们需要做一次单一任务的"训练 + 测试"，也就是一个回合.

假设在我们的优化算法中，要找到一个 ϕ，使得 $L(\phi)$ 最小. 在做这件事情的时候，我们需要计算损失很多次，也就是说，跨任务的训练包含了很多次的单一任务的"训练 + 测试". 这非常复杂且耗时. 有些文献将跨任务训练叫作外循环，而把单一任务训练叫作内循环. 这是因为在跨任务训练中要进行好几次单一任务训练，所以跨任务训练在"外"，单一任务训练在"内".

刚才介绍的都是元学习和机器学习的差别，它们其实也有很多共同之处. 很多我们从机器学习那边学到的知识和基本概念也都可以直接搬到元学习中来. 举例来说，在机器学习中，我们会担心训练数据上会有过拟合的问题，元学习中也有过拟合的问题，比如机器学习到了一个学习算法，这个学习算法在训练任务上做得很好，但面对新的测试任务反而做得不好. 如果遇到过拟合的问题，应该怎么办呢？类比一下机器学习，在机器学习中，最直观的方法就是收集更多的训练数据，所以在元学习中也可以做同样的事——收集更多的训练任务. 也就是说，训练任务越多，就代表训练的数据样本越多，学习算法就越有机会被泛化并用在新的任务上.

另外，我们在机器学习中会做数据增强，也就是在训练的时候，对训练数据做一些变化，比如对图片进行旋转、平移、缩放等，这样可以让训练数据变多. 在元学习中，我们也可以做数据增强，也就是想一些方法来增加训练任务. 比如，我们可以对训练任务做一些变化，包括改变训练任务的类、数据，等等. 此外，我们在做元学习的时候还要做优化，要想办法去找一个 ϕ，让 $L(\phi)$ 越小越好. 假设我们采用了梯度下降法，那么在做梯度下降的时候，我们还是需要调整学习率，只不过与机器学习不同，我们需要调整的参数是可学习的学习算法的参数. 有人可能会问，既然都要调整参数，何必还要用元学习，直接对每一个机器学习的问题调整参数不就可以了吗？其实不然，因为在元学习中，我们只需要把学习算法的参数调整好，就可以一劳永逸地用在其他任务中，而不需要为每一个任务都去调整参数. 这样我们就可以节省很多的时间，也可以让我们的学习算法更加高效.

说到调查参数，另一个问题就出现了：在机器学习中，我们不仅有训练样本和测试样本，同时还有验证样本，用于验证模型的好坏，所以元学习中也应该有用于验证的任务. 也就是说，在元学习中，我们应该有训练任务、验证任务和测试任务. 其中验证任务确定了训练学习算法时的一些超参数，然后才将其用在测试任务中.

15.4 元学习的实例算法

前面已经讲完了元学习的基本概念，接下来讲一些元学习的实例算法. 在这里我们会介绍两个算法：一个是**模型诊断元学习（Model-Agnostic Meta-Learning, MAML）**[1]，另一个是 Reptile（MAML 的变体）[2]. 这两个算法都是在 2017 年提出的，而且都是基于梯度下降法进行优化的. 最常用的学习算法是梯度下降法, 在梯度下降中, 我们有一个网络和一些训练数据 (它们是采样得到的一个批次), 初始化这个网络的参数 θ^0, 用这个批次计算梯度, 并用梯度更新参数, 从 θ^0 到 θ^1, 接下来重新计算一次梯度, 再更新参数, 就这样反复下去, 直到次数够多, 输出一个令人满意的 θ^* 出来为止.

　　初始化的参数 θ^0 是可以训练的, 一般的 θ 是随机初始化的, 也就是从某个固定的分布里面采样出来的. 同时 θ^0 对结果往往会有一定程度的影响, 这种影响甚至是决定性的. 可不可以通过一些训练任务, 找到一个对训练特别有帮助的初始化参数呢? 当然可以, 这可以借助 MAML 来实现.

　　MAML 的基本思路是最大化模型对超参数的敏感性. 也就是说, 学习到的超参数要让模型的损失函数因为样本的微小变化而有较大的优化. 因此, 模型的超参数设置应该能够让损失函数的变化速度最快, 即损失函数此时有最大的梯度. 于是, 损失函数被定义为每一个任务下模型的损失函数的梯度和. 剩下要做的, 就是根据定义的这个损失函数, 用梯度下降法求解. 在训练的过程中, 算法会求两次梯度. 第一次针对每个任务计算损失函数的梯度, 进行梯度下降; 第二次对梯度下降后的参数求和, 再求梯度, 进行梯度下降. 需要补充的是, 虽然在 MAML 中, 我们需要学习初始化参数的过程, 但是也有很多超参数需要我们自行决定.

　　这里做一个联想. 我们在介绍自监督学习的时候, 提到过好的初始化参数的重要性. 在自监督学习中, 我们有很多没有标记的数据, 可以用一些代理任务来训练模型, 比如在 BERT 中就是用填空题来训练模型. 在图像上也可以做自监督学习, 比如把图片中的一块盖起来, 让机器预测被盖起来的部分是什么内容, 机器就可以从中学到一些特征, 然后把这些特征用在其他的任务上. 当然, 在做图像的自监督学习时, 可能这种掩码的方法并不常用, 目前比较流行使用对比学习的方法. 总之, 在自监督学习中, 我们会先拿一些数据做预训练, 如果预训练的结果是一些好的初始化参数, 我们再把这些好的初始化参数用在测试任务上.

　　MAML 和自监督学习有什么不同呢? 其实它们的目的是一样的, 都是找到好的初始化参数, 但是它们使用的方法不一样. 自监督学习用一些数据做预训练, 而 MAML 用一些任务做预训练. 另外, 过去在自监督学习还没有兴起的时候, 也有一些方法用一些任务做预训练, 这叫作多任务学习. 具体来讲, 我们有好几个任务的数据, 把它们放在一起, 同样可以找到一个好的初始化参数, 并把这个好的初始化参数用在测试任务上, 这就是多任务学习. 如今我们在做有关 MAML 的研究时, 通常会把这种多任务学习的训练方法当作元学习的基线. 因为这两个方法使用的数据是一样的, 只不过一个把不同任务的数据分开, 另一个则把所有任务的数据放在一起.

　　其实 MAML 很像域适应或迁移学习. 也就是说, 我们在某些任务上学到的东西可以迁移到另外一个域, 这就是基于分类问题的域适应或迁移学习. 我们不用太拘泥于这些词汇,真正需要在意的是这些词汇背后的含义.

下面解释 MAML 的优势. 首先有两个假设. 第一个假设是, MAML 找到的初始化参数是一个很厉害的初始化参数, 它可以让梯度下降这种学习算法快速找到每一个任务的参数. 第二个假设是, 这个初始化参数本来就和每一个任务的理想结果非常接近, 所以我们执行很少次数的梯度下降就可以轻易找到好的结果, 这也是 MAML 十分高效的关键. MAML 也有一些变体, 比如 ANIL (代表 Almost No Inner Loop) [3]、First Order MAML (FOMAML)、Reptile 等, 这里不做扩展说明.

除了可以学习初始化参数之外, MAML 还可以学习优化器, 如图 15.8 所示. 我们在更新参数的时候, 需要自行决定学习率、动量等超参数. 对于学习率这种超参数, 自动更新的方法很早以前就有了, 论文 "Learning to Learn by Gradient Descent by Gradient Descent" [4] 的作者直接学习了优化器, 而优化器通常是人为规定的 (比如 Adam 等), 这篇文章中的超参数都是根据训练任务自动学出来的.

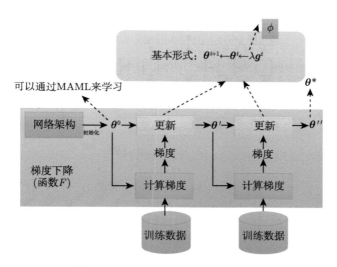

图 15.8 MAML 也可以学习优化器

当然, 我们还可以训练网络架构, 这部分的研究被称为**神经架构搜索 (Neural Architecture Search, NAS)**. 如果我们在元学习中学习的是网络架构, 并将网络架构当作 ϕ, 那我们就是在做 NAS. 在 NAS 里面, ϕ 是网络架构, 我们要找一个 ϕ 来最小化 $L(\phi)$. 但 $L(\phi)$ 可能无法求微分. 当我们遇到优化问题并且没办法做微分的时候, 强化学习也许是一个解决方法. 具体做法是, 我们可以把 ϕ 想象成一个智能体的参数, 这个智能体的输出是 NAS 中相关的超参数, 如第一层滤波器的长、宽、步长、数目等. 智能体的输出就是 NAS 中相关的参数, 接下来训练智能体, 让它最大化一个回报, 即最大化 $-L(\phi)$, 这相当于最小

化 $L(\phi)$.

　　图 15.9 是一个 NAS 实例，我们用它介绍 NAS 的过程. 具体来讲，我们有一个智能体采用了 RNN 架构. 这个智能体每次都会输出一个与网络架构有关的参数，比如先输出滤波器的高，再输出过滤器的宽，接下来输出滤波器的步长，等等. 第一层和第二层输出完毕以后，再输出第 $(n+1)$ 层和第 $(n+2)$ 层，以此类推. 有了这些参数以后，就可以根据它们设计一个网络，然后训练这个网络，这个过程其实就是之前我们介绍的单一任务训练. 接下来做强化学习，我们可以把这个网络在测试数据上的准确率当作回报来训练智能体，目标是最大化回报，这个过程其实就是跨任务训练. 除了强化学习以外，其实也可以使用演化算法，其本质上其实就是要把网络架构改一下，让它变得可以微分. 一种经典的做法叫可微分架构搜索，它的本质就是想办法让问题变得可以微分，从而可以直接用梯度下降来最小化损失函数.

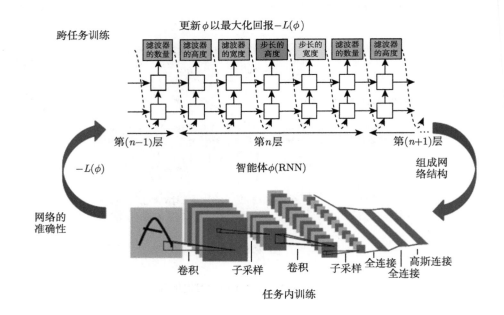

图 15.9　NAS 实例

　　除了网络架构可以学习之外，其实数据处理部分也有可能是可以学习的. 我们在训练网络的时候，通常要做数据增强. 在元学习中，我们可以让机器自动进行数据增强. 换个角度，我们在训练的时候，有时候需要给不同样本赋予不同的权重. 具体操作有不同的策略，例如，如果一些样例距离分类边界线特别近，就说明它们很难被分类，类似的样例也许就要搭配比较大的权重，这样网络就会聚焦于这些比较难以分类的样例，希望它们可以训练得比较好.

也有文献得出了不同的结论，例如认为带有噪声的样本应该被赋予比较小的权重，这些样例如果比较接近分类边界线，则说明它们比较有噪声干扰，代表标签本身可能就标错了，或者分类不合理，等等. 在元学习中，如何决定这个采样权重的策略呢？我们可以把采样策略直接训练出来，然后让它根据采样数据的特性自动决定权重应该如何设计.

到目前为止，我们看到的这些方法都是基于梯度下降来做改进的，有没有可能完全舍弃梯度下降呢？比如，有没有可能直接训练一个网络，这个网络直接将训练数据作为输入并直接输出训练好的结果？如果真有这样一个网络，就说明我们让机器发明了新的学习算法. 这是有可能的，并且已经有了一些论文. 不过到目前为止，我们还是把训练和测试分成两个阶段，用一个学习算法使用训练数据进行训练，然后输出训练好的结果，并把训练好的结果用在测试数据上. 我们想看看有没有可能更进一步，直接将一次训练和一次测试（也就是整个回合）合并在一起. 有些研究直接把训练数据和测试数据当作网络的输入，输入完训练数据以后，机器要么训练出了一个学习算法，要么找出了一组参数，再输入利用这种方法测试数据，机器就可以直接输出这些测试数据的答案. 这时候不再有训练和测试的分界，一个回合里也不再分训练和测试，而是直接用一个网络把训练和测试一次搞定. 这种方法叫作"learning to compare"，又叫基于度量的方法. 利用这种方法，网络直接把训练数据和测试数据都读进去，并直接输出测试数据的答案.

15.5　元学习的应用

本节简单介绍元学习的一些应用. 在做元学习的时候，我们最常拿来测试元学习技术的任务是少样本图像分类. 简单来讲，就是每一个任务只有几张图片，每一个类别也只有几张图片. 我们拿图 15.10 所示的案例来说明. 这个分类任务涉及三个类，每个类都只有两张图片作为输入，我们希望通过这样一点点的数据就可以训练出一个模型，也就是给这个模型一张新的图片，它知道这张图片属于哪个类别. 在做这种少样本图像分类的时候，我们会经常看到一个名词——N 类 K 样例分类，这个名词是什么意思呢？意思就是每一个任务只有 N 个类，而每一个类只有 K 个样例. 举例来说，图 15.10 就是 3 类别 2 样例分类. 在元学习中，如果要教机器做 N 类 K 样例分类，则意味着需要准备很多的 N 类 K 样例分类任务当作训练任务和测试任务，这样机器才能学到 N 类 K 样例的分类算法.

那要怎么去找一系列的 N 类 K 样例分类任务呢？最常见的做法是将 Omniglot 当作基准. Omniglot 是一个数据集，其中有 1623 个不同的字符，每一个字符有 20 个样例. 有了这些字符，我们就可以进行 N 类 K 样例分类. 比如，我们可以从 Omniglot 中选出 20 个字符，然后每一个字符只取一个样例，这样就得到一个 20 类 1 样例的分类任务. 如果我们把这个任务当作训练数据，就可以让机器学习到 20 类 1 样例的分类算法；如果我们把这个任务当作测试数据，就可以测试机器在 20 类 1 样例分类任务上的表现. 同理，我们可以进行 20 类 5 样例分类，这个任务里的每一个类都有 5 个样例，然后我们可以把这个任务当作训练数据，让机器学习到 20 类 5 样例的分类算法.

类1　类1　类2　类2　类3　类3　　　　这个是?

3类 2样例

图 15.10　少样本图像分类案例

在使用 Omniglot 的时候，我们会把字符分成两半，一半是拿来生成训练任务的字符，另一半是拿来生成测试任务的字符. 如果我们要生成一个 N 类 K 样例的分类任务，就从这些训练任务的字符里先随机采样 N 个字符，再用这 N 个字符的每个字符分别采样 K 个样例，集合起来就可以得到一个训练任务. 对于测试任务，就从这些测试的字符里拿出 N 个字符，然后为每个字符分别采样 K 个样例，从而得到一个 N 类 K 样例的测试任务. 综上，我可以把 Omniglot 当作基准，然后在这个基准上测试不同的元学习算法.

总之，元学习并非只能用于非常简单的任务，学术界已经开始把元学习推向更复杂的任务，我们也一直希望元学习未来能够真正地用在现实应用中，发展得更好.

参考资料

[1] FINN C, ABBEEL P, LEVINE S. Model-agnostic meta-learning for fast adaptation of deep networks[J]. Proceedings of Machine Learning Research, 2017, 70: 1126-1135.

[2] NICHOL A, ACHIAM J, SCHULMAN J. On first-order meta-learning algorithms[EB/OL]. arXiv: 1803.02999.

[3] RAGHU A, RAGHU M, BENGIO S, et al. Rapid learning or feature reuse? Towards understanding the effectiveness of MAML[EB/OL]. arXiv: 1909.09157.

[4] ANDRYCHOWICZ M, DENIL M, GOMEZ S, et al. Learning to learn by gradient descent by gradient descent[C]//Advances in Neural Information Processing Systems, 2016.

第16章 终身学习

终身学习的本质是基于人类对人工智能的想象，期待人工智能可以像人类一样持续不断地学习.

16.1 灾难性遗忘

如图 16.1 所示，我们先教机器做任务 1，再教它做任务 2，接下来教它做任务 3，这样它就学会了做这 3 个任务. 我们不断地教机器学习新的技能，等它学会成百上千个技能之后，它就会变得越来越厉害，以至于人类无法企及，这就是**终身学习**（LifeLong Learning, LLL）.

> 终身学习也称为**持续学习**（continous learning）、**无止境学习** (never-ending learning)、**增量学习**（incremental learning）.

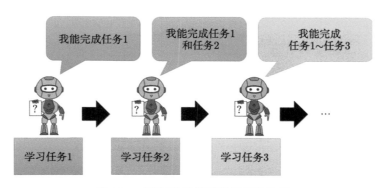

图 16.1　不断地教机器学习新的技能

读者可能会有疑惑，终身学习的目标过于远大，并且难以实现，它的意义又在哪里呢？其实在真实的应用场景中，终身学习也是派得上用场的. 举例来说，如图 16.2 所示，假设我们首先收集一些数据，然后通过训练得到模型，模型上线之后，我们就会收到来自使用者的反馈并且得到新的训练数据. 这时候我们希望形成一个循环，即模型上线之后得到新的数据，然后将新的数据用于更新模型，模型更新完之后，又可以收到新的反馈和数据，对应地再次更新模型，如此循环往复下去，模型就会越来越厉害. 我们可以把过去的任务看成旧的数据，而把反馈的数据看成新的数据，这种情景也可以看作终身学习.

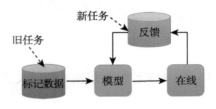

图 16.2　终身学习

终身学习有什么样的难点呢？看上去不断地更新数据和对应的网络参数就能实现终身学习，但实际上并没有那么容易. 我们来看一个例子，如图 16.3 所示，假设我们现在有两个任务. 第一个任务（任务 1）是进行手写数字识别，给一张包含噪声的图片，机器要识别出该图片中的数字"0". 第二个任务（任务 2）也是进行手写数字识别，只是给的图片噪声比较少，相对来说更容易. 当然，有读者可能认为这不算两个任务，最多算同一个任务的不同域，这样认为也没有错. 可能读者想象中的终身学习应该是先学语音识别再学图像识别这样跨度较大的过程，但其实现在的终身学习还没有达到那种程度. 目前关于终身学习的论文中所说的不同任务，大概指的就是本例中同一个任务的不同域这种级别，只是我们把它们当作不同的任务来对待. 但即使是非常类似的任务，在做终身学习的过程中也会遇到一些问题，我们接下来一一说明.

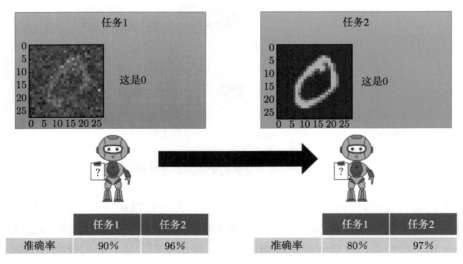

图 16.3　终身学习的一个例子

我们首先训练一个比较简单的网络来做任务 1,然后做任务 2. 这个网络做任务 1 的准确率是 90%,此时就算没有学过任务 2,这个网络做任务 2 也已经有了 96% 的准确率,可以说迁移得非常好,这说明只要能够完成任务 1,相应地也就能够完成任务 2. 接下来我们用同一个模型,即在任务 1 中训练好的模型,训练任务 2,结果发现模型做任务 2 的准确率变得更高了(97%). 但比较糟糕的事情是,此时机器已经忘了怎么去做任务 1,即模型做任务 1 的准确率从 90% 降到了 80%. 读者可能会想,是不是网络设置太过简单,导致出现这样的现象?但实际上,我们在把任务 1 和任务 2 的数据放在一起让这个网络同时去学习的时候,发现机器是能够同时学好这两个任务的,如图 16.4 所示.

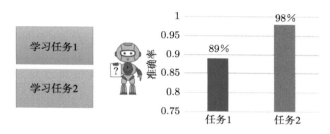

图 16.4   让机器同时学两个任务的结果

接下来举一个自然语言处理方面的例子——完成 QA 任务. QA 任务指的是为模型提供一个文档,模型在经过训练后,能够基于这个文档回答一些问题. 为了简化,我们这里讲一个更简单的 QA 任务,即"bAbi 任务",这是一类早期的非常基础的研究任务,总共有 20 个任务. 其中的任务 5 给了 3 个句子,如图 16.5 所示,即"Mary 把蛋糕给了 Fred""Fred 把蛋糕给了 Bill""Bill 把牛奶给了 Jeff",最后问"谁把蛋糕给了 Fred""Fred 把蛋糕给了谁",其他 19 个任务与此类似. 我们的目标是让 AI 依次去学这 20 个任务,要么让一个模型同时学这 20 个任务,要么用 20 个模型,每个模型分别学其中一个任务. 这里我们主要讲的是前者. 实验的结果如图 16.6 所示.

Task 5: Three Argument Relations	Task 15: Basic Deduction
Mary gave the cake to Fred.	Sheep are afraid of wolves.
Fred gave the cake to Bill.	Cats are afraid of dogs.
Jeff was given the milk by Bill.	Mice are afraid of cats.
Who gave the cake to Fred? A: Mary	Gertrude is a sheep.
Who did Fred give the cake to? A: Bill	What is Gertrude afraid of? A: wolves

图 16.5   bAbi 任务示例

一开始模型没有学过任务 5,所以准确率是 0.0. 在开始学第 5 个任务之后,准确率达到 1.0,然而当开始学下一个任务的时候,准确率开始暴跌,即模型一下子就完全忘了前面所学的任务. 读者可能以为模型本身就没有学习那么多任务的能力,但其实不然. 如图 16.7 所示，当模型同时学 20 个任务的时候，我们发现它是有潜力学习多个任务的，当然这里的第 19 个任务可能有点难，模型的准确率非常低.

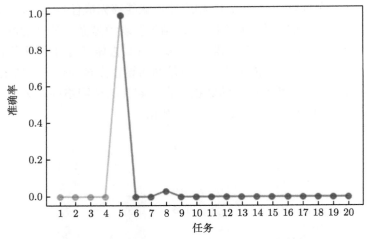

图 16.6　任务 5 的准确率（依次学习 20 个任务）

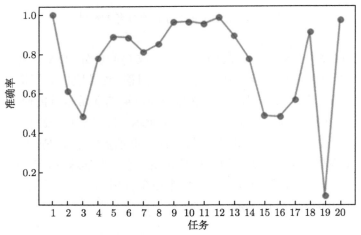

图 16.7　所有任务的准确率（同时学习 20 个任务）

当模型依次学习多个任务的时候，它就像一个上下两端都接有水龙头的池子，新的任务从上面的水龙头流进来，旧的任务就从下面的水龙头流出去. 它永远学不会多个技能. 这种情况称为**灾难性遗忘（catastrophic forgetting）**. 我们人类也有遗忘的时候，这里在遗忘的前面加上灾难性这个形容词，意在强调模型的这种遗忘不是一般的遗忘，而是特别严重的遗忘.

讲到这里，我们接下来就需要知道怎么才能解决这个灾难性遗忘的问题. 在讨论具体的技术之前，读者也许会有这样一个问题：刚才的例子提到，模型是能够同时学多个任务的，这种学习方式称为**多任务学习（multitask learning）**，既然有这个多任务学习的例子，为什么还要去做终身学习的事情呢？其实这种多任务学习有这样一个问题：需要学习的任务可能不是简简单单的 20 个，而是有可能上千个. 按照这个逻辑，在学第 1000 个任务的时候，就得把前面 999 个任务的数据放在一起训练，这样需要的时间就太长了.

我们如果能够解决终身学习的问题，那么其实也就能够高效地学习多种新任务了. 当然这种多任务学习并非没有意义，我们通常把多任务学习的结果当成终身学习的上限.

讲到这里，读者可能又会有一个问题：为什么不能每个任务都分别用一个模型呢？因为这样做也会有一些问题. 首先，这样做可能会产生很多个模型，这对机器存储是一个挑战. 其次，不同任务之间可能是共通的，从一个任务学到的数据也可能在学习另一个任务的时候有所帮助. 类似的还有迁移学习的概念，虽然终身学习和迁移学习都让模型同时学习多个任务，但它们的关注点是不一样的. 在迁移学习中，我们在意的是模型从前一个任务中学习到的东西能不能对第二个任务有所帮助，只在乎新的任务做得如何；而终身学习更注重在完成第二个任务之后，能不能再回头完成第一个任务.

16.2　终身学习的评估方法

本节介绍评判终身学习做得好不好的一些标准. 在做终身学习之前，先得有一系列任务让模型去学习，它们通常都是比较简单的任务. 如图 16.8 所示，任务 1 就是进行常规的手写数字识别；任务 2 其实也是进行手写数字识别，只是把每一个数字图片中的像素用某种特定的规则打乱. 识别这些打乱的像素算是比较难的任务，还有更简单任务，比如识别转动后的数字图片.

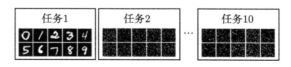

图 16.8　终身学习之手写数字识别示例

具体的评估方式如图 16.9 所示. 首先有一排任务（一共 T 个），还有一个随机初始化的参数，分别用在这 T 个任务上，得到对应的准确率. 然后让模型先学第一个任务，在所有任务上分别测一次准确率，得到 $R_{1,1}, \cdots, R_{1,T}$，以此类推. 直到学完所有的任务，得到一个准确率表格，作为终身学习的评估结果.

		测试			
		任务1	任务2	...	任务 T
	随机初始化	$R_{0,1}$	$R_{0,2}$	...	$R_{0,T}$
训练之后	任务1	$R_{1,1}$	$R_{1,2}$	...	$R_{1,T}$
	任务2	$R_{2,1}$	$R_{2,2}$	...	$R_{2,T}$
	⋮	⋮	⋮	⋮	⋮
	任务 $T-1$	$R_{T-1,1}$	$R_{T-1,2}$	...	$R_{T-1,T}$
	任务 T	$R_{T,1}$	$R_{T,2}$	...	$R_{T,T}$

图 16.9 用于评估终身学习准确率的表格

最终的准确率计算公式为

$$\frac{1}{T}\sum_{i=1}^{T} R_{T,i} \tag{16.1}$$

另一种评估方法叫作反向迁移，即计算

$$\frac{1}{T-1}\sum_{i=1}^{T-1} R_{T,i} - R_{T,i} \tag{16.2}$$

16.3 终身学习问题的主要解法

解决终身学习问题，即主要解决灾难性遗忘的问题，目前学术界有几种主要方法. 我们首先讲第一种方法，即选择性的突触可塑性（selective synaptic plasticity）. 顾名思义，就是只让神经网络中的某些神经元之间的连接具有可塑性，其余的则被固化，这类方法又叫基于正则的方法. 我们可以回顾一下为什么会发生灾难性遗忘这种现象，例如现在有任务 1 和任务 2，并且为了简化，假设模型只有两个参数，即 θ_1 和 θ_2. 如图 16.10 所示，其中的两个子图分别表示模型在任务 1 和任务 2 上的损失函数，颜色越暗，代表损失越小，反之代表损失越大.

首先训练任务 1，比如给一个随机化的初始参数 θ^0，用梯度下降的方法更新足够多次数的参数后，得到 θ^b. 接下来训练任务 2，把 θ^b 复制过来放到任务 2 上，由于任务 2 的损失截面是不同的，即蓝色的区域不同，因此通过进行多次迭代，我们就有可能把参数更新到 θ^* 的位置. 当我们把之前在任务 2 上训练好的参数 θ^* 拿到任务 1 上使用时，发现并没有办法得到好的结果. 因为 θ^* 只是在任务 2 上表现较好，而不见得在任务 1 上有较低的损失和较好的表现，这就是灾难性遗忘产生的原因.

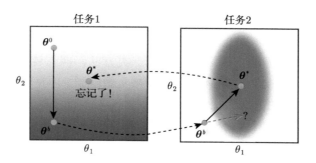

图 16.10　灾难性遗忘示意图

　　怎么解决这个问题呢？对于一个任务而言，为了实现较低的损失，其实是有很多种不同的参数组合的. 比如在任务 2 中，可能椭圆内的所有参数都有较好的表现；而对于任务 1，偏下方的位置都能实现较低的损失. 当训练完任务 1 之后又训练任务 2 时，参数不是向右上角移动形成 $\boldsymbol{\theta}^*$，而是只往右移动，让最终得到的参数同时处于任务 1 和任务 2 的较低损失区域，在这种情况下是有可能不产生灾难性遗忘的. 这种方式的基本思路就是，每一个参数对过去学过的任务的重要性程度是不同的，因此在学习新的任务时，尽量不要动那些对过去的任务很重要的参数，而要去学一些其他的对新任务比较重要的参数. 假设 $\boldsymbol{\theta}^b$ 是从前一个任务中学出来的参数，选择性的突触可塑性这一解法会给每一个参数 θ_i^b 赋予一个系数 b_i，这个系数代表对应的参数对过去的任务到底重不重要，也称作"守卫". 因此在更新参数的时候，损失函数会被改写为

$$L'(\boldsymbol{\theta}) = L(\boldsymbol{\theta}) + \lambda \sum_i b_i \left(\theta_i - \theta_i^b\right)^2$$

　　原来的损失函数是 $L(\boldsymbol{\theta})$，在学习新任务时，不要直接最小化这个损失函数，否则就会发生灾难性遗忘. 当 $b_i = 0$ 时，表示我们并不关心学习新任务时的参数需要与过去的参数有什么联系，这种情况就容易发生遗忘. 而当 b_i 趋近于无穷大时，表示模型参数不肯在新任务上妥协，此时可能不会忘记旧的任务，但是也很有可能学不好新的任务，这种情况称作不妥协.

　　接下来比较关键的是 b_i 要怎么设定，也就是要如何确定 b_i 到底对任务的重要性有多大. 其实有一种简单的控制变量的方法，就是移动或改变某个参数. 如图 16.11 所示，当移动 θ_1^b 时，我们发现在一定范围内，损失值都是很小的，即得到接近最优的参数，因此我们就可以认为，如果这个参数在一定范围内可变，相应的重要性参数 b_1 就可以很小，即这个参数对旧任务来说不是很重要. 反之，像 θ_2^b 这种不能随意移动的参数，对应的重要性参数 b_2 就必须很大.

当然，随着后续研究的深入，b_i 的设定也会有各种各样的方法，感兴趣的读者可以查阅相关论文，这里不再一一讲解.

其实，在基于正则的方法出现之前，还有一类方法，叫作**梯度回合记忆（Gradient Episodic Memory，GEM）**. GEM 不是在参数上做限制，而是在梯度更新的方向上做限制，因此又称为基于梯度的方法. 如图 16.12 所示，GEM 在计算当前任务梯度 g 方向的同时，会回头计算历史任务所对应的梯度方向 g^b，然后对这两个梯度进行向量求和，得出实际的梯度方向，这样持续更新下去，就能尽可能接近一个不会陷入灾难性遗忘的最优解. 此外，新的梯度方向 g' 需要满足 $g' \cdot g^b \geqslant 0$ 的条件，否则很难朝最优解方向优化.

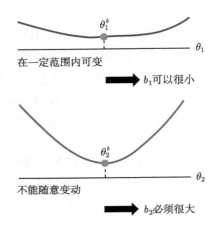

图 16.11　重要性参数设定示例

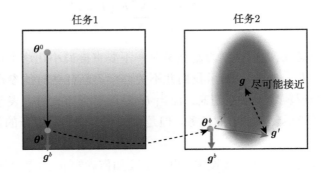

图 16.12　GEM 方法示例

　　这类方法需要把过去的数据同时存储下来，其实违背了终身学习的初衷，因为终身学习本身希望不依赖过去的数据. GEM 只存储梯度信息，而选择性的突触可塑性解法还需要存储一些历史模型信息，因此 GEM 在实际操作过程中稍有优势.

第**17**章 网络压缩

网络压缩（**network compression**）是一个很重要的方向，BERT 或 GPT 之类的模型很大，能不能缩小、简化这些模型，让它们有比较少的参数，但性能跟原来差不多呢？这正是网络压缩要做的事情. 很多时候，我们需要把这些模型用在资源受限的环境中，比如智能手表等边缘设备（edge device），这些边缘设备只有比较少的内存和有限的算力，如果模型太大，这些设备可能"跑不动"，所以需要比较小的模型.

> Q：为什么需要在这些边缘设备上运行模型呢？为什么不把数据传到云端，直接在云端做计算，再把结果传回边缘设备呢？
>
> A：一个常见的理由是避免产生延迟. 如果把数据传到云端，在云端计算完再传回来，中间就会有一个时间差. 假设边缘设备是自驾车上的一个传感器，这个传感器需要做几乎即时的回应，而把数据传到云端再传回来，中间的延迟太大了，也许会大到不能接受. 虽然在 5G 时代，延迟可以忽略不计，但还有一个需要在边缘设备上做计算的理由，这个理由就是保护隐私. 如果把数据传到云端，云端的系统持有者就看到我们的数据了. 因此为了保护隐私，直接在边缘设备上进行计算并决策是一种明智的做法.

本章将介绍 5 种以软件为导向的网络压缩技术，这 5 种技术只在软件上对网络进行压缩，而不考虑硬件加速部分.

17.1 网络剪枝

网络剪枝（**network pruning**）就是把网络里的一些参数剪掉. 为什么可以把网络里的一些参数剪掉呢？网络里有很多参数，不一定每一个参数都有事可做. 参数多的时候，也许很多参数什么事也没有做. 这些参数占用空间并浪费计算资源，所以有必要把网络中没有用的那些参数找出来，然后扔掉. 网络剪枝不是一个新的概念，早在 1989 年，Yann LeCun 就在其论文 "Optimal Brain Damage"[1] 中提出了网络剪枝，这篇论文把剪除权重的方法看成一种造成脑损伤的过程，企图找出最好的剪枝方法，让一些权重在被剪掉之后，脑损伤最小.

网络剪枝的框架如图 17.1 所示. 首先训练一个大的网络. 然后衡量这个网络里每一个参数或者说神经元的重要性, 评估一下有没有哪些参数没事可做. 怎么评估某个参数有没有事可做呢? 又怎么评估某个参数重不重要呢? 最简单的方法也许就是看它的绝对值. 这个参数的绝对值越大, 它对整个网络的影响可能就越大. 或者说, 这个参数的绝对值越接近零, 它对整个网络的影响就越小, 对任务的影响也就越小.

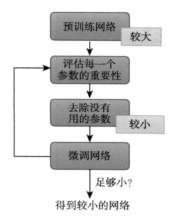

图 17.1 剪枝框架

我们可以评估每一个神经元的重要性, 把神经元当作修剪的单位. 怎么看一个神经元重不重要呢? 可以计算这个神经元的输出不为零的次数. 总之, 有非常多的方法可以用来判断一个参数或神经元是否重要. 把不重要的神经元或参数剪掉, 也就是将它们从模型中移除, 就可以得到一个比较小的网络. 但是在做完这种修剪以后, 模型的性能通常会降低, 准确率也会降低一些, 但是我们会想办法让准确率再回升一些. 可以基于剩下的没有被剪掉的参数, 重新对这个比较小的网络进行微调. 把训练数据拿出来, 将这个比较小的网络重新训练一下. 训练完之后, 其实还可以重新评估每一个参数, 并剪掉更多没用的参数, 然后重新对网络进行微调, 这个步骤可以反复进行多次.

为什么不一次剪掉大量的参数? 因为如果一次剪掉大量的参数, 可能对网络造成很大的损害, 用微调也没有办法使其复原, 所以一次先剪掉一部分参数, 比如只剪掉 10% 的参数, 再重新训练, 然后重新剪掉 10% 的参数, 再重新训练, 反复进行上述过程. 我们可以剪掉比较多的参数, 当网络足够小以后, 整个过程就完成了, 从而得到一个比较小的网络. 而这个比较小的网络的准确率也许和大的网络没有太大的差别. 修剪时可以以参数为单位, 也可以以神经元为单位, 将这两者作为单位在实现上会有显著不同. 我们先来看看以参数为单位会发生什么事. 假设我们要评估某个参数对整个任务而言重不重要、能不能去掉, 在把这个不重要的参数去掉以后，得到的网络的形状可能是不规则的．如图 17.2 所示，不规则的意思是，修剪后，第 1 个红色的神经元连到 3 个绿色的神经元，但第 2 个红色的神经元只连到 2 个绿色的神经元；此外，第 1 个红色的神经元的输入只有 2 个蓝色的神经元，而第 2 个红色的神经元的输入有 4 个蓝色的神经元．由此可见，如果以参数为单位来进行修剪，修剪完以后的网络的形状将是不规则的．

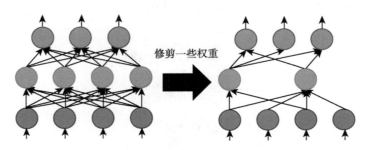

修剪一些权重

图 17.2　权重剪枝带来的问题

网络形状不规则导致的最大的问题就是不好实现．在 PyTorch 中，当定义第一个网络的时候，需要指出输入有几个神经元，输出又有几个神经元；或者输入是多长的向量，输出又是多长的向量．这种形状不固定的网络不好实现，而且就算把这种形状不规则的网络实现出来，用 GPU 也很难加速．GPU 在加速的时候，是把网络的计算看成矩阵的乘法，但是当网络不规则的时候，不太容易用矩阵的乘法来进行加速．因为用 GPU 很难进行加速，所以实际在做权重剪枝的时候，我们可能会对那些修剪掉的权重直接补零．换言之，修剪掉的权重不是不存在，只是值为零．这样做的好处是比较容易实现，也比较容易用 GPU 进行加速；坏处是网络没有变小，虽然权重是零，但还是在内存里面存储了这些参数．这就是以参数为单位做剪枝的时候，在实现上会遇到的问题．

图 17.3 中，紫色的线表示稀疏程度（sparsity）．稀疏程度代表有多少百分比的参数被修剪掉了．紫色线上的值都很接近 1，代表大概 95% 以上的参数都被修剪掉了．网络剪枝其实是一种非常有效的方法，往往可以修剪掉 95% 以上的参数，但是准确率仅降低一点点．这里只剩下 5% 的参数，按理说计算应该很快了，但实际上我们发现根本就没有加速多少，甚至可以说根本就没有加速．图 17.3 中的柱形图显示的是在 3 种不同的计算资源上加速的程度．加速程度要大过 1 才是加速，加速程度小于 1 其实是变慢的．从中可以看出，在大多数情况下，根本就没有加速，而是变慢了，也就是把一些权重修剪掉，结果网络的形状变得不规则，在用 GPU 进行加速的时候，反而没有办法加速，所以权重剪枝不一定是特别有效的方法．

神经元剪枝（即以神经元为单位来做剪枝）也许是一种比较有效的方法．以神经元为单位来做剪枝，在丢掉一些神经元以后，网络仍然是规则的. 这用 PyTorch 比较好实现（只需要修改每一层输入/输出的维度即可），也比较好用 GPU 来加速.

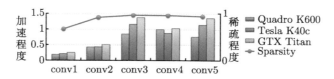

图 17.3　权重剪枝后的网络无法用 GPU 进行加速 [2]

有一个问题是，既然小的网络和大的网络在准确率上并没有差太多，为什么不直接训练一个小的网络？一个普遍的答案是，大的网络比较好训练. 如果直接训练一个小的网络，往往没有办法得到和大的网络一样的准确率.

为什么大的网络比较好训练呢？有一个假说叫彩票假说（lottery ticket hypothesis），它解释了为什么大的网络比较容易训练，一定要将大的网络剪枝变小，结果才会变好. 既然是假说，就代表这不是一个被实证的理论. 彩票假说是这样的：每次训练网络的结果不一定一样. 如果抽到一组好的初始化参数，就会得到好的结果；如果抽到一组不好的初始化参数，就会得到坏的结果. 就好比买彩票，要想提高中奖率，可以多买一些，对于大的网络来说也是一样的. 大的网络可以视为很多小网络的组合. 如图 17.4 所示，我们可以想象一个大的网络里包含了很多小的网络. 当训练这个大的网络时，等于同时训练很多小的网络. 每一个小的网络不一定可以成功地被训练出来，也就是说，即便通过梯度下降找到一个好的解，也不一定训练出一个好的结果，让损失变低. 但是在众多的小网络里，只要有一个小网络成功，大的网络就成功了. 而大的网络里包含的小网络越多，就好比彩票买得越多，中奖的概率就越大. 一个网络越大，它就越有可能被成功地训练出来. 彩票假说在实验中是怎么被复现的？它在实验中的复现方式跟网络剪枝有非常大的关系，下面具体介绍.

如图 17.5 所示，现在有一个大的网络，一开始的参数都是随机初始化的（用红色表示）. 把参数随机初始化以后进行训练，得到一组训练好的参数（用紫色表示），接下来用网络剪枝技术，把一些紫色的参数丢掉，会得到一个比较小的网络. 现在，为这个剪枝后的网络重新随机初始化参数，得到一组参数（用绿色表示）. 同时，按照剪枝后的网络结构最初的权重初始化参数，也能得到一组参数（用蓝色表示）.

绿色的参数和蓝色的参数是没有关系的. 蓝色的参数是直接从最开始的那些红色的参数里面选出来的——它们是完整的网络训练、剪枝后留下来的"幸运"的参数，使用这些参数可以成功训练出来一个小网络. 但是如果使用绿色的参数，同样结构的小网络便会训练失败. 也就是说，一旦重新随机初始化，就抽不到可以成功训练出来小网络的"幸运"参数了，这就是彩票假说. 彩票假说非常有名，提出它的论文荣获 ICLR 2019 最佳论文奖.

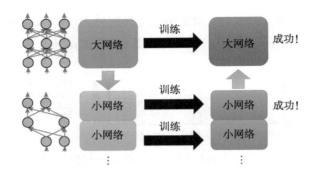

图 17.4　大网络包含了很多小网络

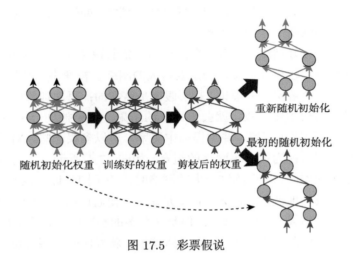

图 17.5　彩票假说

后续的研究也有很多，比如有一篇有趣的论文，名为 "Deconstructing Lottery Tickets: Zeros, Signs, and the Supermask" [3]. 这篇论文指出，训练前和训练后权重的绝对值差距越大，剪枝网络得到的结果越有效. 到底这一组初始化参数好在哪里呢？只要不改变参数的正负号，小网络就可以训练起来. 假设剪枝完以后，再把原来随机初始化的那些参数拿出来，完全不用管参数值的大小，大于 0 的都用 $+\alpha$ 来取代，小于 0 的都用 $-\alpha$ 来取代. 用这组参数初始化模型，网络也可以训练起来，跟用这组参数去初始化差不多.

这个实验说明，正负号是初始化参数能不能将网络训练起来的关键，也就是说，权重的绝对值不重要，重要的是权重的正负.

然而，彩票假说不一定是对的，论文 "Rethinking the Value of Network Pruning" [4] 给出了不太一样的结论，针对彩票假说做出了一些回应：对于彩票假说中的现象，也许只有在一些特定情况下才能观察到. 根据这篇论文中的实验，只有在学习率比较小，并且在剪枝时，以权重作为单位来做剪枝，才能观察到彩票假说中的现象，将学习率调大后，就观察不到彩票假说中的现象了. 因此，彩票假说的正确性尚待更多的研究来证实.

17.2 知识蒸馏

本节介绍一种可以让网络变小的方法——**知识蒸馏（knowledge distillation）**. 先训练一个大的网络，这个大的网络在知识蒸馏中称为教师网络（teacher network）. 我们要训练的是我们真正想要的小网络，称为学生网络（student network）. 在网络剪枝中，直接对大的网络做一些修剪，得到一个小的网络. 在知识蒸馏中，小网络（即学生网络）是根据教师网络来学习的. 假设要做手写数字识别，把训练数据丢进教师网络，教师网络产生输出，因为这是一个分类的问题，所以教师网络的输出其实是一个分布.

例如，教师网络的输出可能是认为这张图片是 1 的可能性是 0.7，认为这张图片是 7 的可能性是 0.2，认为这张图片是 9 的可能性是 0.1，等等. 接下来给学生网络一模一样的图片，学生网络不是通过看这张图片的正确答案来学习，而是把教师网络的输出当作正确答案来学习. 学生网络的输出要尽量去逼近教师网络的输出.

> Q：为什么不直接训练一个小的网络？为什么不直接让小的网络根据正确答案来学习，而要先让大的网络学习，再让小的网络去跟大的网络学习呢？
>
> A：直接训练一个小的网络，往往结果没有先对大的网络进行剪枝好. 知识蒸馏也是一样的，直接训练一个小的网络，没有让小的网络根据大的网络来学习效果好.

知识蒸馏也不是新的技术，很多人认为知识蒸馏是由 Hinton 提出来的，因为 Hinton 在 2015 年发表了一篇名为 "Distilling the Knowledge in a Neural Network" [5] 的论文. 但其实在 Hinton 提出知识蒸馏这个概念之前，论文 "Do Deep Nets Really Need to be Deep?" [6] 中就已经提出了网络蒸馏的想法.

为什么知识蒸馏会有帮助呢？一个比较直观的解释是，教师网络会给学生网络提供额外的信息. 如图 17.6 所示，想要直接告诉学生网络这是 1，这可能太难了. 因为 1 可能和其他的数字有点像，比如 1 和 7 有点像，1 和 9 也有点像，学生网络只要学习到教师网络输出的分布就足够了.

Hinton 在论文中甚至做到了让教师网络告诉学生网络哪些数字之间有什么样的关系，从而可以让学生网络在完全没有看到某些数字的训练数据的情况下，就可以把这些数字学会. 假设学生网络的训练数据里没有数字 7，但是教师网络在训练的时候见过数字 7，教师网络仅凭告诉学生网络 7 和 1 有点像、7 和 9 有点像这样的信息，就有机会让学生网络学到 7 是什么样子. 这就是知识蒸馏的基本概念.

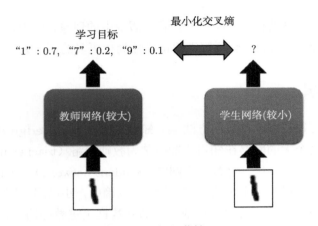

图 17.6 知识蒸馏

教师网络不一定是单一的巨大网络, 它甚至可以是多个网络的集成. 训练多个模型, 输出的结果就是多个模型的输出. 也可以对多个模型的输出进行平均, 将结果当作最终的答案. 机器学习比赛中常常会用到集成的方法. 在机器学习的比赛排行榜上, 要名列前茅, 凭借的往往就是集成技术, 即训练多个模型, 再把这些模型的结果平均. 但是在实用方面, 集成技术遇到的问题是要同时运行大量模型并对它们的输出进行平均, 计算量太大了. 此时, 可以把多个集成起来的网络综合起来变成一个网络, 如图 17.7 所示. 这就要采用知识蒸馏的做法, 把多个网络集成起来的结果当作教师网络的输出, 让学生网络学习集成的结果和输出, 并让学生网络逼近集成的准确率.

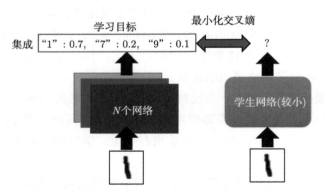

图 17.7 把多个网络集成起来的结果作为教师网络的输出

在使用知识蒸馏的时候有一个小技巧, 就是稍微改一下 softmax 函数, 给 softmax 函数加上一个温度 (temperature) 值. softmax 函数原本要做的事情是对每一个神经元的输出取指数，再做归一化，得到网络最终的输出：

$$y_i' = \frac{\exp{(y_i)}}{\sum_j \exp{(y_j)}} \tag{17.1}$$

调整后，网络的输出变成一个概率的分布，也就是一组 0~1 的数值. 所谓温度，就是在取指数之前，将每一个数值都除以 T：

$$y_i' = \frac{\exp{(y_i/T)}}{\sum_j \exp{(y_j/T)}} \tag{17.2}$$

T 是一个超参数. 假设 $T > 1$，则 T 的作用就是把本来比较集中的分布变得比较平均. 举个例子，式 (17.3) 中，y_1、y_2、y_3 是原始值，y_1'、y_2'、y_3' 则是执行 softmax 操作后的值：

$$\begin{aligned} y_1 &= 100 & y_1' &= 1 \\ y_2 &= 10 & y_2' &\approx 0 \\ y_3 &= 1 & y_3' &\approx 0 \end{aligned} \tag{17.3}$$

假设教师网络的输出如式 (17.3) 所示，让学生网络跟着教师网络去学这个结果，与直接让学生网络去学正确答案并没有什么不同. 让学生网络跟着教师网络去学的一个好处是，教师网络会告诉学生网络哪些类别其实是比较像的，让学生网络在学的时候不会那么辛苦. 但是假设教师网络的输出非常集中，其中某个类别是 1，其他类别都是 0，这样对于学生网络来说就和直接学正确答案没有什么不同了. 假设温度 T 为 100，则结果如下：

$$\begin{aligned} y_1/T &= 1 & y_1' &= 0.56 \\ y_2/T &= 0.1 & y_2' &= 0.23 \\ y_3/T &= 0.01 & y_3' &= 0.21 \end{aligned} \tag{17.4}$$

对于教师网络，加上温度，分类的结果是不会变的. 执行完 softmax 操作以后，最高分还是最高分，最低分还是最低分. 所有类别的排序是不会变的，分类的结果也是完全不会变的. 但好处是，每一个类别得到的分数会比较平均，拿这个结果给学生网络学才有意义，也才能够把学生网络教好. 这是知识蒸馏的一个小技巧.

> Q：用 softmax 操作前的输出来训练，会发生什么事呢？
> A：我们完全可以用 softmax 操作前的输出来训练. 其实还有人将网络的每一层都拿来训练，比如大的教师网络有 12 层，小的学生网络有 6 层. 可以让学生网络的第 6 层像教师网络的第 12 层，而让学生网络的第 3 层像教师网络的第 6 层. 通过做比较多的限制，我们往往可以得到更好的结果.

若 T 太大，模型就会改变很多．假设 T 接近无穷大，这样所有类别的分数就变得差不多了，学生网络也就学不到东西了．T 和学习率一样，也需要我们在做知识蒸馏的时候加以调整．

17.3　参数量化

参数量化（**parameter quantization**）旨在用比较少的空间来存储一个参数．举个例子，假设在保存一个参数的时候用了 64 位或 32 位，但实际上可能不需要这么高的精度，16 位或 8 位就够了．参数量化最简单的做法就是，本来用 16 位保存一个数值，现在改用 8 位保存一个数值．存储空间和网络的大小直接变成原来的一半，而且性能不会下降很多，甚至有时候把存储参数的精度变低，性能还会稍微好一点．还有一种更进一步压缩参数的方法，叫作**权重聚类**（**weight clustering**）．举个例子，如图 17.8 所示，先对网络的参数做聚类，按照参数的值来分组，将值接近的参数放在一个组，再将每个组内的参数都取相同的数．比如黄色的组内所有参数的平均值是 -0.4，则用 -0.4 来代表所有黄色的参数．在存储参数时，只需要记两个内容：一个是表格，这个表格记录了每一个组的代表数值是多少；另一个就是每一个参数属于哪个组．将组的数量设少一点，比如 4 个组，这样只需要 2 位就可以保存一个参数属于哪个组了．

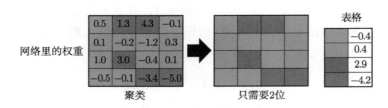

图 17.8　权重聚类

其实还可以对参数再进一步压缩，方法是使用赫夫曼编码（Huffman encoding）．赫夫曼编码的思想就是，比较常见的东西就用比较少的位来描述，比较罕见的东西就用比较多的位来描述．这样平均起来，存储数据需要的位数就变少了．

假设所有的权重只有 $+1$ 和 -1 两种可能，每一个权重只需要 1 位就可以保存下来．像这种二值权重（binary weight）的研究其实还有很多，详见相关论文[7-9]．

虽然二值网络（binary network）里的参数不是 $+1$ 就是 -1，但二值网络的性能不一定差．二值网络里有一种经典的技术，叫作二值连接（binary connect）．把二值连接技术用在 3 个图像识别问题上，从最简单的 MNIST 数据集，到稍微难一点的 CIFAR-10 和 SVHN 数据集[7]，结果居然都比较好．在使用二值网络的时候，给了网络容量（network capacity）

比较大的限制，网络比较不容易过拟合，所以用二值权重反而可以达到防止过拟合的效果.

> Q：权重聚类怎么更新，每次更新都要重新分组吗？
> A：在训练的时候就需要考虑权重聚类. 可以先把网络训练完，再直接做权重聚类. 但这样做可能导致聚类后的参数和原来的参数相差太大. 所以在训练的时候，要求网络的参数彼此之间比较接近. 对训练进行量化可以当作损失的其中一个环节，直接融入训练的过程，让训练过程达到参数有权重聚类的效果.

> Q：权重聚类里每个组的代表数值怎么确定呢？
> A：在确定了每个组的区间之后，取它们的平均值.

17.4　网络架构设计

本节介绍网络架构设计，可以通过进行网络架构设计来达到减少参数的效果. 在介绍深度可分离卷积（depthwise separable convolution）这种技术之前，我们先来回顾一下 CNN. 在 CNN 中，每一层的输入是一个特征映射. 如图 17.9 所示，输入的特征映射有两个通道，每一个滤波器的高度是 2，而且这个滤波器并不是一个二维矩阵，而是一个立体矩阵，通道有多少，这个滤波器就得有多厚. 用这个滤波器扫过特征映射，就会得到另外一个正方形. 有几个滤波器，输出的特征映射就有几个通道. 这里有 4 个滤波器，每一个滤波器都是立体的，输出的特征映射就有 4 个通道. 每一个滤波器的参数量是 $3 \times 3 \times 2 = 18$，所以总的参数量是 $3 \times 3 \times 2 \times 4 = 72$.

接下来介绍深度可分离卷积. 深度可分离卷积分为两个步骤，第一个步骤称为深度卷积（depthwise convolution）. 深度卷积要做的事情是，有几个通道，我们就有几个滤波器. 一般的卷积层中，滤波器的数量和通道的数量是无关的，但在深度卷积中，滤波器的数量与通道的数量相同，每一个滤波器只负责一个通道，以两个通道的情况为例，如图 17.10 所示，浅蓝色的滤波器负责第一个通道，它在第一个通道上做卷积，得到一个特征映射；深蓝色的滤波器负责第二个通道，它在第二个通道上做卷积，得到另一个特征映射.

但如果只做深度卷积，就会遇到一个问题：通道和通道之间没有任何互动. 假设有一种模式是跨通道才能看得出来的，则深度卷积对这种跨通道的模式是无能为力的，不妨多加一个点卷积. 点卷积将滤波器的大小限制为 1×1，如图 17.11 所示. 这些 1×1 的滤波器的作用是发现不同通道之间的关系. 所以第一个 1×1 的滤波器扫过这个深度卷积的特征映射，得到另一个特征映射. 另外 3 个 1×1 的滤波器要做的事情是一样的，每一个滤波器都会产生一个特征映射. 点卷积只考虑通道之间的关系，而不考虑同一个通道内部的关系——这已经由深度卷积处理好了.

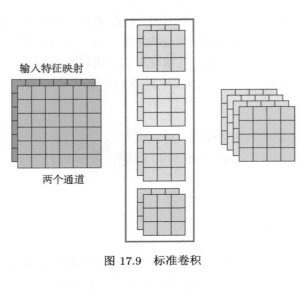

图 17.9　标准卷积

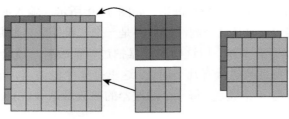

图 17.10　深度卷积

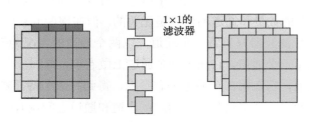

图 17.11　点卷积

　　如图 17.12 所示，先计算一下参数量. 深度卷积中有两个滤波器，每一个滤波器的大小是 3×3，所以总共有 $3 \times 3 \times 2 = 18$ 个参数. 点卷积中，有 4 个滤波器，每一个滤波器的

大小是 1×1, 并且只用了两个参数, 所以总共有 $2 \times 4 = 8$ 个参数. 图 17.12 的左侧是普通卷积, 右侧结合了深度卷积和点卷积.

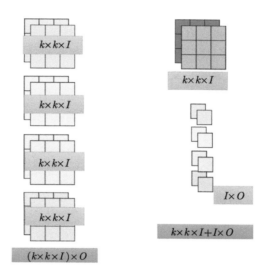

图 17.12 对比普通卷积与结合深度卷积和点卷积的参数量

如果输入有 I 个通道, 输出有 O 个通道, 且除了点卷积外的卷积核大小都是 $k \times k$. 那么普通卷积需要多少个参数呢? 每一个滤波器的大小应该是 $k \times k$, 乘以输入通道的数量, 得到一个滤波器的参数量为 $k \times k \times I$. 如果想要输出 O 个通道, 就需要 O 个滤波器, 总的参数量是 $(k \times k \times I) \times O$.

对于结合深度卷积和点卷积的情况, 则因为深度卷积的滤波器是没有厚度的, 所以深度卷积中所有滤波器加起来的参数量只有 $k \times k \times I$, 点卷积的参数量是 $I \times O$, 总参数量为 $k \times k \times I + I \times O$.

求二者比值, 结果如下:

$$\frac{k \times k \times I + I \times O}{k \times k \times I \times O} = \frac{1}{O} + \frac{1}{k \times k} \tag{17.5}$$

因为 O 通常是一个很大的值, 所以先忽略 $1/O$. 核大小可能是 2×2 或 3×3, 若取 2×2, 则把普通卷积换成深度卷积和点卷积可以将网络大小变成原来的约 $1/4$; 若取 3×3, 则可以将网络大小变成原来的约 $1/9$.

在深度可分离卷积这种技术出现之前, 业界使用低秩近似 (low rank approximation) 的方法来减少一层网络的参数量. 如图 17.13 所示, 假设输入是 N 个神经元, 输出是 M 个神经元, 则参数量是 $N \times M$. 怎么减少这个参数量呢? 有一种非常简单的方法, 就是在 N 和

M 之间再插一层，这一层不用激活函数，且神经元的数量是 K. 原来的一层（用 $\boldsymbol{W}$ 来表示）现在被拆成两层（这两层中的第一层用 $\boldsymbol{V}$ 来表示，第二层用 $\boldsymbol{U}$ 来表示），这两层的网络参数量反而比较少. 原来一层的网络参数量是 $N \times M$. 拆成两层后，第一层的网络参数量是 $N \times K$，第二层的网络参数量是 $K \times M$. 如果 K 远小于 M 和 N，则 $\boldsymbol{U}$ 和 $\boldsymbol{V}$ 的参数量加起来比 $\boldsymbol{W}$ 的参数量要少很多. $\boldsymbol{U}$ 和 $\boldsymbol{V}$ 的参数量加起来是 $K \times (N + M)$，只要 K 足够小，整体而言，$\boldsymbol{U}$ 和 $\boldsymbol{V}$ 的参数量就会变少. 过去常见的做法就是设置 $N = 1000, M = 1000$，当 K 为 20 或 50 时，参数量就可以减少很多. 这种方法虽然可以减少参数量，但还是会有一些限制. 当把 $\boldsymbol{W}$ 拆解成 $\boldsymbol{U} \times \boldsymbol{V}$ 的时候，网络的可能性也减少了. 前面讲的结合深度卷积和点卷积的做法其实就利用了将一层拆成两层的思想.

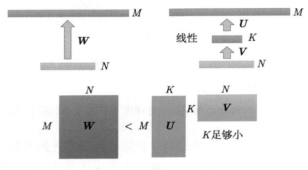

图 17.13　低秩近似示例

我们再来看一下普通卷积，如图 17.14 所示. 左上角红色立体框中的参数是怎么来的？是将滤波器放在输入的特征映射的左上角得到的. 在这个例子中，一个滤波器的参数量是 $3 \times 3 \times 2 = 18$，对滤波器的 18 个参数与输入的特征映射左上角的 18 个数值做内积以后，就可以得到输出的特征映射左上角的值.

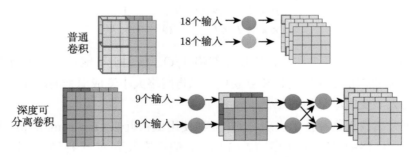

图 17.14　对比普通卷积与深度可分离卷积

将普通卷积拆成深度卷积和点卷积后，对于粉红色的特征映射，我们有两个滤波器，这两个滤波器分别有 9 个输入，接下来将这两个滤波器的输出综合起来，得到最终的输出. 所以本来是 18 个数值变成一个数值，现在则是 18 个数值先变成两个数值，再变成一个数值. 对于黄色的特征映射，情况也是一样的. 把一层拆解成两层后，对参数的需求反而减少了.

17.5 动态计算

动态计算（dynamic computation）跟前面介绍的几种技术想要达成的目标不太一样. 前面介绍的几种技术希望单纯地把网络变小，而动态计算希望网络可以自由地调整所需要的计算量. 为什么希望网络可以自由地调整所需要的计算量呢？

一个原因是，有时候同样的模型可能需要运行在不同的设备上，而不同的设备所拥有的计算资源是不太一样的. 所以我们希望有一个神奇的网络，在经过训练之后，不需要再次训练就可以用在新的设备上. 当计算资源少的时候，只需要很少的计算资源就可以计算；而当计算资源多的时候，可以充分利用这些计算资源来进行计算.

另一个原因是，就算在同一个设备上，模型也会面对不同的计算资源. 举个例子，如果手机的电量十分充足，可能就会有比较多的计算资源；如果手机快没电了，可能就需要把计算资源留着做其他的事情，网络可以分到的计算资源可能就比较少. 所以就算在同一个设备上，我们也希望网络可以根据现有的计算资源自动调整.

> Q：为了应对各种不同计算资源的情况，为什么不训练一大堆的网络，再根据计算的情况来选择不同的网络呢？
>
> A：以手机为例，手机的存储空间有限，因此需要减少计算量. 但如果训练一大堆的网络，就需要很大的存储空间. 这不是我们想要的，我们期待可以做到仅通过一个网络，就可以自由地调整对计算资源的需求.

怎么让网络自由地调整对计算资源的需求呢？一个可能的方向就是让网络自由地调整它的深度. 比如图像分类，如图 17.15 所示，输入一张图片，输出是图像分类的结果，可以在隐藏层之间加入一个额外的层. 这个额外的层旨在根据每一个隐藏层的输出决定图像分类的结果. 当计算资源比较充足的时候，可以让这张图片通过所有的层，得到最终的分类结果. 当计算资源不足的时候，可以让网络自行决定要在哪一层进行输出. 比如在通过第 1 层后，就直接切换到"额外第 1 层"，得到最终的分类结果. 怎么训练这样一个网络呢？一般在训练的时候，只需要在意最后一层的输出，希望它的输出和标准答案越接近越好（但也可以让标准答案和每一个额外层的输出越接近越好）. 把所有的输出和标准答案的交叉熵加起

来，得到损失 L:

$$L = e_1 + e_2 + \cdots + e_L \tag{17.6}$$

然后最小化损失 L，训练就结束了. 使用这种方法确实可以实现动态深度，但不是最好的方法.

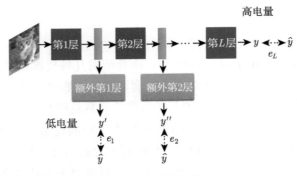

图 17.15　动态深度

更好的方法可以参考 MSDNet[10]，让网络自由地决定它的宽度. 方法是设定多个宽度，将同一张图片输入. 在训练的时候，将同一张图片输入，不同宽度的网络就会有不同的输出，我们希望每一个输出都和正确答案越接近越好. 可以把所有的输出和标准答案的交叉熵加起来，得到一个损失，再最小化这个损失.

图 17.16 中的 3 个网络是同一个网络，只是宽度不同. 相同颜色（除灰色外）代表相同权重，只是左侧网络中所有的神经元都会被用到，中间网络有 25% 的神经元不需要使用，而右侧网络有 50% 的神经元不需要使用. 在训练的时候，把所有的情况一并考虑，然后所有的情况都得到各自的输出，用所有的输出去跟标准答案计算距离，要让所有的距离都越小越好. 但实际上这样训练也是有问题的，所以需要有一些特别的想法来解决遇到的问题.

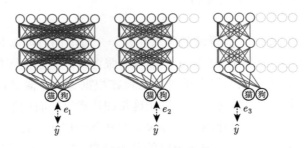

图 17.16　动态宽度

如何训练动态宽度的深度网络，可以参考论文 "Slimmable Neural Networks"[11]. 刚才介绍的网络可以变换深度和宽度，但是具体要使用多深或多宽的网络，还需要由我们来定．有没有办法让网络自行决定这件事呢？

> Q：为什么需要网络自行决定它的宽度和深度呢？
>
> A：有时候，就算是同样的图像分类问题，图像的难易程度也是不同的，有些图像可能特别难，有些图像可能特别简单．对于那些比较简单的图像，也许只通过一层网络就已经知道答案了；而对于一些比较难的图像，则需要通过多层网络才能知道答案．

　　举例来说，如图 17.17 所示，输入都是猫的图片，但其中一张图片中的猫被人伪装成了卷饼，所以识别这张图片是一个特别困难的问题．也许在这张图片只通过第 1 层的时候，网络觉得它是一个卷饼；在通过第 2 层的时候，网络仍然觉得它是一个卷饼．需要通过很多层，网络才能判断出它是一只猫．这种比较难的识别问题就不应该在中间停下来．可以让网络自行决定：对于一张简单的图片，在通过第 1 层后就停下来；而对于一张比较复杂的图片，则在通过最后一层后才停下来．具体怎么做可参考论文 "SkipNet: Learning Dynamic Routing in Convolutional Networks" [12]、"Runtime Neural Pruning" [13] 和 "BlockDrop: Dynamic Inference Paths in Residual Networks" [14]．

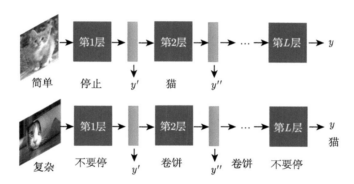

图 17.17　计算量取决于图像的识别难度

　　所以像这种方法，不一定仅限在计算资源比较有限的情况下使用．有时候，就算计算资源很充足，对于一些简单的图片，用比较少的层也已经足够得到需要的结果了．

　　以上就是网络压缩的 5 种技术．前 4 种技术都是为了让网络变小，但它们不是互斥的．例如，在做网络压缩的时候，可以既做网络架构设计，又做知识蒸馏，还可以在做完知识蒸馏后，再依次做网络剪枝和参数量化．如果想把网络压缩到很小，这些技术可以一起使用．

参考资料

[1]　LECUN Y, DENKER J, SOLLA S. Optimal brain damage[C]//Advances in Neural Information Processing Systems, 1989.

[2]　WEN W, WU C, WANG Y, et al. Learning structured sparsity in deep neural networks[C]//Advances in Neural Information Processing Systems, 2016.

[3]　ZHOU H, LAN J, LIU R, et al. Deconstructing lottery tickets: Zeros, signs, and the supermask[C]//Advances in Neural Information Processing Systems, 2019.

[4]　LIU Z, SUN M, ZHOU T, et al. Rethinking the value of network pruning[C]//International Conference on Learning Representations. 2019.

[5]　HINTON G, VINYALS O, DEAN J. Distilling the knowledge in a neural network[EB/OL]. arXiv: 1503.02531.

[6]　BA J, CARUANA R. Do deep nets really need to be deep?[C]//Advances in Neural Information Processing Systems, 2014.

[7]　COURBARIAUX M, BENGIO Y, DAVID J P. BinaryConnect: Training deep neural networks with binary weights during propagations[C]//Advances in Neural Information Processing Systems. 2015.

[8]　COURBARIAUX M, HUBARA I, SOUDRY D, et al. Binarized neural networks: Training deep neural networks with weights and activations constrained to +1 or −1[EB/OL]. arXiv: 1602.02830.

[9]　RASTEGARI M, ORDONEZ V, REDMON J, et al. XNOR-Net: ImageNet classification using binary convolutional neural networks[C]//European conference on Computer Vision. 2016: 525-542.

[10]　HUANG G, CHEN D, LI T, et al. Multi-scale dense networks for resource efficient image classification[C]//International Conference on Learning Representations. 2018.

[11]　YU J, YANG L, XU N, et al. Slimmable neural networks[C]//International Conference on Learning Representations. 2019.

[12]　WANG X, YU F, DOU Z Y, et al. SkipNet: Learning dynamic routing in convolutional networks[C]//Proceedings of the European Conference on Computer Vision. 2018: 409-424.

[13]　LIN J, RAO Y, LU J, et al. Runtime neural pruning[C]//Advances in Neural Information Processing Systems, 2017.

[14]　WU Z, NAGARAJAN T, KUMAR A, et al. BlockDrop: Dynamic inference paths in residual networks[C]//Proceedings of the IEEE conference on computer vision and pattern recognition. 2018: 8817-8826.

第18章 可解释性机器学习

我们已经介绍了众多的机器学习模型、不同的研究领域以及各种有趣的应用场景. 当一个机器学习算法真正在工业界落地时, 就会有一个问题: 机器学习模型往往是一个黑箱, 我们无法解释这个黑箱是如何通过输入得到输出的. 但模型的安全性在行业落地时十分重要, 因此我们必须对人工智能算法和模型的可解释性进行研究.

18.1 可解释性人工智能的重要性

我们首先介绍**可解释性人工智能**(eXplainable Artificial Intelligence, XAI) 的概念, 以及可解释性人工智能的重要性. 到目前为止, 我们已经训练了很多的模型, 如图像识别模型. 但我们并不满足于此, 我们还想要机器给出理由, 这就是可解释性人工智能. 在开始介绍技术之前, 我们需要讲一下为什么可解释性人工智能是一个重要的研究领域. 本质上的原因在于, 就算机器可以得到正确的答案, 也并不代表它一定非常"聪明". 举个例子, 过去有一匹马叫"聪明的汉斯", 它看起来可以解数学题. 比如问它 $\sqrt{9}$ 是多少, 它就开始计算得到答案, 并用它的马蹄去敲地板来告知人们答案. 如果答案是 3, 它就敲 3 下. 旁边的人就会欢呼, 给它胡萝卜吃. 后来有人怀疑, 它只是一匹马, 怎么能够理解数学问题呢? 慢慢地有人发现, 当没有人围观的时候, 它就答不出来了. 其实, "聪明的汉斯"只是侦测到了旁边人的微妙情感变化, 知道自己什么时候停止敲地板, 就可以有胡萝卜吃. 它并不是真的会解数学题. 而我们看到的种种人工智能的应用, 有没有可能跟这匹马是一样的状况呢?

以上是一个故事, 当然在很多机器学习的真实应用中, 可解释性机器学习, 或者说可解释性模型, 往往是必需的. 举例来说, 银行可能会用机器学习模型来判断要不要贷款给某个客户, 但是根据法律规定, 银行在用机器学习模型做自动判断时必须给出一个理由. 所以在这种情况下, 并不是只训练机器学习模型就行, 还要求机器学习模型具有解释能力. 机器学习未来也会被用在医疗诊断上, 但医疗诊断是人命关天的事情. 如果机器学习模型, 不给出诊断理由, 又怎么相信它做出的是正确判断呢? 还有人想把机器学习用在法律上, 比如帮助法官判案, 但是我们怎么才能知道机器学习模型是公正的, 而不会有种族歧视呢? 自动驾驶的汽车未来可能会满街跑, 但是如果自动驾驶的汽车突然刹车, 我们怎么知道自动驾驶系统有没有问题呢? 所以, 对于机器的种种行为、种种决策, 我们希望知道决策背后的理由. 机器学习模型如果具有解释能力，我们也许就可以凭借解释结果去修正模型.

我们期待未来当深度学习模型犯错的时候，我们知道它错在什么地方，以及它为什么犯错，也许我们可以有更好的、更有效的方法来改进模型. 当然，我们还有很长的一段路要走，但是目前已经有一些方法可以让模型变得比较容易解释，也许未来我们可以把这些方法应用在深度学习模型上，让深度学习模型也变得比较容易解释.

有人可能认为，我们之所以这么关注可解释性，也许是因为深度网络本身就是一个黑箱. 我们能不能使用其他的机器学习模型呢？如果不用深度学习模型，而改用其他比较容易解释的模型，会不会就不需要研究可解释性了？举例来说，假设我们采用线性模型，那么我们可以轻易地根据线性模型中每一个特征的权重，知道线性模型在做什么事. 但问题在于，线性模型不够强大，且表达能力较弱. 正因为线性模型受到很大的限制，所以我们才很快地进入深度学习模型时代. 深度学习模型虽然性能比线性模型好，但解释能力远不足线性模型. 讲到这里，很多人就会得出一个结论：我们就不应该用深度学习模型. 这样的想法其实是削足适履，我们仅仅因为一个模型不容易被解释，就放弃它吗？我们是不是应该想办法，让它具有解释能力？关于机器学习的可解释性，业内还有很多的讨论，但是这个议题的重要性不言而喻.

18.2　决策树模型的可解释性

本节介绍一个比较简单的机器学习模型，它在设计之初就已经有了比较好的可解释性，它就是决策树模型. 决策树模型相较于线性模型更强大，且具有良好的可解释性，比如从决策树的结构，我们就可以知道模型是凭借什么样的规则来做出最终判断的. 所以我们希望从决策树模型开始进行可解释性的研究，再扩展到其他机器学习模型，甚至深度学习模型.

决策树有很多的节点，每一个节点都会问一个问题，让我们决定向左走还是向右走. 当我们走到决策树的末尾（即叶子节点）时，就可以做出最终的决定. 因为在每一个节点都有一个问题，我们看那些问题以及答案就可以知道整个模型是凭借着什么样的特征才做出最终判断的. 那我们是不是就可以用决策树来解决所有的问题呢？其实不然，它是一种树状的结构，我们可以想象一下，如果特征非常多，得到的决策树就会非常复杂，很难解释. 所以复杂的决策树也有可能是一个黑箱，我们不能一味地使用决策树.

我们怎么实际使用决策树这种技术呢？有人会说，在 Kaggle 平台参加 AI 模型比赛的时候，深度学习不是最好用的，决策树才是常胜将军. 但是其实当我们使用决策树的时候，很多时候并不是只用了一个决策树，真正用的技术叫随机森林，它是很多个决策树共同作用的结果. 一个决策树可以凭借每一个节点的问题和答案知道自己是怎么做出最终判断的，但是当有一片森林的时候，就很难知道这片森林是怎么做出最终判断的了. 所以决策树不是最终的答案,并不是说有了决策树,我们就可以解决可解释性机器学习的问题.

18.3 可解释性机器学习的目标

为了解释决策树和随机森林,我们首先应该定义可解释性机器学习的目标是什么,或者说弄明白什么才是最好的具有可解释性的结果. 很多人对于可解释性机器学习有一个误解,觉得好的可解释性就是能够告诉我们整个模型在做什么. 我们要了解模型的一切,还要知道模型是怎么做出决断的. 但是做这件事情真的有必要吗?虽然我们说机器学习模型是一个黑箱,但世界上有很多黑箱. 人脑也是黑箱,我们其实并不完全知道人脑的运作原理,但是我们可以相信人脑做出的决断. 那么为什么对于同样是黑箱的深度网络,我们就没有办法相信它做出的决断呢?

以下是一个和机器学习完全无关的心理学实验. 在哈佛大学,图书馆的打印机经常会有很多人排队打印东西,这时候如果对前面的人说"请让我先打印 5 页",你觉得前面的人会同意吗?据统计,有 60% 的人会让你先打印. 但只要把刚才问话的方式稍微改一下,说"请让我先打印,因为我赶时间",就会有 94% 的人同意. 神奇的事情是,就算理由又稍微改了一下,同意的比例也有 93%.

可解释性机器学习可能也是同样的道理——好的解释就是让人能够接受的解释.

18.4 可解释性机器学习中的局部解释

可解释性机器学习分为两大类,第一大类叫作局部解释,第二大类叫作全局解释,如图 18.1 所示. 假设有一个图像分类器,输入一张图片,它判断该图片是一只猫,机器需要回答的问题是,为什么它觉得这张图片是一只猫?根据一张图片来回答问题,这就是局部解释. 如果不给图像分类器任何图片,而直接问什么样的图片会被判断为猫,则是全局解释. 我们并不是针对任何一张特定的图片来进行分析,而是想知道当一个模型有一些参数的时候,对这些参数而言什么样的东西是一只猫.

我们先来看第一个问题:为什么机器觉得一张图片是一只猫?再具体一点,这张图片里的什么东西让模型觉得这是一只猫?或者更宽泛一点,假设模型的输入是 x,x 可能是一张图片,也可能是一段文字,还可能是一段音频或视频,甚至可能是时间序列. x 可以拆成多个部分,比如 $x_1 \sim x_n$,这些部分对应的可能是像素,也可能是文字,还可能是音频的采样点或者视频中的每一帧,甚至可能是时间序列中的每一个时间点. x 中的哪一部分对机器做出最终的决断是最重要的?

局部的可解释性(即局部解释)
为什么觉得这张图片是一只猫？

全局的可解释性(即全局解释)
"猫"长什么样子？(并不指定某张图片)

图 18.1   可解释性机器学习的两大类别

如何知道某个部分的重要性呢？基本的原则是，我们要把所有部分都拿出来，对每一部分做改造或者删除. 如果在改造或删除某个部分以后，网络的输出有了巨大的变化，就说明这一部分很重要. 我们以图像为例，要想知道一张图片中每一个区域的重要性如何，可以将这个图片输入网络. 接下来在这张图片里不同的位置放上一个灰色的方块，当把这个方块放在不同的地方时，网络会输出不同的结果. 比如对于狗的图片，当我们把这个方块移到狗的面部的时候，网络就不觉得看到了狗，但如果把这个方块放在狗的四周，网络就会觉得看到的仍然是狗. 于是我们就知道了模型不是因为看到四周的球、地板或墙壁，才觉得看到的是狗，而是因为看到了狗的面部. 这是获知每一部分的重要性的简单方法.

还有一种更高级的方法，就是计算梯度，如图 18.2 所示. 具体来讲，假设有一张图片，我们把它拆分为 $x_1 \sim x_N$. 这里的每一个 x_i 代表一个像素. 接下来计算这张图片的损失，损失用 e 来表示. e 是把这张图片输入模型后，模型输出的结果与正确答案之间的差距（又称为交叉熵）. e 越大，就代表识别结果越差. 如何知道每一个像素的重要性呢？我们可以对每一个像素做一个小小的变化，为其分别加上 Δx，再输入模型，看看损失会有什么样的变化. 如果在对某个像素做了小小的变化以后，模型输出的损失就有巨大的变化，就代表这个像素对图像识别很重要. 反之，如果加了 Δx 之后，代表损失变化的 Δe 趋近于零，就代表这个像素对图像识别可能是不重要的. 我们可以用 Δe 和 Δx 的比值来代表一个像素的重要性. 而事实上，这个比值是损失的偏导数，也就是 $\frac{\partial e}{\partial x}$. 这个比值越大，就代表这个像素越重要. 把图片里每一个像素的这个比值都计算出来之后，我们就得到了一个图，称为显著图（saliency map）. 在图 18.2 中，显著图中的白色区域代表的是那些重要的部分. 举例来说，给机器看图 18.2 中水牛的图片，机器并不是因为看到草地才觉得看到了牛，也不是因为看到竹子才觉得看到了牛，而是因为机器真的知道牛在这个位置. 对机器而言，最重要的是出现在牛所在位置的像素.

再举一个真实的案例，如图 18.3 所示，机器根据图片左下角的模糊文字将图片识别为马. 实际上，这串文字是一个有着大量马的图片的网站水印，机器根本不知道马长什么样子.

在基准语料库中，类似的状况会经常出现. 这告诉我们，可解释性机器学习是一个很重要的技术，否则我们不知道机器是怎么做出判断的，也就不知道它是不是作弊了，或者是不是有什么问题.

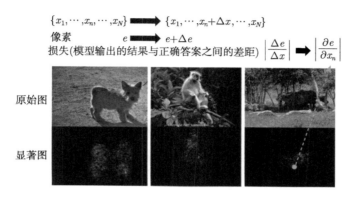

图 18.2　通过计算梯度来进行重要性评判

图 18.3　模型误判的显著图解释（该显著图用红色表示更重要的区域）

其实，可解释性机器学习的显著图还可以画得更好——使用一种名为 SmoothGrad[1] 的方法，如图 18.4 所示. 图片中是羚羊，所以我们希望机器把主要精力集中在羚羊身上. 如果使用前面介绍的方法直接画显著图的话，得到的结果可能是中间图的样子. 羚羊的附近有比较多的亮点，但是其他地方也有一些噪声. SmoothGrad 解决了这个问题. 使用 SmoothGrad 方法可以减少显著图中的噪声，使得大多数的亮点集中在羚羊身上. SmoothGrad 方法是怎么做的呢？其实就是在图片上添加各种不同的噪声，得到不同的图片. 接下来在每一张图片上计算显著图，如果添加 100 种噪声，就会有 100 张显著图，平均起来就得到了 SmoothGrad 显著图.

当然梯度并不是万能的，梯度并不完全能够反映一个部分的重要性，举个例子，如图 18.5 所示. 横轴代表一个生物鼻子的长度，纵轴代表这个生物是大象的可能性. 我们都知道大象的特征是鼻子长，所以鼻子越长，这个生物是大象的可能性就越大. 但是当鼻子长到一定程度以后，再长的鼻子也不会让这个生物变得更像大象. 这时候，如果计算鼻子的长度对这个生物是大象的可能性的偏导数，那么得到的结果可能会趋近于 0. 所以如果仅仅看梯度，或者仅仅看显著图，可能会得出一个结论：鼻子的长度对这个生物是不是大象这件事情是不重要的，鼻子的长度不是判断生物是否为大象的一个指标，因为鼻子长度的变化，对生物是大象的可能性的变化趋近于 0，但事实上，我们知道鼻子的长度是一个很重要的指标. 所以仅仅看梯度和偏导数的结果，可能没有办法完全告诉我们一个部分的重要性. 当然，也有其他的方法可以使用，如积分梯度（integrated gradients）等.

| 羚羊 | 原始显著图 | SmoothGrad 显著图 |

图 18.4 显著图的 SmoothGrad 方法

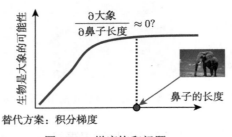

图 18.5 梯度饱和问题

刚才讨论的是网络输入的哪些部分是比较重要的，接下来要讨论的问题是，当我们给网络一个输入的时候，它到底是如何处理这个输入并得到最终答案的. 这里也有不同的方法，第一个方法最直白，就是直接观察网络到底是怎么处理这个输入的. 举一个语音的例子，如图 18.6 所示. 这个网络的功能是输入一段声音，输出这段声音属于哪一个韵母、属于哪一个音标等. 假设网络的第一层有 100 个神经元，第二层也有 100 个神经元，第一层和第二层的输出就可以看作 100 维的向量. 通过这些分析这些向量，也许我们就可以知道一个网络里发生了什么事. 但是 100 维的向量不太容易分析，我们可以把 100 维的向量降到二维，比如使用 PCA 或 t-SNE 等方法. 从 100 维降到二维以后，向量就可以画在图上，也就可以直接可视化. 这时候我们就可以看到这个网络到底是怎么处理输入的, 以及它到底是怎么把输入变成最后的输出的.

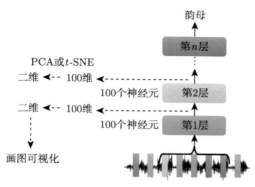

图 18.6 网络处理输入的方法

再举一个语音处理的例子, 这个例子来自 Hinton 的一篇文章. 首先把模型的输入, 也就是声音特征, 拿出来降到二维, 然后画在二维平面上, 如图 18.7 所示. 图中的每一个点代表一小段声音信号, 每一种颜色代表一个讲话的人. 其实我们输入给网络的数据有很多是重复的, 比如不同的人都说了同一句话, 但从声音特征上, 我们很难看出这一共同点(见图 18.7(a)). 但是当我们把网络拿出来可视化的时候, 结果就不一样了. 图 18.7(b) 是第 8 个隐藏层的输出, 我们发现虽然不同的人说同样的内容在声音特征上难以看出相似之处, 但是在通过了 8 层的网络之后, 机器就知道这些话是同样的内容了, 所以最后就可以得到精确的分类结果.

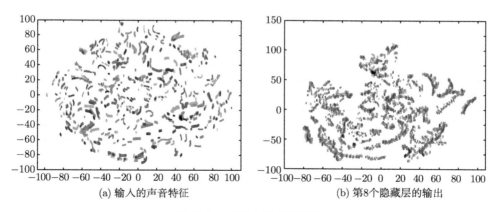

(a) 输入的声音特征   (b) 第8个隐藏层的输出

图 18.7 网络中的声音特征

除了用肉眼观察以外, 还可以使用另外一种叫作**探针(probing)**的技术. 简单来说, 就是将探针插入网络, 看看会发生什么. 举例来说, 如图 18.8 所示. 假设我们想要知道 BERT

的某一层到底学到了什么东西，除了用肉眼观察以外，还可以训练一个探针，比如一个分类器. 我们需要将 BERT 的词嵌入输入 POS 的分类器，从而训练一个 POS 的分类器. 这个分类器试图根据这些嵌入，决定它们分别来自哪一个词性的词. 如果这个分类器的准确率很高，就代表这些嵌入中有很多词性信息；如果准确率很低，就代表这些嵌入中没有词性信息. 这样我们就可以知道 BERT 的某一层到底学到了什么东西，这种技术就叫作探针.

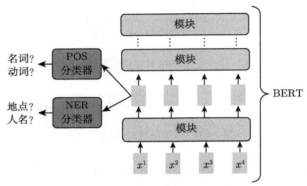

图 18.8　探针方法的 BERT 实例化

换个角度，训练一个命名实体识别（Named Entity Recognition，NER）的分类器，这个分类器的输入是 BERT 的嵌入，输出这个词汇是不是一个命名实体，属于人名还是地名，还是任何专有名词，等等. 通过这个分类器的准确率，就可以知道这些特征里有没有地址和人名信息等. 但是在使用这种技术的时候，需要关注所使用分类器的强度. 如果分类器的准确率很低，它还能够保证输入的这些特征（即 BERT 的嵌入）里有（或没有）我们需要的分类信息吗？不一定，因为有可能就是分类器训练得太差了，比如学习率没有调整好，等等. 所以在使用探针的时候，不要太快地下结论.

探针也不一定是分类器. 这里举一个语音合成的例子，如图 18.9 所示. 声音信号是由声音片段组成的，声音片段则是由音素组成的，这里输入"你好". 语音合成模型不是将一段文字作为输入，而是将网络输出的嵌入作为输入，再输出一个声音信号. 我们首先有一个处理音素的网络，如图 18.9 的右半部分所示. 我们把网络某一层（此处为第 2 层）的输出输入一个 TTS 模型以训练它. 训练的目标是希望这个 TTS 模型可以复现网络的输入，即原来的声音信号. 有人可能会问，训练这个 TTS 模型以产生原来的声音信号有什么意义呢？有趣的是，假设我们训练的网络做的事情就是把讲述者的信息去掉，那么对于这个 TTS 模型而言，右边第 2 层的输出将没有任何讲述者的信息，它无论怎么努力都无法还原讲述者的特征. 例如，最开始输入网络的是男声的"你好"，可能在通过几层以后，输入 TTS 模型后产生出来的声音也是"你好"的内容，但我们完全听不出来讲话者的性别——网络学会了抹去讲述者的特征而只保留讲话的内容.

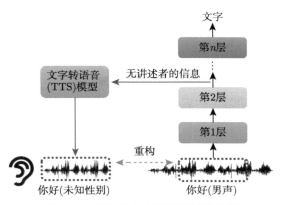

图 18.9 探针技术在语音领域的应用

下面是两个真实的例子. 第一个例子如图 18.10(a) 所示，有一个 5 层的 BiLSTM 模型，它将声音信号作为输入，输出则是文字，这是一个语音识别模型. 将一段女生的语音信息作为输入，同时输入另外一个男生所讲的不一样的内容，再把网络的嵌入用 TTS 模型还原为原来的声音. 我们发现第一层的声音有一点失真，但基本上跟原来的声音差不多. 然而，这些声音通过了 5 层的 BiLSTM 模型以后就听不出来是谁的声音了，模型把两个人的声音

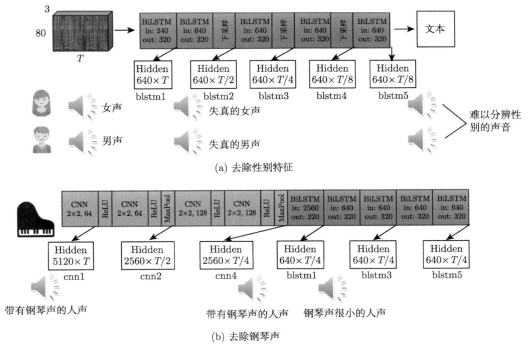

图 18.10 通过语音合成分析模型中的隐表征

变成了一个人的声音. 另一个例子如图 18.10(b) 所示, 输入的声音是带有钢琴声的人声, 网络的前面几层使用 CNN, 后面几层使用 BiLSTM. 信号在通过第一层的 CNN 以后还带有钢琴的声音, 但是在通过第一层的 BiLSTM 以后, 钢琴声就变得很小了, 也就是说, 钢琴声被过滤了, 而前面的 CNN 没有起到过滤钢琴声的作用.

以上就是可解释性机器学习中的局部解释.

18.5 可解释性机器学习中的全局解释

介绍完局部解释, 接下来介绍全局解释. 局部解释就像直接给机器一张图片, 让它告诉我们在看到这张图片后, 它为什么觉得是当前输出的结果 (例如, 为什么认为这是一只猫). 与局部解释不同的是, 全局解释并不针对特定的某张图片来进行分析, 而是把我们训练好的模型拿出来, 根据模型里面的参数来检查猫的特性.

假设我们训练好了一个卷积神经网络, 如图 18.11 所示. 将一张图片 X 输入这个卷积神经网络, 如果在滤波器 1 的特征图中, 很多位置都有比较大的值, 则很可能意味着图片 X 里面有很多滤波器 1 负责检测的那些特征. 我们现在要做的是全局解释, 也就是说, 我们并不想针对任何一张特定的图片进行分析, 但是我们想知道对滤波器 1 而言, 它想要看的模式和特征到底是什么样子. 具体的做法就是构造一张图片, 这张图片包含滤波器 1 想要检测的模式特征. 假设滤波器 1 的特征图里的每一个元素是 a_{ij}, 则需要找到一张能够让滤波器 1 输出对应特征图中 a_{ij} 的和尽量大的图片 X^* (注意, X^* 不是数据库里的任何一张图片), 我们可以用梯度上升法来求解 X^*. 当我们找到 X^* 以后, 就可以观察其中有什么样的特征, 以及网络提取的都是什么样的模式.

下面我们使用 MNIST 手写数字识别的例子继续进行解释. 我们训练好了一个卷积神经网络作为分类器, 它的结构如图 18.12 右侧所示. 这个分类器的功能是, 给它一张图片, 它会判断这是 $0 \sim 9$ 中的哪个数字. 我们把它的第二个卷积层里面的滤波器取出, 找出与每一个滤波器对应的 X^*, 也就是每一个滤波器想要挖掘的模式. 图 18.12 左侧的每一张图片都是一个 X^*, 对应一个滤波器. 比如最左上角的图片就是滤波器 1 想要挖掘的模式, 第二张图片就是滤波器 2 想要挖掘的模式, 以此类推.

从这些模式中我们可以发现, 这个卷积层确实旨在挖掘一些基本的模式, 比如类似于笔画的东西——横线、直线、斜线等, 而且每一个滤波器都有自己独有的想要挖掘的模式. 我们在做手写数字识别, 而手写数字就是由一些笔画构成的, 所以用卷积层里的滤波器侦测笔画是非常合理的. 但是, 如果我们直接去观察符合最终图像分类器特定输出的图片, 则完全分辨不出图片中的手写数字, 我们会观察到一些噪声信息. 这可以用我们之前介绍的对抗攻击来进行简单解释: 在图像上加入一些人眼根本看不到的噪声信息, 就可以让机器看到各种各样的物体. 这里也是一样的道理, 对机器来说, 它不需要看到很像 0 的手写数字图片, 才说自己看到了数字 0. 其实, 如果我们用这种可视化方法去找一个图片, 想让输出对应到某个类别则不一定有那么容易.

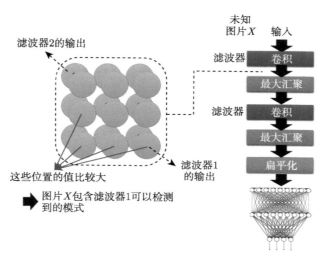

图 18.11　卷积神经网络中的滤波器可以检测到的信息

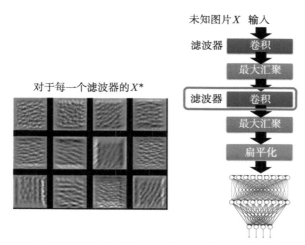

图 18.12　MNIST 数据集中的滤波器案例分析

如果我们希望机器看到的是我们所想象的数字, 怎么办呢? 方法是在解优化问题的时候加入更多的限制. 我们已经知道数字是什么样子, 所以要把这个限制添加到优化过程中. 举例来说, 我们要找一个 X^*, 不仅使得 y_i 的分数最大, 同时也使得 $R(X)$ 的分数最大. 这里

的 $R(X)$ 是一个正则项，作用是让 X 更像一个我们认知中的数字. $R(X)$ 可以有很多种形式，比如，我们可以让 $R(X)$ 是为 X 中所有像素值的绝对值求和后取负值，即希望 X 里的每一个像素值都不要极端，那么输出就会变得更加规则一些，虽然可能看起来仍不太像数字. 我们还可以加入更多的限制，比如，我们可以让 $R(X)$ 是 X 中像素值的平方和再加上 X 的梯度的平方和等. 总之，这需要我们根据自己对图像的了解和最终的目标来设计 $R(X)$.

如果我们希望使用全局解释来看到非常清晰的图片，有一种方法就是训练一个图像生成器. 我们可以用 GAN 或 VAE 等生成模型训练一个图像生成器. 图像生成器的输入是一个从高斯分布中采样出来的低维向量 z，将其输入这个图像生成器以后，输出就是一张图片 X. 这个图像生成器用 G 来表示，输出的图片 X 就可以写成 $X = G(z)$，如图 18.13 所示. 如何拿这个图像生成器来反推一个图像分类器以为的某个类别是什么样子呢？很简单，把这个图像生成器和图像分类器接在一起即可. 图像生成器的输入是 z，输出是一张图片；图像分类器则把这张图片当作输入，输出分类的结果. 相较于之前的增加限制，这里是去找一个 z，让它通过图像生成器产生 X，把 X 输入图像分类器并产生 y 以后，希望 y 里面对应的某个类别的分数越大越好，对应的 z 则称为：

$$z^* = \arg \max_{z} y_i$$

我们再把 z^* 输入 G 中，看看产生的图片 X^* 是什么样子，这样就可以达到预想的效果.

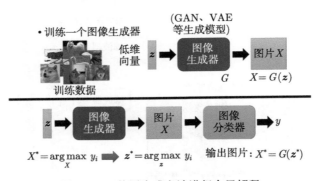

图 18.13　使用生成方法进行全局解释

另外，可解释性机器学习有比较强的主观性，比如，机器找出来的图片如果和我们想象的不一样，我们就可能会觉得这种方法不好，于是要求机器使用一些技巧和方法去找我们想象中的图片. 我们有可能的确不知道机器真正想的是什么，只是希望机器解读出来的东西能够让人开心.

18.6 扩展与小结

可解释性机器学习还有很多的技术,我们可以用一些可解释模型来替代黑箱模型,比如用线性模型替代神经网络模型,如图 18.14 所示,也就是想办法用一个比较简单的模型去模仿复杂模型的行为,如果简单的模型可以模仿复杂模型的行为,那么只需要分析那个简单的模型,也许就可以知道复杂模型在做什么. 举例来说,深度神经网络是黑箱,输入 x,它就会输出 y,我们不知道它是怎么做决策的,因为它本身非常复杂. 能不能拿一个比较简单的具有可解释性的模型出来,比如一个线性模型,并训练这个线性模型去模仿黑箱模型的行为呢?如果线性模型可以成功模仿黑箱模型的行为,我们就可以分析线性模型所做的事情,因为线性模型比较容易分析. 分析完以后,也许我们就可以知道黑箱模型所做的事情.

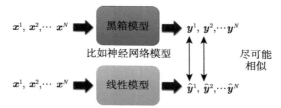

图 18.14　使用可解释模型模拟不可解释模型的行为

这里读者可能会有疑问,一个线性模型有办法去模仿一个黑箱模型的行为吗?我们之前介绍过,有很多事情神经网络做得到而线性模型做不到,所以黑箱模型可以做到的事情线性模型不一定能做到. 这里有一种经典的方法,名为局部可解释的模型无关解释(Local Interpretable Model-agnostic Explanations,LIME)[2]. LIME 方法虽然不能用线性模型模仿黑箱模型全部的行为,但可以用线性模型去模仿黑箱模型在一个小区域内的行为,实现局部的可解释性(即局部解释).

本章向大家介绍了可解释性机器学习的两大主流技术——局部解释和全局解释. 局部解释主要针对一个特定的样本,去找和这个样本最相关的一些特征,再把这些特征拿出来,解释这个样本的分类结果. 全局解释主要针对一个特定的模型,去找和这个模型最相关的一些特征,再把这些特征拿出来,解释这个模型的行为.

参考资料

[1]　SMILKOV D, THORAT N, KIM B, et al.. SmoothGrad: Removing noise by adding noise[EB/OL]. arXiv: 1706.03825.

[2]　RIBEIRO M T, SINGH S, GUESTRIN C. "Why should i trust you?" Explaining the predictions of any classifier[C]//Proceedings of the 22nd ACM SIGKDD International Conference on Knowledge Discovery and Data Mining. 2016: 1135-1144.

第**19**章 ChatGPT

本章介绍如今最火的深度学习应用 ChatGPT，它是一个可以跟人对话的大语言模型. 不同于之前的各章，本章将以更加偏向科普的方式介绍 ChatGPT，让大家了解 ChatGPT 的原理及其背后的关键技术——预训练.

19.1 ChatGPT 简介和功能

ChatGPT 是在 2022 年 11 月公开上线的，经过人们使用以后，效果远远好于预期，给人的感觉不像是人工智能，而像是有专业人员躲在 ChatGPT 背后回答问题一样. 本节将简单介绍 ChatGPT 的原理，让大家知道 ChatGPT 是怎么被训练出来的.

我们首先介绍一下 ChatGPT 的使用界面. ChatGPT 界面的底部有一个对话框，可以输入文字. 举例来说，你可以输入"帮我写一个机器学习课程教学大纲"，ChatGPT 会根据你的输入，输出一个有模有样的课程规划大纲. 需要强调的是，ChatGPT 输出的内容有随机性，所以不同人问它一模一样的问题，可能会得到完全不一样的答案.

ChatGPT 的另外一个特点是可以追加表述，在同一个对话里可以有多轮互动. 举例来说，我们可以继续输入"课程太长了，请短一些"，ChatGPT 就会对原来的规划做进一步的精简. 很有趣的地方是，追加的表述中完全没有提到机器学习，所以显然 ChatGPT 知道已经问过的问题，所以就算没有明确说出机器学习，它也还是会输出机器学习这门课的规划.

19.2 对 ChatGPT 的误解

对于 ChatGPT，人们有一些常见的误解. 第一个误解是，ChatGPT 的回答是"罐头信息"，如图 19.1 所示. 怎么理解"罐头信息"呢？很多人的看法是，当想让 ChatGPT 说笑话的时候，它就会从一个笑话集里随机挑选一个笑话进行回复，而这些笑话都是开发者事先准备好的，就像一个个"罐头". 事实上，ChatGPT 不会这么做.

另一个常见的误解是，ChatGPT 的回答是网络搜索的结果，如图 19.2 所示. 他们觉得 ChatGPT 回答问题的流程如下：问它什么是 Diffusion Model，ChatGPT 就会去网络上直接搜索有关 Diffusion Model 的文章，从这些文章中整理、重组给我们一个答案，所以它的回答也许就是从网络上抄来的句子. 但是，如果去网络上搜索 ChatGPT 提供的答案，就会发现，在网络上找不到一模一样的原文，甚至 ChatGPT 常常给出我们从未见过的答案. 此外，如果要求 ChatGPT 输出几个网址，ChatGPT 输出的网址很可能格式没有问题，却不真实存在. 也就是说，ChatGPT 并没有去网络上搜索答案，也没有把网络上的答案摘抄过来，它回答的答案都是模型自己生成的. 事实上，对于这个误解，OpenAI 官方也澄清过. 有人会问，为什么 ChatGPT 会给出一些错误的答案呢？它给的答案到底能不能相信呢？官方给出的解释是，ChatGPT 是没有联网的，它给出的答案并不是从网络上搜索得到的. 官方还给了一些补充，首先，因为不是从网络上搜索得到的答案，所以并不能保证答案是正确的. 其次，对于 2021 年以后的事情，ChatGPT 是不知道的. 所以官方建议，ChatGPT 的回答不能尽信，我们需要自行核实 ChatGPT 给出的答案.

图 19.1　对 ChatGPT 用"罐头信息"回复的误解

图 19.2　对 ChatGPT 的回答是网络搜索结果的误解

　　ChatGPT 真正在做的事情是什么呢？一言以蔽之，就是做"文字接龙"，如图 19.3 所示. 简单来说，ChatGPT 本身就是一个函数，输入一些东西，然后输出另一些东西. 如果以一个句子作为输入，就输出这个句子后面应该接的词汇的概率. ChatGPT 会给每一个可能的符号一个概率. 举例来说，如果输入"什么是机器学习？"，也许下一个可以接的字，概率最高的是"机"，"器"和"好"的概率也比较高，其他词汇的概率就很低. ChatGPT 得到的就是这样一个概率的分布，接下来，从这个概率分布中做采样，采样出来一个字. 举例来说，"机"的概率最高，所以从概率分布中采样到"机"的概率比较大，但也有可能采样到其他的词，这就是 ChatGPT 每次给出的答案都不一样的原因. 因为是从一个概率分布中做取样，所以每次得到的答案都是不同的.

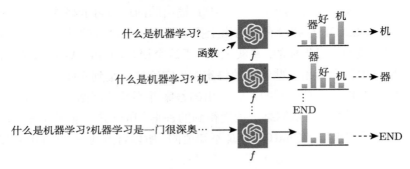

图 19.3　ChatGPT 真正做的事情是"文字接龙"

ChatGPT 生成句子的方式就是将字连续输出. 例如，假设已经产生"机"这个可以接在"什么是机器学习？"这个句子之后的字了，就把"机"加到原来的输入里面. 于是 ChatGPT 的输入变成"什么是机器学习？机". 有了这段文字以后，再根据这段文字输出接下来的字. 因为已经输出"机"了，所以接下来输出"器"的概率就非常高了，很有可能采样到"器". 再把"什么是机器学习？机器"当作输入，输出下一个可以接的字，就这样继续下去. 在 ChatGPT 可以输出的符号里面，应该会有一个符号代表结束. 当出现结束符号时，ChatGPT 就停下来.

ChatGPT 怎么考虑过去的对话历史记录呢？又如何进行连续的对话呢？其实原理是一样的，因为 ChatGPT 的输入并非只有现在的输入，还有同一个对话里所有过去的互动. 所以在同一个对话里，所有过去的互动，也都会一起被输入这个函数，让这个函数决定要接哪个字，这个函数显然是非常复杂的，其中包含大量的可学习参数. 这个函数至少有 1700 亿个参数. 为什么不是给出确切的答案呢？那是因为在 ChatGPT 之前，OpenAI 还有另外一个版本的大语言模型——GPT-3，它有 1700 亿个参数，而 ChatGPT 的参数量总不会比 GPT-3 小，所以说 ChatGPT 至少有 1700 亿个参数.

接下来的问题是，这个带有大量参数的、神奇而又复杂的函数是怎么被找出来的呢？讲得通俗一些，这个函数是通过人类老师的教导加上大量从网络上查到的数据找出来的.

但是，没有联网的 ChatGPT 是如何通过大量的网络数据进行学习的呢？训练和测试需要分开来看. 寻找函数的过程称为训练. 在寻找函数的时候，ChatGPT 通过搜集网络数据，来帮助自己找到这个可以做文字接龙的函数. 但是当这个可以做文字接龙的函数被找出来以后，ChatGPT 就不需要联网了，进入下一个阶段，称为测试. 测试就是使用者给一个输入，ChatGPT 给一个输出. 当进入测试阶段后，是不需要进行网络搜索的. 训练就好比我们在准备一场考试，在准备考试的时候，当然可以阅读教科书或者上网搜集资料，而在考场上，我们就不能翻书和上网查资料了，得凭着自己脑中记忆的东西来写答案.

19.3 ChatGPT 背后的关键技术——预训练

在澄清了一些对 ChatGPT 的常见误解以后，接下来介绍 ChatGPT 是怎么被训练出来的. ChatGPT 背后的关键技术就是预训练. 预训练其实有各种各样的叫法，有时候又叫自监督学习，预训练得到的模型则叫基石模型. 关于 ChatGPT 这个名字的由来，名字中的 Chat 代表聊天，G 指生成，P 指预训练，T 指 Transformer.

我们先来看看一般的机器学习是什么样子. 想象我们要训练一个翻译系统，要把英文翻译成中文，如果要找一个函数，它可以把英文翻译成中文，一般的机器学习方法是这样的：首先收集大量成对的中英文对照例句，告诉机器如果输入"I eat an apple"，输出就应该是"我吃苹果"；如果输入"You eat an orange"，输出就应该是"你吃橙子". 要让机器学会将英文翻译为中文，首先得有人去收集大量的中英文成对的例句. 这种需要成对的东西来学习的技术，叫作监督学习. 有了这些成对的数据以后，机器就会自动找出一个函数，这个函数包含了一些翻译的规则，比如机器知道输入是"I"时输出就是"我"，输入是"You"时输出就是"你". 接下来我们给机器一个句子，期待机器可以得到正确的翻译结果.

如果把监督学习的概念套用到 ChatGPT 上，结果应该是这样的：首先要找很多的人类老师，让他们设定好 ChatGPT 的输入和输出的关系，比如告诉 ChatGPT，当有人问世界第一高峰是哪个时，就回答珠穆朗玛峰. 总之，要找大量的人给 ChatGPT 正确的输入和输出，有了这些正确的输入和输出以后，就可以让机器自动地学习一个函数，实现如下功能：当输入"世界第一高峰是哪个"的时候，输出"珠"的概率最大，接下来输出"穆"的概率也比较大，以此类推. 有了这些训练数据以后，机器就可以找到一个函数，这个函数能够满足我们的要求——给定一个输入的时候，它的输出和人类老师给的输出十分接近. 但显然仅仅这样做是不够的，因为如果机器只根据人类老师的教导找出函数，它的能力将是非常有限的，因为人类老师可以提供的成对数据是非常有限的. 举例来说，假设数据里没有任何一句话提到青海湖，当有人问机器中国第一大湖是哪个的时候，它不可能回答青海湖，因为它很难凭空生成这个专有名词. 人类老师可以提供给机器的信息是很少的，所以机器如果只靠人类老师提供的数据来训练，它的知识就会非常少，很多问题也就没有办法回答.

ChatGPT 的成功其实依赖于另外一个技术，这个技术可以制造出大量的数据. 网络上的每一段文字都可以拿来教机器做文字接龙，比如从网络上随便爬取到一个句子——世界第一高峰是珠穆朗玛峰，我们把前半段当作机器的输入，后半段不管是不是正确答案，都告诉机器后半段就是正确答案. 接下来就让机器去学习一个函数，这个函数应该做到当输入"世界第一高峰是"的时候,输出"珠"的概率越大越好. 如此一来,网络上的每一个句子都可以拿来教机器做文字接龙. 事实上,ChatGPT 的前身 GPT 所做的事情就是单纯地从网络上的大量数据中学习做文字接龙.

早在 ChatGPT 之前就有一系列的 GPT 模型. GPT-1 在 2018 年的时候就已经出现了,只是那个时候没有受到大量的关注. GPT-1 其实是一个很小的模型,只有 1 亿 1700 万个参数. 它的训练数据集也不大,只有 1 GB 的训练数据. 但是一年之后,OpenAI 公开了GPT-2,GPT-2 的参数量是 GPT-1 的近 10 倍,训练数据则是前者的约 40 倍. 有了这么大的模型,还有了这么多的数据去训练机器,根据网络上的数据做文字接龙,会有什么样的效果呢? 当年最让大家津津乐道的一个结果是,你可以和 GPT-2 说一段话,接下来它就开始瞎说. 举个例子,和 GPT-2 说有一群科学家发现了独角兽,接下来 GPT-2 就开始乱编这些独角兽的信息. 这个能力在今天看来没什么,AI 就应该做到这样的事情,但在 2019 年,学术界对此非常震惊,大家觉得它的回答像模像样. 事实上,GPT-2 也是可以回答问题的,甚至可以输出文章的摘要. 所以其实早在 GPT-2 的时候,机器就已经有回答问题的能力了.

在今天,包含 15 亿个参数的模型在大家眼中可能不是一个特别大的模型,但是在 2019年,人们十分震惊于世界上居然有如此巨大的模型. 从结果来看,就算只是从大量的网络数据中学习做文字接龙,GPT-2 也已经有了回答问题的能力. 2020 年发布的 GPT-3 是 GPT-2的约 100 倍大,训练数据约 570 GB. 文字量差不多是《哈利·波特》全集的 30 万倍.

> Q:GPT-3.5 是什么呢?
> A:事实上,没有任何一篇文章明确地告诉我们 GPT-3.5 指的是哪一个模型,目前OpenAI 官方的说法是,只要是在 GPT-3 的基础上做一些微调得到的模型都叫 GPT-3.5,这个名称并不特指某个模型.

GPT-3 可以做什么样的事情呢? GPT-3 刚公开时引起了非常大的轰动,那时候的人们认为 GPT-3 实在太大了,它甚至会写代码. 它为什么可以做到这件事情呢? 因为 GitHub上有很多程序代码,里面还有代码注释,所以 GPT 在做文字接龙的时候,看到这些代码注释,也就能够将代码产生出来. 所以 GPT-3 可以写代码,好像也不是特别让人震惊的事情. 不过,GPT-3 看起来是有非常大的能力上限的,虽然能力很强,但它给的答案不一定是我们想要的. 所以怎么再强化 GPT-3 的能力呢? 下一步就需要人工介入了,到 GPT-3 为止,训练是不需要人监督的,但是从 GPT-3 到 ChatGPT,就需要人类老师的介入了,所以 ChatGPT 其实是监督学习以后的结果. 在进行监督学习之前,通过大量网络数据学习的这个过程,就称为预训练,如图 19.4 所示. 这个继续学习的过程则叫微调,预训练有时候又叫自监督学习. 机器在学习时需要成对的数据,但这些成对的数据不是人类老师提供的,而是用一些方法生成的，这就叫自监督学习.

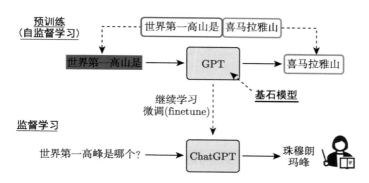

图 19.4　ChatGPT 中的预训练

预训练对 ChatGPT 的性能又有多大的帮助呢？ChatGPT 是多语言交互的，不管用中文、英文还是日文问它，它都会给出答案. 很多人可能觉得它背后有一个比较好的翻译引擎，因为 OpenAI 并没有针对 GPT 的多语言能力进行公开说明，所以我们也不能排除它使用翻译引擎的可能性. 但我们猜测它应该不需要用到翻译引擎，因为很有可能只要教 ChatGPT 几种语言的问答，它就可以自动学会其他语言的问答. 举一个多语言模型 Multi-BERT 的例子，这是在 ChatGPT 出现之前非常热门的一个自监督学习的语言模型，它在 104 种语言上做过预训练. Multi-BERT 有一个神奇的技能，假设让它进行阅读能力测验. 我们只用英文微调，接下来用中文进行测验，很神奇的是，Multi-BERT 可以回答中文的问题，而且里面没有包含翻译等流程.

另外，我们知道 ChatGPT 中不仅使用了监督学习，还使用了强化学习. ChatGPT 使用的是强化学习中的 PPO 算法. 如图 19.5 所示，在强化学习中，不是直接给机器答案，而

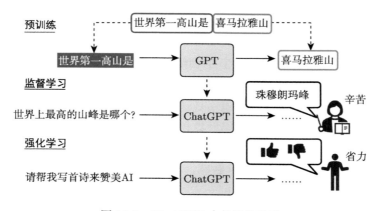

图 19.5　ChatGPT 中的强化学习

是告诉机器现有的答案好还是不好. 强化学习的好处是, 相较于监督学习 (监督学习中的人类老师是比较辛苦的), 人类老师可以偷懒, 只需指导大的方向. 此外, 强化学习更适合用在人类自己都不知道答案的时候. 举例来说, 如果要写首诗来赞美 AI, 其实很多人当场是写不出来的, 但机器可以写出来. 对人类来说, 判断机器写的这首诗是不是一首好诗则简单许多.

综上所述, ChatGPT 的学习基本上就三个步骤——先做预训练, 再做监督学习, 最后做强化学习.

19.4　ChatGPT 带来的研究问题

我们已经介绍了 ChatGPT 学习和训练的原理, 接下来介绍 ChatGPT 带来的研究问题. 我们知道 GPT 出现以后, 其实给自然语言处理领域带来了很大的冲击. ChatGPT 它确实给很多研究方向 (如翻译) 带来了一些影响, 但与此同时, ChatGPT 也带来了新的研究方向. 下面就讲几个未来因为 ChatGPT 而可能受到重视的研究方向.

第一个方向是如何精准地提出需求. 大家都知道, 为了使用 ChatGPT 这个工具, 就要精准地提出需求. 很多人误以为 ChatGPT 就是聊天机器人, 其实不然. 如果不好好调教的话, 它其实没那么擅长聊天. 举个例子, 我们对它说 "我今天工作很累", 它会回答: "作为一个 AI 语言模型, 我不会感到疲惫, 很抱歉, 你工作很累, 希望你早点休息. " 对话就结束了. 怎么才能让 ChatGPT 跟我们聊天呢? 这就需要精准地提出自己的需求. 学术界把这件事称为**提示 (prompting)**. 可以输入 "请想象你是我的朋友" 等字眼, 要让它讲话时更像一个朋友. 同时跟它强调 "请试着跟我聊聊", 这样它就不会轻易停止了. 给出提示指令以后, 再说今天工作很累, 它的回答就变成: "我知道你最近工作负担很重, 可以跟我讲一下你今天遇到什么困难了吗?" 它现在更像一个聊天机器人了. 怎么提示 ChatGPT 是一个技术活. 现在网络上已经有很多指南. 我们不知道未来会不会出现一系列的研究, 试图用更系统化的方法, 自动找出可以提示 ChatGPT 的指令.

下一个问题是, 大家知道 ChatGPT 的训练数据是有限制的, 如果问它 2021 年以后的事情, 它不一定能给出正确答案. 举例来说, 问它最近一次世界杯足球赛的冠军是哪支球队, 它的回答是, 最近一次世界杯足球赛的冠军是法国队, 所以它显然还停留在 2021 年以前. 这里有一个有趣的发现, 就是问它 2022 年世界杯足球赛的冠军是哪支球队, 它会告诉你作为一个人工智能语言模型, 它没有预测未来的能力, 然后拒绝回答这个问题. 我们认为这是人类老师造成的, ChatGPT 对 2022 非常敏感, 只要输入的句子里有 2022, 它基本上就会告诉你, 它无法预测未来的事情. 人类老师一定给了很多例子, 告诉它只要句子里出现 2022, 就说无法回答这个问题. 所以 ChatGPT 有时候会答错, 如果它答错了, 也许一个很直接的想法是，告诉它正确答案，让它拿着正确答案，更新自己的参数就可以了. 但是真的有这么容易吗？它是一个黑箱模型，里面发生了什么事，我们并不知道. 所以如何让机器纠正一个错误，但不要弄错其他地方，也是一个新的研究方向，称为神经编辑（neural editing）.

另一个话题就是判断机器输出的内容是否由 AI 生成. 这件事怎么做呢？在概念上其实并不难，先用 ChatGPT 生成一组句子，再找一组由人写出的句子. 这时我们就有了标注数据. 用它们训练一个模型，这个模型就可以指明这个句子是不是 AI 写的. 同样的道理也可以用在语音和图像上.

下面简单介绍一下李宏毅老师对使用 ChatGPT 或类似的 AI 软件辅助完成报告或论文的态度. 今天大家提到类似这种有问有答的软件时，都会想到 ChatGPT，但未来绝对不会只有 ChatGPT，因为这是未来很关键的一项技术. 可以想象，未来的计算机中会有很多 AI 软件，当要写一段文字的时候，每一个 AI 软件都会争相给出一个答案. 如果使用 ChatGPT 辅助完成报告，建议注明哪部分是用 ChatGPT 辅助完成的. 为什么要注明呢？因为如果两个人都使用 ChatGPT，那么他们的答案就会非常像，可能会被误认为互相抄袭.

自从有了 ChatGPT 以后，人们纷纷讨论到底能不能用它来做报告或者写论文，有些学校甚至已经禁用 ChatGPT，把使用 AI 软件视为抄袭. 但 ChatGPT 本身就是一个工具，我们应该学会使用它，就好像计算机是一个工具，搜索引擎也是一个工具一样，我们并不会因为使用这些工具而变笨，而要把脑力用在更需要的地方. 假设一个题目是可以轻易用 ChatGPT 回答，那么它其实不是教学的重点. 从另一个角度来说，有人会问，ChatGPT 的写作能力其实比人类强，如果有很多学生写的文章比 ChatGPT 写的文章差，怎么办呢？我们觉得比人类写得好也是一件好事，从现在起，没有谁的作文应该比 ChatGPT 写得还差了. 如果有人认为自己的作文写得没有 ChatGPT 好，那还不如直接用 ChatGPT 写，所以 ChatGPT 的出现将提升人类整体的写作水平.

最后一个研究主题是 ChatGPT 会不会口风不紧，泄露不该泄露的机密呢？我们可以想象一下，ChatGPT 从网络上爬取了那么多的文章，它会不会爬取到什么它不该爬取的信息，再不小心说出去呢？事实上在 GPT-2 的时候，就已经有人意识到这个问题，尝试把某个单位的名称输入 GPT-2，希望它告知这个单位的邮箱地址、电话等相关信息. 那我们就会思考，如果有人问 ChatGPT 一些名人住哪里，它会不会给出这些名人的住址呢？如果发现 ChatGPT 讲了不该讲的话、读了不该读的信息，有没有办法直接让它遗忘呢？这是一个新的研究主题，称为 machine unlearning，从字面意思看，就是机器反学习，让模型忘记它曾经学过的东西.

以上介绍了 ChatGPT 未来几个新的研究方向，包括如何精准地提出需求、如何更正错误、如何判断 AI 生成的内容，以及如何避免 AI 泄露机密.

索 引